现代装配式混凝土建筑
技术创新与实践

王纪来 主编
王华炯 陈培良 鲁懿虬 副主编

INNOVATION AND PRACTICE OF MODERN
PREFABRICATED CONCRETE BUILDING TECHNOLOGY

同济大学出版社
TONGJI UNIVERSITY PRESS
·上海·

内容提要

本书简要介绍了装配式混凝土建筑在国内外的发展及应用现状。首先，主要阐述了大跨预应力空心板技术、大跨预应力双T板技术等装配式大空间结构技术的设计、生产、施工及应用情况；其次，对于预应力空心墙板结构、装配式韧性结构体系等全新的装配式结构体系进行了详细的介绍和试验论证，并且基于装配式建筑对被动式节能技术进行了研究和探索；最后，通过实际工程中的典型应用案例对上述技术做进一步的解释和说明。本书的读者对象为土木工程专业的学生及相关专业领域的工程师。

图书在版编目(CIP)数据

现代装配式混凝土建筑技术创新与实践 / 王纪来主编；王华炯，陈培良，鲁懿虬副主编. --上海：同济大学出版社，2025.1. -- ISBN 978-7-5765-1400-1

Ⅰ. TU37

中国国家版本馆 CIP 数据核字第 2024GC7167 号

现代装配式混凝土建筑技术创新与实践

王纪来 **主编**　　王华炯　陈培良　鲁懿虬 **副主编**

责任编辑：陆克丽霞　胡晗欣
责任校对：徐逢乔
封面设计：王　翔

出版发行　同济大学出版社　www.tongjipress.com.cn
　　　　　(地址：上海市四平路 1239 号　邮编：200092　电话：021-65985622)
经　　销　全国各地新华书店、建筑书店、网络书店
排版制作　南京文脉图文设计制作有限公司
印　　刷　上海安枫印务有限公司
开　　本　787mm×1092mm　1/16
印　　张　15.25
字　　数　306 000
版　　次　2025 年 1 月第 1 版
印　　次　2025 年 1 月第 1 次印刷
书　　号　ISBN 978-7-5765-1400-1
定　　价　138.00 元

前　言

装配式建筑因符合我国“节能、降耗、减排、环保”的基本国策，近年来在我国得到了大力发展。自2016年《国务院办公厅关于大力发展装配式建筑的指导意见》印发实施以来，以混凝土预制结构为主的装配式建筑一直保持高速增长。2022年上半年，全国新开工装配式建筑面积占新建建筑面积比例超过25%。根据住房和城乡建设部发布的《“十四五”建筑业发展规划》，到2025年，装配式建筑占新建建筑的比例达30%以上。未来装配式混凝土建筑在城市建设中的占比将会越来越大，我国装配式建筑已经步入加速发展期。

我国装配式混凝土建筑虽然呈现出较好的发展势头，但仍存在一些问题与挑战。其中，建筑体系创新技术的欠缺以及行业队伍水平的不足，是制约我国装配式混凝土建筑进一步发展的两个重要因素。鉴于此，编写一本装配式混凝土建筑创新与实践相关的书籍就显得尤为必要。本书可供土木工程专业的学生阅读，学生们在学习装配式混凝土建筑基础知识之际，还能了解装配式领域的前沿工程技术，从而激发自身的学习兴趣，培养创新意识。如此一来，学生们在学成之后，便会渴望且有能力把装配式混凝土建筑的最新前沿技术应用于实际工程当中，进而为我国装配式建筑事业贡献自己的力量。

“安全、舒适、便宜”的建筑是老百姓一直以来的向往。为了达到此目标，上海城建建设实业集团始终致力于装配式混凝土建筑创新技术的研发和应用，潜心钻研20余年，研发出了用以解决“大空间”问题的大跨预应力空心板技术和大跨预应力双T板技术、实现“快速标准化施工”的预应力空心墙板结构技术、改善“舒适性”问题的被动式节能技术，以及解决“抗震安全韧性”问题的装配式结构韧性技术等。由此构建了一系列适用于各类建筑的装配式建造体系，并积极投入实践，成功完成了众多工程实例。在此背景下，上海城建建设实业集团精心组织编写了《现代装配式混凝土建筑技术创新与实践》这本书，希望能为行业提供装配式混凝土建筑创新技术方面的理论依据与工程实践经验。

本书简要介绍了装配式混凝土建筑在国内外的发展与应用现状（第1章），着重阐述了大跨预应力空心板技术（第2章）、大跨预应力双T板技术（第3章）、预应力空心墙板结构（第4章）、装配式韧性结构体系（第5章）以及被动式节能技术（第6章），并配以上海城建建设实业集团利用上述技术设计和建造的众多典型工程应用案例加以解释和说明（第7章）。在学习本书之前，学生和工程师们需要先对混凝土结构设计原理以及混凝土结构设计等相关知识进行学习，同时还应掌握一定的结构抗震设计基本知识，如此才能理解书中创新技术的理论知识和工程背景。

本书所使用的图片，除了已标明出处的之外，均取自上海城建建设实业集团在研发、试验、建造及竣工各个环节中的照片，因此不再特别标注。

本书在成稿过程中得到了同济大学土木工程学院周颖教授、鲁懿虬教授及其团队研究生王睿、孙博、闵欣愉、王子禹、王婧欣等的帮助，在此表示衷心感谢。由于编者水平有限，书中疏漏之处在所难免，欢迎指正批评。

编　者

2024 年 10 月

目 录

1 装配式混凝土建筑概况

1.1 装配式混凝土建筑的概念与优势

1.1.1 装配式建筑概述

装配式建筑是指由预制构件在施工现场通过可靠的连接方式装配而成的一类建筑。其在《装配式混凝土建筑技术标准》（GB/T 51231—2016）[1] 中被定义为“结构系统、外围护系统、设备与管线系统、内装系统的主要部分采用预制部品部件集成的建筑”。

根据所用材料的不同，装配式建筑可以分为不同的结构体系，主要有木结构、钢结构和混凝土结构。装配式木结构采用木材制作主要的受力构件，具有天然的装配性质，木材本身具有抗震、隔热保温、易于获得等优点，且较为经济。然而，木材在防火、防腐等方面存在局限性，加之我国房地产业需求量大，但又缺乏足够的森林资源和木材储备，因此，木结构在我国并不适用。装配式钢结构大多应用于工业厂房、农宅等较为低矮的单层建筑或多层建筑，也可作为高层框剪结构中的框架部分，其具有质量轻、强度高的优点，且能有效扩大建筑开间，灵活地进行功能分隔，施工质量及效率都易于保证，但存在耐火性和耐腐蚀性差、保温隔热功能不足等缺点。由于我国的钢结构相关规范尚不完善、相关技术体系不够成熟、钢结构工业化水平较低等，装配式钢结构的发展进程较为缓慢。相较于装配式钢结构，装配式混凝土结构具有较高的性价比，适用范围更广，并且有 20 世纪流行的装配式大板结构体系作为发展基础，因而目前在我国应用最为广泛，成为装配式建筑市场中比重最大的结构体系。

发展装配式建筑是建造方式的重大变革，也是推进供给侧结构性改革和新型城镇化发展的一项重要举措，不仅有利于节约资源能源、减少施工污染、提升劳动生产效率及质量安全水平，还有利于促进建筑业与信息化、工业化的深度融合，培育新产业、新动能，推动化解过剩产能。换言之，发展装配式建筑与我国可持续发展战略不谋而合，更是实现建筑产业化的必由之路。

1.1.2 装配式混凝土建筑的概念与分类

目前，我国建筑业与其他行业一样都在进行工业化技术改造，装配式混凝土建筑作为实现建筑工业化最重要的方式，开始焕发出新的生机。装配式混凝土建筑是指以工厂化生产的混凝土预制构件为主，通过现场装配方式设计建造的混凝土建筑。在《装配式混凝土建筑技术标准》（GB/T 51231—2016）中强调，建筑的结构系统由预制混凝土构件构成。

从结构体系来看，装配式混凝土建筑与现浇建筑类似，主要有装配式混凝土框架结构、装配式混凝土剪力墙结构和其他组合衍生结构等。根据预制构件的连接方式，装配式混凝土结构可以分为装配整体式混凝土结构和全装配式混凝土结构两种。

装配整体式混凝土结构是指由预制混凝土构件通过如图 1-1 所示的可靠的连接方式连接后，再与现场后浇混凝土、水泥基灌浆材料形成整体结构，并且要求结构的整体性能（如结构基本周期、层间位移角、塑性铰的分布与开展等）与同工况的现浇结构相同，即遵循“等同现浇”原则。《装配式混凝土建筑技术标准》（GB/T 51231—2016）明确要求装配式混凝土结构应做到“等同现浇”，装配整体式节点的可靠度、耐久性及整体性能等基本上与现浇混凝土结构相同。装配整体式混凝土结构具有较好的整体性及抗侧力性能，且抗震性能较好，大多数多层和全部高层、超高层建筑都采用装配整体式混凝土结构。

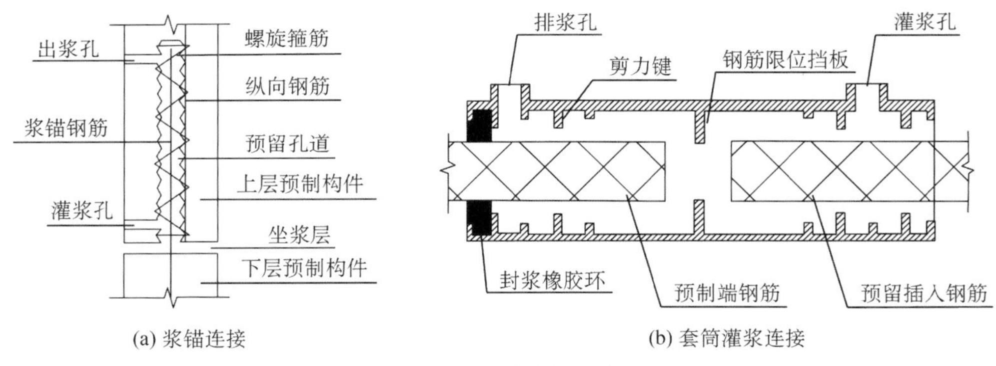

图 1-1　湿法连接示意

全装配式混凝土结构是指预制构件通过干法连接（如焊接连接、预应力压接、套筒连接等工艺，图 1-2）形成的整体结构。对于该结构而言，一般只需要保证钢筋受力的连续性，但其受力性能与现浇混凝土结构较为不同。全装配式混凝土建筑通常被限定应用于低层建筑或抗震设防要求相对较低的多层建筑，不过其具备施工速度快以及经济性良好的优势。目前，我国装配式混凝土结构以装配整体式为主，全装配式混凝土结构由于尚未形成一套完整可靠的设计标准，应用较少。

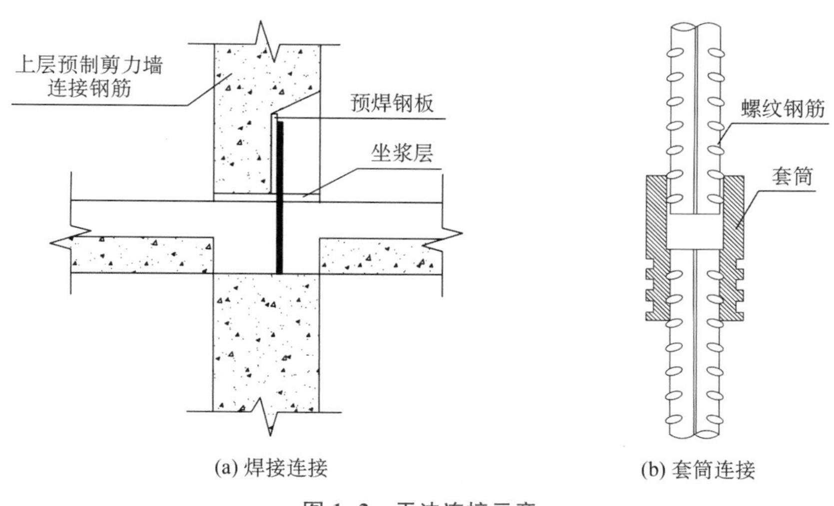

图 1-2　干法连接示意

1.1.3　装配式混凝土建筑的优势

随着新型城镇化进程的持续推进以及人民生活水平的逐步提升，全社会对于建筑品质的期望和要求也越来越高。与此同时，能源和环境压力也在逐渐加大，建筑行业的转型已然成为必然趋势。建筑工业化对于推进建筑业的产业升级、转变发展方式、助力节能减排、改善民生状况，以及促进城乡建设走上绿色、循环、低碳的科学发展道路而言具有重大意义，并且已经到了刻不容缓的境地。装配式混凝土建筑作为一种量大面广的工业化建筑形式，具备以下三方面优势。

（1）有效提高工程质量和施工效率。装配式混凝土建筑由于其主要构件在工厂进行预制，现场通过机械化方式吊装，且施工过程便于监控，质量控制也相对容易实施，因此能有效提高施工速度、缩短工期，并且受气候条件制约小。

（2）节省劳动力，改善劳动条件。相较于现浇混凝土结构需要大量人力在现场完成湿作业，装配式混凝土建筑因其构件预制的特性，现场作业量少，工作强度较低，能够解放部分劳动力资源，并有效改善现场工人的劳动环境。

（3）节能，减排，环保。一方面，预制构件的生产过程高度机械化，故制作效率和材料利用率均较高，且产生的建筑垃圾较少；另一方面，装配式混凝土建筑在现场施工时产生的噪声、废水污染等较小，能够有效避免对周边环境造成较大的不利影响，进而产生良好的环境效益。

必须指出，上述装配式混凝土建筑所具备的各项优势并非自然而然就会产生。这些优势的产生与规范是否具有适宜性、结构体系是否合适、设计是否合理以及管理是否有效密切相关。

1.2 国外装配式混凝土建筑的发展与应用

装配式混凝土建筑在国外发展已久，并有着广泛的应用实践，下面将对其情况作简要的归纳总结[2-6]。

1.2.1 国外装配式混凝土建筑的发展历程

1875 年 6 月，英国的一项专利提出，在承重骨架上装配集成各项功能的预制混凝土外墙板。这一举措标志着预制混凝土应用的开端。不过在当时，预制混凝土仅仅被用作填充墙，尚未应用于承重构件，也未得到大规模的推广普及。到了 20 世纪初，预制混凝土开始应用于建筑外立面，其具备的承重潜力也随之逐渐被发掘出来。

20 世纪 30 年代，一种新的装配式混凝土结构体系被提出，即在钢骨架组成的结构中，采用预制混凝土外壳作为永久性模板，施工时，向外壳内浇筑混凝土，并在节点处建立可靠连接。该体系在实际应用时遭遇诸多不顺，例如出现工期延误、预制混凝土模板堆叠过高导致难以浇捣、预制混凝土连接节点开裂等问题。尽管如此，这种施工方法的诞生意味着预制混凝土已经开始参与承载并成为结构构件的一部分。

第二次世界大战后，基于战后城市重建的大量需求以及劳动力严重短缺这样的现实状况，预制混凝土及其装配技术迎来了黄金发展时期。欧洲作为第二次世界大战的主战场，各国在战争中均遭受了极为惨重的损失。为了尽快解决城市修复的难题，各国纷纷将目光聚焦于实现建筑体系的工业化以及构件生产的高度自动化之中。他们积极地开展装配式混凝土建筑的研究与推广工作，在此过程中积累了丰富的设计施工经验，构建起了各种专用的装配式建筑体系以及标准化的通用预制构件产品系列，并编制了一系列装配式建筑的工程标准和应用手册。

第二次世界大战后，运输和吊装设备的发展也使得大型预制构件的应用成为可能。法国、德国、丹麦、芬兰等欧洲国家兴起的大板住宅建筑体系中，诸如 Cauus 体系、Larsena&Nielsen 体系等，大型预制板能够直接充当墙板或楼板，以此构建主体结构。在部分北欧国家和北美地区还出现了一种预制盒子结构，其采用六面体预制构件，将一个房间连同设备装修等按照定型模式，在工厂里依照盒子样式完全制作好，随后在现场完成吊装。不过，由于当时的技术水平不够成熟，存在经济浪费现象，且后期发生了相关建筑事故，大板结构和预制盒子因其结构的安全性及稳定性受到质疑而逐渐退出市场，如今已基本不再被使用。

20 世纪六七十年代，战后重建的热潮结束，然而欧美社会劳动力持续缩减，人力成本不断攀升，这使得能够节约人力的装配式建筑得以持续发展。在这一阶段，装配式混凝土结构不再仅用于住宅中，在公共建筑和工业厂房中也得到了应用。在公共建筑中，预制柱、支撑以及大跨度预制楼板等预制构件的应用日益成熟；而在工业厂房及体育馆中，预制柱、预应力桁架、桁条、棚顶等也被广泛应用。此外，丹麦率先提出了预制装配式结构的模数化概念。当前，国际标准化组织（International Organization for Standardization，ISO）在制定模数协调标准时参照了丹麦的模数标准[7]。

与此同时，一种不采用后浇混凝土而运用干法连接的全装配式混凝土结构在美国应运而生。美国专精化的建筑行业一般需要将预制构件的安装工作和混凝土浇筑工作分配给不同企业来负责，所以欧洲所采用的部分预制、部分现浇的装配式结构体系并不适合。全装配式结构的应用难点在于干式连接节点的设计，美国拥有发达的计算机科学技术和素质较高的结构设计人员，能够对干式连接节点的传力方式有较好的控制，进而推广全装配式混凝土结构，达到提高机械化水平、削减材料和人力成本的目标。全装配式混凝土结构因其成本较低、质量易于控制，历经数十年的发展，在美国的装配式混凝土结构领域占据了主导地位。

20 世纪 70 年代之后，装配式混凝土结构的应用和发展形势有所下滑。究其原因主要是装配式混凝土结构的抗震性能问题在几次大地震后逐渐暴露出来。早期部分预制、部分现浇的装配式混凝土结构的抗震性能往往略优于全装配式混凝土结构，但 20 世纪末期美国在全装配式混凝土结构抗震方面的研究有了一定的进展，如今二者的抗震性能难以直接比较。不过，装配式结构尤其是高层装配式结构的抗震问题至今仍亟待解决。

该时期欧美建筑行业形势持续下滑，导致装配式混凝土建筑应用市场下滑。大量预制构件厂由于市场不景气、产能过剩、技术落后等一系列问题而面临破产，导致装配式混凝土建筑的安装施工难以为继。不过，危机促进了技术水平的发展，如 20 世纪 80 年代德国一家公司发明了预制混凝土与后浇混凝土共存的钢筋桁架式叠合楼板，其下半部分是预制混凝土和纵向贯穿的预埋钢筋桁架，上半部分是后浇混凝土，并沿用至今。

同一时期，日本的装配式结构应用形势同样不容乐观。日本的装配式混凝土结构大约于 20 世纪 50 年代引入，主要以欧美装配式结构技术为基础。70 年代以后，由于日本多发地震，早期的装配式混凝土结构的抗震性能难以满足要求，且存在构件模块化、大型化或标准化程度不足等问题，受单价过高、装配式混凝土结构的设计过于标准化而难以得到社会欢迎、法律审批程序复杂等诸多不利因素的影响，装配式混凝土结构在日本的应用形势有所下滑。在上述现实背景以及社会劳动力减少、政府推广等多种因素的共同作用下，日本开始摆脱模仿，发展其独特的装配式结构。20 世纪最后的二三十年，日本采取半预制半后浇、设计多种节点连接方式的方法，并沿用至今。该方法使整体结构能够达到与传统现浇结构相当甚至更优的抗震性能，在整体性抗震和隔震设计方面取得了突破性进展。

1.2.2 不同地区装配式混凝土建筑的发展成果

1. 欧洲

欧洲作为装配式建筑的发源地，发展至今已经具有比较成熟的装配式混凝土建筑相关的产业与技术。其中，世构（Scope）体系和双面叠合剪力墙（Double Wall）体系是较为重要的两项成果，在当下工程项目中仍有应用[7,8]。

世构体系源于法国，是指采用预应力叠合梁、叠合板、预制混凝土柱等构件，通过楼板面层及梁柱节点的现浇混凝土构成的装配整体式混凝土结构。世构体系主要应用于框架结构，建造时不需要特别的大型建筑机械和安装设备，在一般工业与民用建筑以及农村住宅建筑中有广泛的适应性。预制柱可以采用单层预制柱或多节预制柱：单层预制柱在上、下层之间用型钢支撑连接或预留孔插接连接；多节预制柱在梁柱节点区域由混凝土现场浇筑，柱内纵筋在多节预制柱内贯通，且在柱纵筋外侧加焊交叉钢筋，以保证运输和安装过程中所需的刚度和承载力。世构体系的预制率最高可达 80%，能够有效节约钢筋混凝土。

双面叠合剪力墙是指在工厂用桁架钢筋连接两块预制混凝土墙板，在现场安装完毕之后，于中间空腔部位现浇混凝土而形成的整体受力构件（图 1-3）。与普通预制剪力墙相比，双面叠合剪力墙具有易于安装、施工质量较好、整体性好、生产成本低等优点，并且可以进行专门的自动化流水线生产，但目前技术上还存在一定问题，如抗震设计难、空腔内混凝土质量难以保证、新旧接合面难以处理、与其他建筑构件连接困难等。双面叠合剪力墙体系是指部分或全部剪力墙采用叠合剪力墙，在安装完成之后通过现场浇筑填充混凝土而形成的整体受力结构，属于叠合结构的一种，往往结合桁架钢筋混凝土叠合楼板形成一套闭环体系。

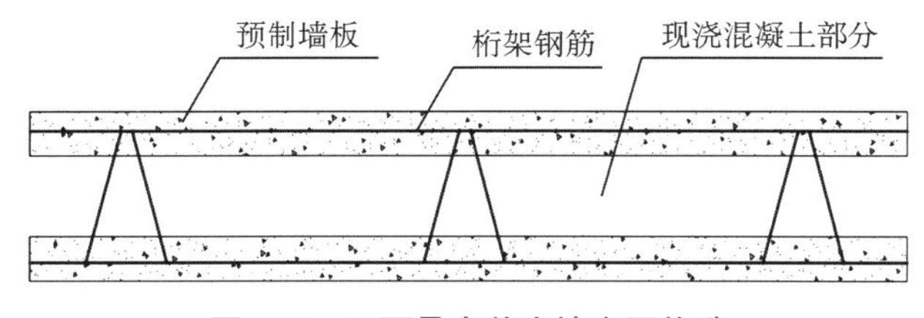

图 1-3　双面叠合剪力墙主要构造

2. 日本

日本的装配式混凝土建筑兼具半预制结构，有一定抗震性能，预制混凝土虽节约人力但建造成本较高，与我国当前主流的装配整体式结构类似。目前，日本采用的结构形式主要有壁式预制钢筋混凝土结构、预制框架钢筋混凝土结构、壁式预制框架钢筋混凝土结构等[9]。

壁式预制钢筋混凝土结构，又称 W-PC 工法，与我国的多层全预制剪力墙结构体系类似，由预制墙板组成结构的竖向承重体系和水平抗侧力体系，在日本主要用于 5 层及以下的纵、横墙均匀布置的住宅类建筑。如图 1-4 所示，W-PC 工法通常首先完成基底找平，使用胶带密封，并焊接墙底钢筋；其次，安装预制墙体，并焊接接缝处钢筋；再次，安装预制楼板并连接模板；最后，完成细部混凝土浇筑，以及灌浆套筒连接。W-PC 工法在施工现场将预制构件吊装连接成整体结构，如图 1-5 所示。设计时，需要将结构分割成各种预制构件，其中主要的预制构件包括全预制混凝土墙、全预制楼板、全预制楼梯等。采用 W-PC 工法，可以将外墙或隔墙作为剪力墙，并使梁、柱不暴露在室内，经济效益较好，可利用空间较大；同时，W-PC 工法的预制率较高，不仅可以减少现场工作量，还能减少施工期间的噪声、粉尘等污染。

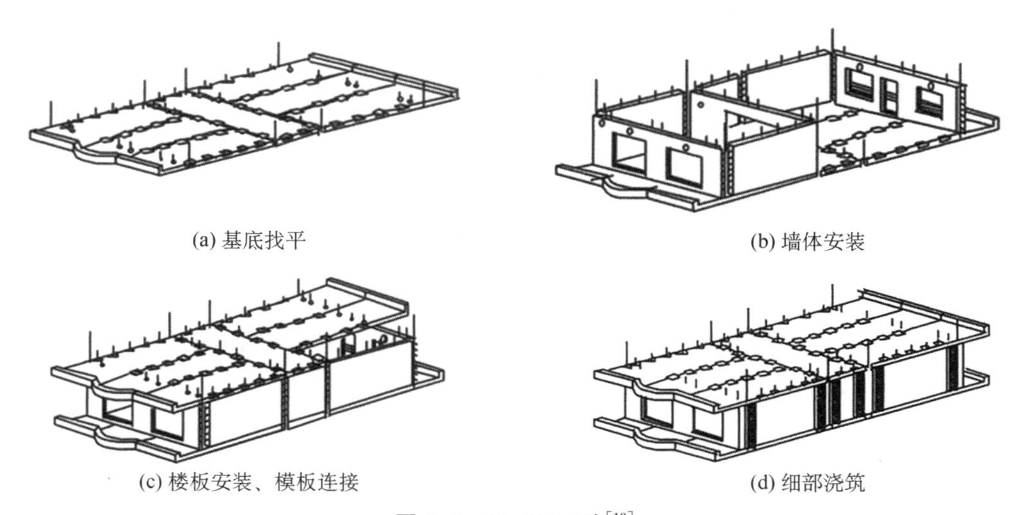

(a) 基底找平　(b) 墙体安装

(c) 楼板安装、模板连接　(d) 细部浇筑

图 1-4　W-PC 工法[10]

图 1-5　W-PC 工法施工现场[11]

预制框架钢筋混凝土结构，又称 R-PC 工法，其全部或部分梁柱、楼板、屋面板、

楼梯等构件均为预制，类似我国的装配整体式框架结构。如图 1-6 所示，采用 R-PC 工法，通常首先完成基底找平和梁柱安装，其次安装楼板并对梁进行加固，其间注意预留好管道，最后浇筑细部混凝土、连接各模板。该结构体系的延性和抗震性能较好，结构受力明确且计算简单，因此在日本的钢筋混凝土结构住宅建设中被大量采用。

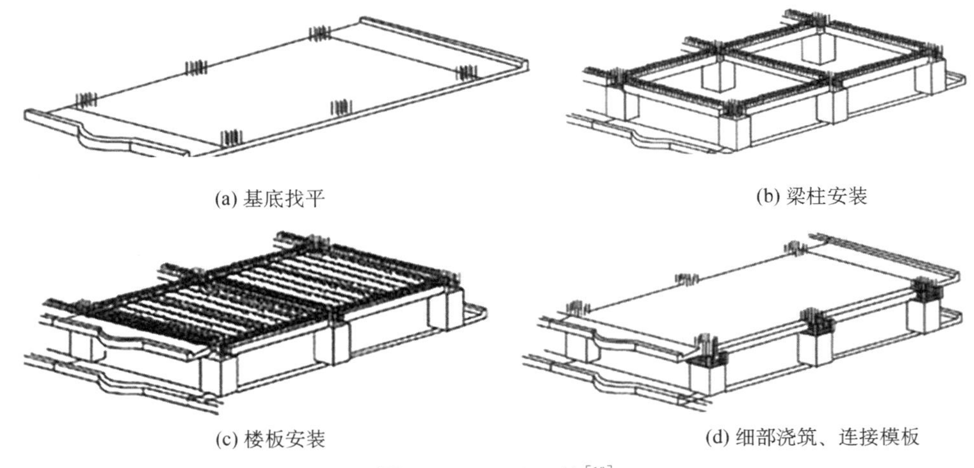

(a) 基底找平　(b) 梁柱安装

(c) 楼板安装　(d) 细部浇筑、连接模板

图 1-6　R-PC 工法[10]

壁式预制框架钢筋混凝土结构，又称 WR-PC 工法，与我国的框架-剪力墙结构类似，是日本 15 层以下高层住宅建设所采用的主要工法。如图 1-7 所示，采用 WR-PC 工法，首先完成基底找平；其次，浇筑垫层砂浆安装墙柱，并通过灌浆连接安装承重墙，完成梁的安装；再次，连接各模板，浇筑细部混凝土；最后，安装预制楼板并加固梁和楼板，安装各悬臂构件。WR-PC 工法的预制率高，主要的预制构件包括预制柱、预制梁、预制剪力墙、预制楼板等，具有可利用空间大、工期较短、节约劳动力、结构质量较高等优点。

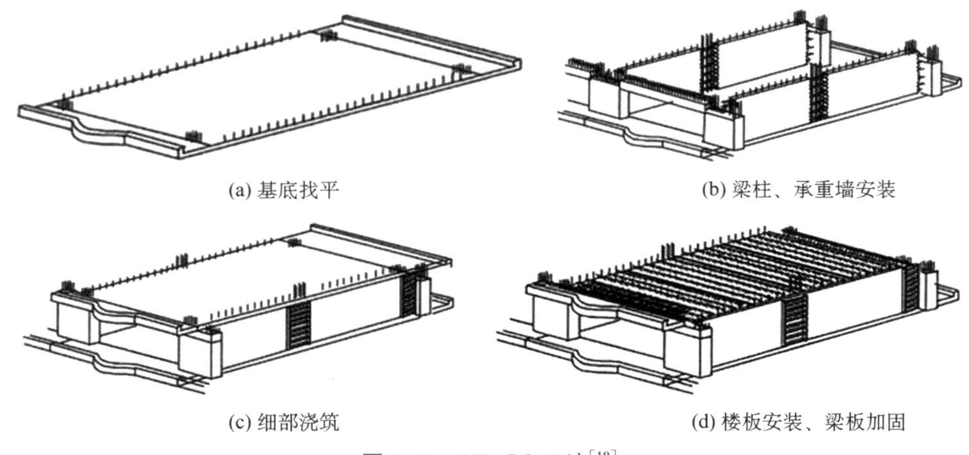

(a) 基底找平　(b) 梁柱、承重墙安装

(c) 细部浇筑　(d) 楼板安装、梁板加固

图 1-7　WR-PC 工法[10]

3. 美国

美国自 20 世纪初就开始研究装配式混凝土建筑，且成立了预制/预应力混凝土协会（Precast/Prestressed Concrete Institute，PCI）。发展至今，其装配式混凝土建筑已基本实现产业化，相关的研究成果颇为丰富，标准体系也较为成熟，应用较为广泛。

干法连接是美国装配式混凝土建筑的一大特色[6]。就拿多层立体停车场（图 1-8）来说，其属于装配式混凝土结构应用较为广泛的建筑类型之一，常采用干法连接的装配式预制剪力墙-梁柱体系，其中全部的水平力由预制剪力墙承担，墙板四边采用“预埋件+后焊钢板”的连接方式。此外，美国还是较早将预制预应力技术应用于装配式混凝土结构的国家之一。20 世纪 90 年代，美国与日本联合开发了预制抗震结构体系（Precast Seismic Structural System，PRESSS），在装配式结构中借助后张预应力技术把预制构件拼接成一个整体。而采用先张法的 SP 板和双 T 板的应用同样较为常见。

图 1-8　美国某多层立体停车场[12]

美国乃至整个北美地区装配式混凝土结构的良好发展态势，离不开众多机构长期以来的深入研究与大力推广[6]。预制/预应力混凝土协会在 1971 年出版的《PCI 设计手册》（*PCI Design Handbook*）中详细规定了预制/预应力混凝土结构的设计要点与施工方法。美国混凝土协会（American Concrete Institute，ACI）发布的《预制混凝土等同现浇抗震设计细部指南》（*Guide to Emulating Cast-in-Place Detailing for Seismic Design of Precast Concrete*），对装配整体式剪力墙结构和框架结构的抗震相关连接构造做出了详细规定。在美国，随着装配式混凝土建筑的日益成熟完善，其应用范围不再仅仅局限于低层非抗震设防的地区，装配式混凝土结构在抗震设防地区以及中高层建筑中的尝试和应用愈发受到重视。PCI 出版的《预制混凝土结构抗震设计》针对现实需求，归纳总结了大量预制结构抗震设计领域的最新科研成果，对于有效指导预制结构设计工作以及推动工程应用的广泛开展具有很好的引领作用。

1.2.3　国外装配式混凝土建筑典型案例

1. 马赛公寓

马赛公寓兴建于 20 世纪 50 年代，它在当时属于工业预制化水平较高的住宅类大型建筑，同时也是首个全部用预制混凝土外墙板覆面的大型建筑（图 1-9）。在设计环节运用了模数化的方法来划分建筑的功能单元，无论是建筑空间尺度还是构件都力求实现标准化，以便尽可能地采用装配化方式进行建造。该建筑的主体部分采用现浇混凝土构建，而外墙板则全部采用在工厂内预制的清水混凝土外墙板，通过现场装配而成。

2. 悉尼歌剧院

悉尼歌剧院（图 1-10）建造于 20 世纪 60—70 年代，由于其造型独特，现浇施工难度极大，因此尝试运用装配式工艺。将薄壳结构放小样拆分，按照小样制作弧形预制混凝土构件。施工时，采用叠合的方式，在安装预制构件之后，借助现浇层将薄壳连接成一个整体。实际上，悉尼歌剧院的建造过程并不顺利，在装配式工艺并不成熟的当时，建造过程异常曲折，预计 4 年完工的项目实际上用了 14 年才完成，最终造价是最初预算的 14 倍。

图 1-9　马赛公寓[13]

图 1-10　悉尼歌剧院[14]

3. 费城警察行政大楼

费城警察行政大楼，也被称作圆屋（Roundhouse），如图 1-11 所示，是美国第一批采用荷兰高度机械化的建筑预制混凝土生产系统 Schokbeton 的建筑之一。建筑物中重复出现的几何形状是专门设计的，其需要使用特定规格的板材，故而采用装配式工艺更为适宜。该建筑的结构和饰面大部分由预制混凝土构建而成，工厂采用模具预制混凝土板材后，在现场运用起重机组装而成（图 1-12），其主要的预制混凝土构件包括预制梁、预制楼板和预制墙板等。

图 1-11　费城警察行政大楼建成图[15]

图 1-12　费城警察行政大楼吊装施工[15]

1.3 国内装配式混凝土建筑的发展与应用

1.3.1 国内装配式混凝土建筑的发展历程

我国自 20 世纪五六十年代开始研究装配式混凝土建筑的设计施工技术，并形成了一系列装配式混凝土建筑体系，通过查阅相关文献[4, 5, 7, 9]，现将其内容总结如下。

我国装配式混凝土建筑的发展受到苏联建筑工业化的影响，于 20 世纪 50 年代开启。著名建筑学家梁思成先生首次提出“建筑工业化”理念，并将其纳入第一个“五年计划”。此后的十年里，一大批装配式建筑相继落成。在发展的初期阶段主要的预制构件有预制柱、预制吊车梁、预制屋面梁、预制屋面板和预制天窗架等。

自 20 世纪 60 年代起，多种装配式混凝土结构体系呈现出快速发展的态势，预制混凝土圆孔板与预制混凝土空心楼板在这一时期得到了快速的推广应用。至 70 年代末，在引进南斯拉夫预应力板柱结构体系（IMS 结构）的基础上，经过深入探索，构建起了一系列较为经典的建筑体系，诸如作为工业建筑的装配式单层工业厂房、作为民用建筑的装配式大板建筑以及装配式多层框架建筑等。

进入 20 世纪 80 年代，装配式混凝土建筑在我国的发展迎来了全盛时期。在全国许多地区，形成了设计、制作和施工安装一体化的装配式混凝土工业化建筑模式，装配式混凝土建筑和采用预制空心楼板的砌体建筑成为最主要的两种建筑体系，其应用普及率超 70%。彼时全国范围内建立起了数万家预制混凝土构件厂，年产量高达 2 500 万 m^2。

20 世纪 80 年代后期至 90 年代，装配式混凝土结构逐渐退出建筑市场，预制混凝土行业陷入停滞，至 90 年代中期，逐渐被现浇钢筋混凝土建筑取代。原因大致有以下四点：其一，预制构件厂泛滥，彼此间趋于同质化，产能严重过剩，大中型构件厂难以为继，小型乡镇构件厂则因资质不足而导致产品质量下滑；其二，装配式混凝土建筑在功能和物理性能方面仍存在很多局限与不足，当时我国装配式混凝土建筑的设计和施工技术研发水平无法跟上社会需求以及建筑技术发展变革的步伐；其三，现浇混凝土技术，尤其是商品混凝土、钢管脚手架系统的发展与成熟，使得技术和装备要求更高的装配式混凝土建筑不断受到现浇混凝土建筑的冲击；其四，装配式混凝土建筑由于整体抗震性能以及设计施工管理的专业化研究匮乏，进而导致其经济性较差，这是致使装配式结构长期处于停滞状态的根本原因所在。

从 20 世纪末至 21 世纪初，装配式混凝土建筑再度获得重视。现浇混凝土结构存在诸多不足，例如手工作业多、劳动强度大、工作条件差、污染环境严重、建筑质量通病多、资源能量消耗量大等，这些问题逐渐难以契合我国社会可持续发展的要求。考虑到我国老龄化现象突出、劳动力资源紧缺、人力成本不断攀升的现状，现浇结构造价低廉这一优势也在逐步丧失。在绿色可持续发展理念的引领下，因具备质量可靠、对环境影响较小、能节省劳动力等特性，预制混凝土结构重新受到建筑行业与政府部门的关注。在21世纪到来之际，国务院颁布了《关于推进住宅产业现代化提高住宅质量的若干意见》[16]，文件中明确提出要构建住宅部品工业化与标准化生产体系，并逐步形成住宅建筑体系，同时对于降低建筑能耗、完善住宅建设相关标准、推进通用部品的发展等也都给出了明确指示。在此背景下，装配式建筑重新迈入发展轨道。

21世纪初期，装配式混凝土建筑的发展仍然较为缓慢，直至2010年前后才进入全面发展期。目前，推广装配式建筑已然成为国家建筑业实现转型以及达成“四节一环保”目标的重要举措，也是全国各地建筑行业研究的重点。为顺应可持续发展的要求，建筑工业化与住宅产业化理念应运而生，使得装配式混凝土结构重新崛起。现阶段，我国装配式混凝土结构进入新的发展阶段，在政府积极引导、企业大力发展以及科研院所深入研究等多方力量的协同作用下，众多具有代表性的新型装配式结构体系和连接技术如雨后春笋般涌现，并在全国范围内的各个试点工程中广泛应用，从而积累了大量研究成果和工程经验。

港台地区装配式混凝土建筑的应用与发展不同于大陆地区。台湾地区的建筑体系受日韩影响较大，其装配式混凝土建筑的应用范围较为广泛。在台湾地区，装配式混凝土结构的节点连接构造以及抗震、隔震技术的研究与应用都更为成熟，装配框架梁柱、预制外墙挂板等构件的应用较为广泛，装配式建筑的专业化施工管理水平较高，装配式建筑所具备的质量优良、工期较短的优势也因此得到了充分体现。香港地区因施工场地受限、对环境保护要求高等因素，装配式建筑的应用也非常普遍。

随着科技的不断发展，装配式混凝土建筑的建设可与智能建造相互融合，进而实现装配式建筑精细化、智能化、信息化的目标。在装配式混凝土建筑的施工过程中，将智能建造技术应用于构件安装、现场放样和钢筋连接等环节，借助预制构件精确对位技术、智能放样技术和钢筋快速放线设备等智能化手段，可以有效提高装配式混凝土建筑的施工质量。目前，国内已有学者针对装配式建筑与智能建造的深度融合问题展开研究[17]。

1.3.2 国家相关政策及标准规范

发展装配式混凝土建筑响应绿色发展理念，对于实现建筑工业化至关重要，是实现建筑工业化的必经之路。建筑工业化的概念最早由西方国家提出，旨在解决第二次世界大战后欧洲国家在重建时亟须建造大量住房而又缺乏劳动力的问题，通过推行建筑标准化设计、构配件工厂化生产、现场装配式施工的新型房屋建造生产方式以提高劳动生产率，为战后住房的快速重建提供了保障[18]。其内涵是通过现代化的制造、运输、安装和科学管理的大工业生产方式来代替传统建筑业中分散的、低水平的、低效率的手工业生产方式，主要特征表现为建筑设计标准化、构配件生产施工化、施工机械化和组织管理科学化。在我国，党的十六大首次提出要“走新型工业化道路”，装配式建筑也因此迎来新的发展契机。

2013 年，国务院办公厅 1 号文件《绿色建筑行动方案》[19]明确要求，推广适合工业化生产的预制装配式混凝土结构，加快发展建设工程的预制装配技术，提高建筑工业化技术集成水平。2016 年，在国务院政府工作报告[20]中，于“深入推进新型城镇化”板块提出三项工作任务，在第三项“加强城市规划建设管理”中指出，要积极推广绿色建筑和建材，大力发展钢结构和装配式建筑，加快标准化建设，提高建筑水平和工程质量。2016 年，《中华人民共和国国民经济和社会发展第十三个五年规划纲要》[21]再次强调推进新型城镇化，提出“发展适用、经济、绿色、美观建筑，提高建筑技术水平、安全标准和工程质量，推广装配式建筑和钢结构建筑”。

2016 年，《国务院办公厅关于大力发展装配式建筑的指导意见》[22]以“适用、经济、安全、绿色、美观”为指导思想，要求以京津冀、长三角、珠三角三大城市群为重点推进地区，常住人口超过 300 万的其他城市为积极推进地区，其余城市为鼓励推进地区，因地制宜地发展装配式混凝土结构等装配式建筑。力争用 10 年左右的时间，使装配式建筑占新建建筑面积的比例达到 30%。

2016 年，《中共中央　国务院关于进一步加强城市规划建设管理工作的若干意见》[23]指出要发展新型建造方式，相关内容包括：大力推广装配式建筑，减少建筑垃圾和扬尘污染，缩短建造工期，提升工程质量；制定装配式建筑设计、施工和验收规范；完善部品部件标准，实现建筑部品部件工厂化生产；鼓励建筑企业装配式施工，现场装配；建设国家级装配式建筑生产基地；等等。

2020 年，住房和城乡建设部等 9 部门联合印发了《住房和城乡建设部等部门关于加快新型建筑工业化发展的若干意见》[24]，其中提出要推广装配式混凝土建筑：完善适用于不同建筑类型的装配式混凝土建筑结构体系，加大高性能混凝土、高强钢筋和消能减震、预应力技术的集成应用；在保障性住房和商品住宅中积极应用装配式混凝土结构，鼓励有条件的地区全面推广应用预制内隔墙、预制楼梯板和预制楼板。2021 年，中共中央办公厅、国务院办公厅印发了《关于推动城乡建设绿色发展的意见》[25]，该文件中再次强调大力发展装配式建筑，并不断提升构件标准化水平，推动形成完整产业链，推动智能建造和建筑工业化协同发展。2022 年，住房和城乡建设部印发了《“十四五”建筑业发展规划》[26]，明确要求“十四五”期间装配式建筑占新建建筑的比例达到 30%以上，并且要培育一批智能建造和装配式建筑产业基地。

随着我国装配式建筑的迅猛发展，以及对20世纪相关研究成果的优化改进，一系列相关技术标准规范也陆续推出，内容涉及多种技术体系。2014年正式实施的《装配式混凝土结构技术规程》（JGJ 1—2014）是在《装配式大板居住建筑设计和施工规程》（JGJ 1—1991）的基础上修订而成的。其内容不再仅仅局限于装配式大板结构，还囊括了框架结构、剪力墙结构等主要结构形式，并且在建筑设计、加工制作、安装、工程验收等环节的内容上进行了补充与强化。该文件的实施成为装配式混凝土建筑发展历程中的一个关键节点，自此之后，我国在推广装配式混凝土建筑时便有了标准规范作为支撑，有效解决了设计审图及验收缺乏规范依据、因设计标准不统一而导致工程质量参差不齐等问题，促进了装配式混凝土建筑的良性发展。2017年，《装配式混凝土建筑技术标准》（GB/T 51231—2016）正式发布，其着眼于解决装配式建造方式创新发展过程中的基本问题，结合近年来的新技术成果与可靠的工程实践经验，对现有标准体系进行查缺补漏，相较于先前发布的《装配式混凝土结构技术规程》更为详尽全面。此外，还陆续制定了《钢筋套筒灌浆连接应用技术规程》（JGJ 355—2015）、《装配式建筑评价标准》（GB/T 51129—2017）等众多技术性成果和标准，以及《装配式建筑密封胶应用技术规程》（T/CECS 655—2019）、《钢筋桁架混凝土叠合板应用技术规程》（T/CECS 715—2020）等重要团体标准，积极推动我国装配式混凝土建筑的标准规范朝着更加全面、完善的方向发展，进而为实现建筑工业化和装配式建筑标准化起到了有力的推动作用。[27]

1.3.3 省市相关政策

在国家和地方政策的大力推动下，截至2024年，住房和城乡建设部已累计公布328处装配式建筑产业基地和48个装配式建筑示范城市。装配式建筑的发展正快速朝着国内更广阔的区域拓展延伸，与此同时，多个装配式试点示范工程项目均已落地实施。各省市积极响应国家号召，相继出台有关装配式建筑的扶持性政策，并搭建相应的发展平台。下面以上海、北京、广东三个省市为例进行介绍。

1. 上海市

2014年，上海市人民政府办公厅转发了《上海市绿色建筑发展三年行动计划（2014—2016）》[28]，强调要新建装配式建筑，提高各区县政府在本区域供地面积总量中落实的装配式建筑的建筑面积比例，并且至2016年，外环线以内符合条件的新建民用建筑原则上全部采用装配式建筑。2017年，上海市人民政府办公厅印发《关于促进本市建筑业持续健康发展的实施意见》[29]，强调全面推进装配式建筑发展，通过大力推广装配式建筑，加快创建国家装配式建筑示范城市，符合条件的新建建筑全部采用装配式技术，装配式建筑单体预制率达到40％以上或装配率达到60％以上。2018年，上海市住房和城乡建设管理委员会印发《关于进一步提升本市保障性住房工业化建设水平的通知》[30]，就保障性住房建设实施大开间设计作出相关要求。2021年，上海市住房和城乡建设管理委员会印发《上海市装配式建筑“十四五”规划》[31]，提出“十四五”时期，上海市继续以装配式建筑为抓手，深化建筑业创新转型发展，加强信息化和智能化技术应用，实现装配式建筑“从有到优”的升级发展，提升工程质量、安全、效益和品质。同年，上海市人民政府公布了《上海市绿色建筑管理办法》[32]，强调要提升绿色建筑水平，加快建造方式转变，推进建筑工业化、数字化、智能化升级，推动智能建造与建筑工业化协同发展。2023年，上海市人民政府办公厅发布《上海市“无废城市”建设工作方案》[33]提出要推广装配式建筑，新建民用建筑、工业建筑均应按照规定采用装配式建造方式。

2. 广东省

2017年4月，广东省人民政府办公厅发布《广东省人民政府关于大力发展装配式建筑的实施意见》[34]，明确将珠三角城市群列为重点推进地区，要求到2020年底前，装配式建筑占新建建筑面积比例达到15%以上，其中政府投资工程装配式建筑面积占比达到50%以上；到2025年底前，装配式建筑占新建建筑面积比例达到35%以上，其中政府投资工程装配式建筑面积占比达到70%以上，其余城市则分列为积极推进地区和鼓励推进地区。2021年5月，广东省人民政府办公厅发布《广东省人民政府办公厅关于印发广东省促进建筑业高质量发展若干措施的通知》[35]，该通知明确要推进新型建筑工业化。大力发展钢结构等装配式建筑，优先保障预制构件和部品部件的生产建设用地，对政府投资项目明确装配式建筑比例要求，带头应用装配式建造方式。2022年，广东省住房和城乡建设厅印发《广东省建筑节能与绿色建筑发展“十四五”规划》[36]，要求提升建筑节能降碳水平、推进绿色建筑高质量发展、推动装配式建筑提质扩面，力争2025年底全省城镇新建建筑中装配式建筑比例达到30%。同年9月，广东省住房和城乡建设厅发布《广东15部门联合出台加快新型建筑工业化发展的实施意见》[37]，提出到2025年底，新型建筑工业化项目实施规模不断扩大，全省装配式建筑占新建建筑面积比例达到30%以上，其中重点推进地区达到35%以上，积极推进地区达到30%以上，鼓励推进地区达到20%以上。到2030年底，全省新型建筑工业化由政府示范引领向市场主导发展，工程建设高效益、高质量、低消耗、低排放的建筑工业化基本实现，装配式建筑占新建建筑面积比例达到50%以上。

3. 北京市

2017年，北京市人民政府办公厅发布《北京市人民政府办公厅关于加快发展装配式建筑的实施意见》[38]，响应国家号召大力发展装配式混凝土建筑，不断提高装配式建筑在新建建筑中的比例，初步提出，到2018年，实现装配式建筑占新建建筑面积的比例达到20%以上，基本形成适应装配式建筑发展的政策和技术保障体系，以及到2020年实现装配式建筑占新建建筑面积的比例达到30%以上，并推动形成一批设计、施工、部品部件生产规模化企业，具有现代装配建造水平的工程总承包企业以及与之相适应的专业化技能队伍。《北京市发展装配式建筑2020年工作要点》[39]中再次强调了上述目标，并对装配式建筑的实施范围和实施标准（主要针对装配率）作了明确规定。2022年4月，北京市人民政府办公厅发布《关于进一步发展装配式建筑的实施意见》[40]，提出到2025年，实现装配式建筑占新建建筑面积的比例达到55%，基本建成以标准化设计、工厂化生产、装配化施工、一体化装修、信息化管理、智能化应用为主要特征的现代建筑产业体系。2023年，北京市人民政府发布了《北京市人民政府关于印发〈2023年市政府工作报告重点任务清单〉的通知》[41]，该任务清单中第212条指出要“加大超低能耗建筑推广力度，推动公共建筑节能绿色化改造，推动装配式建筑占新建建筑面积的比例力争达到45%，大力推广绿色建筑”。

1.3.4 国内常用装配式混凝土结构体系

目前，我国装配式混凝土结构同现浇混凝土结构类似，常采用装配式混凝土框架结构、装配式剪力墙结构和其他组合衍生结构。

装配式混凝土框架结构的框架梁和柱采用预制构件，并依据现浇混凝土结构的要求进行各构件之间的连接设计与施工。楼梯、楼板、外挂墙板等构件应优先采用预制构件。装配式框架结构具有传力路径明晰、装配效率较高的特点，且现浇作业量较少，能有效实现预制装配化目标。根据梁柱节点的不同连接方式，装配式混凝土框架结构可分为等同现浇结构和非等同现浇结构。其中，前者的节点采用刚性连接，后者的节点采用柔性连接。

装配式剪力墙结构按照施工工艺可以分为部分预制剪力墙结构、全预制剪力墙结构和叠合板式混凝土剪力墙结构等多种结构体系。部分预制剪力墙结构主要是指内墙现浇、外墙预制的结构体系，其预制构件通过现浇方式连接。该体系的结构性能较好，因此适用范围较广，适用高度较大，目前在我国应用较为普遍。全预制剪力墙结构的剪力墙全部由预制构件拼装而成，该结构有较高的预制率，但在构件连接、施工上有更为复杂的要求。叠合板式混凝土剪力墙结构中可以采用叠合式墙板或叠合式楼板，并结合部分板、梁等现浇构件，该结构体系的适用高度有限，一般需控制在18层以下。此外，还有内浇外挂式剪力墙结构、多层装配式剪力墙结构等体系。

1.4 国内装配式混凝土建筑现阶段的主要问题及对策

1.4.1 国内装配式混凝土建筑面临的主要问题

装配式混凝土建筑发展至今，虽然呈现出良好的发展态势，但鉴于各方面工作的基础较为薄弱，在现阶段仍存在着一些问题与挑战，因此对其发展和应用的前景切不可盲目乐观。当前，装配式混凝土建筑所面临的主要问题涵盖了以下几个方面[18, 42, 43]。

1. 建造成本偏高

首先，装配式混凝土建筑目前尚处于试点示范阶段，市场需求相对有限，未实现大批量生产和大面积推广应用，其生产费用未能体现出“工厂化”的优势，这是导致其建造成本偏高的一个主要原因。而建造成本过高又使得装配式混凝土建筑大多集中应用于政府保障性住房中，在政府的鼓励扶持和补贴政策推动下才得以试点应用，这在很大程度上限制了它的推广。

目前，国内众多致力于研发与推广装配式混凝土结构的企业大多都建有各自的预制构件生产基地，该类基地仅服务于所属企业，其产能无法被充分利用。而且预制构件生产企业依照制造行业标准缴纳17%的增值税，该税率明显高于土建施工领域的税率水平。这些因素综合起来导致预制构件的生产成本较高。此外，企业还面临着因成本过高而难以实现盈利的困境，不得不依靠政府补贴政策以及企业研发补助资金来维持日常运营。

总体而言，装配式混凝土结构的平均成本目前还普遍高于传统现浇混凝土结构，在建造成本方面暂时未具备竞争优势。需要指出的是，若能解决设计、施工不规范，定额与政策法规不完善以及验收制度不合理等一系列问题，装配式混凝土结构的建造成本可与现浇混凝土结构持平，甚至更低。

2. 技术标准滞后

充分发挥标准的作用能够有力推动装配式建筑发展，标准化是装配式建筑发展的重要前提与坚实保障。当前，就装配式混凝土建筑而言，我国仍然缺乏足够完善且统一的设计与验收标准体系，并且还存在重视结构设计标准而轻视建筑设计标准、构件的标准化制度不够完善、装配式建筑的行业标准不够健全等诸多问题。

此外，国家和行业技术标准与团体标准在衔接方面存在脱节的状况。我国住房和城乡建设部自2016年起不再新批国家和行业技术标准，转而鼓励团体标准和企业标准的发展。但由于国家和行业标准与团体标准之间缺乏有效衔接，多数企业和专家还在依赖国家和行业标准，致使团体标准的推广应用面临巨大的阻力。而且，团体标准的编制门槛相对较低，数量偏多，重复编制的情况较为严重，同时也缺乏权威性的认定机制。

3. 设计体系不够完善

国内所采用的设计方法缺乏创新，有待进一步完善。目前装配式混凝土建筑的设计流程通常是先按照现浇结构设计，再按照预制构件要求进行拆分，或由专业公司进行二次深化设计。这种方式会造成结构设计与深化设计脱节，不能按照标准化要求充分考量装配式结构的特性。到了后期，由于构件非标种类多、节点复杂等问题，还需要根据装配工艺要求进行协商变更，这不仅会造成资源和时间的浪费，而且变更后还可能会影响设计效果。装配式混凝土建筑设计的效率低且工作量繁重，未能充分体现工业化生产的优势。此外，当前国内并没有适用于装配式混凝土结构的成熟商业化设计软件。

设计技术系统集成不足。目前，已建成的装配式建筑所出现的质量问题，绝大多数是由于各子系统不配套导致的。装配式结构的研究并没有与建筑围护、机电设备和装饰装修相结合，这便造成了全专业分割的问题。再者，从工程建设的全过程角度来看，若设计环节未能充分考虑工厂加工生产和现场装配施工的实际需求，将会导致工厂加工效率低，浪费人工，并且施工现场既有预制又有现浇，工序与工艺较为复杂。总体而言，现有装配式结构人工减少和材料节省均较为有限，质量与效率的提升也并不显著。

我国至今尚未构建起与我国国情相适配的装配式混凝土建筑体系。我国的装配式建筑最初由国外引入，但由于各国国情、国策的不同，盲目效仿并不适合我国的工程环境。为更好地推广和发展装配式混凝土建筑，应结合国内各项经济条件、结构要求和施工技术，探索出一套适合我国国情的装配式混凝土建筑体系。

4. 行业队伍水平有待提升

一方面，发展装配式混凝土建筑所需的复合型人才稀缺。装配式混凝土建筑的设计、生产、装配、质量检测、施工验收等多个环节都要求从业人员具备较高的综合素质，做到“知研发、晓技术、懂管理”。但目前，国内此类复合型人才仍亟待大力培养。

另一方面，装配式混凝土建筑的现场施工需要更高水平的工人，当前的行业队伍水平仍然有待提升。目前，现场施工队伍的技能水平较低而离散化程度高，不能有效适应装配式混凝土建筑标准化、机械化、自动化的工业化生产模式。

5. 舆论宣传不够全面

当前，大众对装配式混凝土建筑的认可度并不高。同时，主流媒体在这方面的引导性宣传不足，非主流媒体的宣传又缺乏可信度和影响力。社会层面对其仍然存在一些片面的错误认知，例如抗震性能不好、产品千篇一律等，这些误解不利于装配式混凝土建筑的推广应用与长远发展。

1.4.2 “三个一体化”发展理论

在 2016 年举办的中国建筑学会建筑产业现代化发展委员会成立大会上，针对装配式建筑发展过程中存在的若干关键性问题作了《建筑工业化“三个一体化”的发展思维》的报告。该报告以现存问题为导向，对后续的发展提供了方法论层面的思考与策略[2,3]。

1. 建筑、结构、机电、内装一体化集成设计

避免全专业分割、做到系统性装配，就需要完成建筑、结构、给排水、暖通、电气、内装的一体化设计。一个完整的装配式混凝土建筑包含结构系统、外围护系统、设备与管线系统、内装系统四个子系统。它们各自是一个完整且独立存在的子系统，可以采用装配式工艺生产，同时又共同构成一个更大的系统，即装配式建筑工程项目。基于一体化集成设计理念，建立标准化模数模块、统一的接口与规则，并搭建标准化的协同工作平台，借助信息化手段确保各个专业在同一个虚拟模型上开展统一设计，实现现场施工装配的高效可靠，通过模数协调、模块组合、接口连接、节点构造和施工工法等方式将预制构件进行一体化系统性集成装配。

2. 设计、生产、施工一体化集成管理

构建设计、生产、施工一体化的管理体系可以解决全过程割裂问题，从而满足工业化生产的要求。为实现该目标，可以采取标准化设计、工厂化生产、装配化施工、一体化装修和信息化管理的“五化一体”路径，以全装配为特点，运用 BIM 信息共享技术，研究不同阶段对建筑系统的要求以及系统集成的方法。

3. 技术、管理、市场一体化

为解决管理和运行机制不适应技术及市场需求的问题，应积极推动产业化发展，以工程总承包为发展模式，形成技术、管理、市场一体化的发展战略。若按照传统的施工总承包模式，则无法从施工末端来引导前端的技术研发、设计、部品部件采购等环节，因此需要建立起国际通行的工程总承包模式，由技术、管理、市场一体化的责任主体来统筹全链条。

首先，技术和管理要高度集中和统一，应建立成熟完善的技术体系；其次，须建立与之相适应的管理模式，以及与技术体系、管理模式相适应的市场机制；最后，要营造良好的市场环境，打破仅仅政府与行业积极而市场反应冷淡的发展瓶颈。

1.5 现代装配式混凝土建筑的技术探索

1.5.1 装配式大空间结构技术探索

我国从 1957 年开始对预制板展开研究，最初是将预应力薄板和双层空心板等预制构件用于民用建筑，但当时全预制构件存在吊装能力不足、受力性能较差等问题。20 世纪 80 年代末期，尽管装配式混凝土建筑发展低迷，但对于预制板的研究并没有停止，在北

京、武汉等地的高层建筑中出现了装配整体式叠合板结构，而在一些小城市的民用建筑中，由于抗渗、运输安装等需要，甚至出现了采用预应力混凝土叠合板替代传统空心楼板作为楼屋面的关键性举措[44]。

目前，在我国装配式建筑市场上应用较多的预制楼板类型为桁架钢筋混凝土叠合板[45]。该类板件利用混凝土楼板的上、下层纵钢与弯折成形的钢筋焊接共同组成能够承受荷载的小桁架，再结合预制层混凝土，构成一个在施工阶段无须模板且能承受湿混凝土及施工荷载的结构体系；在使用阶段，钢筋桁架成为混凝土楼板的配筋，承受使用荷载。尽管桁架钢筋混凝土叠合板在我国应用广泛，但在跨度较大、使用空间要求高的工业建筑和大型公共建筑中，其优势并不明显。

近年来，为推广装配式混凝土结构在工业建筑、大型公共建筑中的应用，满足其对使用空间、建筑净高的要求，结构性能良好、建筑美观实用的大跨度预制预应力构件的应用逐年增加。目前，双 T 板（图 1-13）、预应力空心板（图 1-14）等构件在大跨度混凝土框架结构和钢结构中的应用越来越受到关注，发展势头良好。[46]

图 1-13 双 T 板

图 1-14 预应力空心板

大跨预应力双 T 板是由宽大的面板和两根窄而高的肋组成的梁、板结合构件。双 T 板一般采用高强度预应力筋和高强度混凝土制成，其横截面受力合理，自重轻，承载力大。双 T 板最初发源于美国，至 20 世纪 60 年代，其在美国已经大规模应用在单层多跨度工业厂房、多层公寓建设中。之后，英国、日本等国家也开始陆续使用双 T 板。在我国，20 世纪 50 年代就已经开始双 T 板的生产应用，双 T 板主要用于小跨度工业厂房的屋盖中，并在 1978 年建成了国内首个采用双 T 板作为预制楼板的单层厂房，但受限于技术水平，该预制构件始终未能得到广泛应用。直到近几年，随着建筑体制改革的不断深化和物质技术基础的不断增强，双 T 板又重新得到普及和推广。目前，双 T 板已在国内多个省份得到了普遍使用，尤其在东北和山东地区应用较为广泛。双 T 板的结构力学性能优良，传力的层次也比较明确，且造型简单，几何线条简洁，是一种可以制成大跨度、大覆盖面积的承重构件，因此一般用于工业厂房的楼盖结构和屋盖结构。如图 1-15 所示，将预应力混凝土双 T 板用在工业厂房中可以大大降低设计与施工的工作难度，缩短建设周期，降低工程造价，因而预应力混凝土双 T 板是新一代高效预应力预制构件。[47, 48]

图 1-15 大跨双 T 板施工现场

预应力空心板具有自重轻、承载力高、刚度大、抗震抗火性能好、经济效益高等优点，且不存在双 T 板板面不平整的问题，但由于存在孔芯，导致预应力空心板的厚度较大（图 1-16）。实践中，预应力空心板的孔芯不仅能够用于放置钢筋，还能用于管线、电线等的隐形铺设。20 世纪后期，为满足大跨度和大承载力要求，七股钢绞线被用于预应力空心板的生产，但由于钢绞线会产生巨大的局部挤压力，这种挤压力容易导致锚固端的局部破坏，且缺乏相关实践，因而该工艺一直未被广泛采用。20 世纪 90 年代，我

图 1-16 预应力空心板结构施工现场

国从美国引入了SP预应力空心板及相关技术，并对预应力空心板进行了大量的性能试验，在预应力空心板的设计和研究方面都积累了一定的经验。在参考美国《PCI设计手册》的基础上，结合对预应力空心板的一系列已有研究和实践，我国编制了一系列规范和图集，从而推动了预应力空心板在我国装配式结构中的应用。当前工程实践主要参考国家标准《预应力混凝土空心板》（GB/T 14040—2007）、图集《大跨度预应力空心板》（13G440）和《SP预应力空心板》（05SG408）。[49]

1.5.2 结构体系的探索

20世纪六七十年代，我国与英国、日本、德国等发达国家的装配式建筑发展共同经历了一个以板式承重体系为主的时期，当时我国主要采用装配式大板结构。大板结构主要应用于多层住宅，其各个预制构件尤其是预制多孔板的外形尺寸基本一致，标准化程度较高。然而，受当时材料性能与技术水平的限制，大板结构在后期使用期间暴露出诸如墙板接缝渗漏、隔声与保温效果差等使用功能方面的缺陷，并且在唐山大地震中也暴露出此类结构整体性较差等安全性问题，最终装配式大板建筑逐渐被市场淘汰[50]。

目前，国内常用的装配式混凝土建筑结构体系主要有装配式混凝土框架结构、装配式混凝土剪力墙结构以及装配式混凝土框架-剪力墙结构等其他组合衍生结构。其中，装配式混凝土框架结构受力清晰，工业化程度较高；装配式混凝土剪力墙结构在近年来我国的装配式住宅建筑领域应用最为广泛且发展速度最快，其工业化程度高，抗侧刚度远高于框架结构，在高层建筑结构中有着较为普遍的应用，但施工难度较大、建造成本较高。

随着新农村建设的持续推进，农村房屋建设方面的需求与日俱增，传统农村房屋建设存在的抗震性能差、工业化程度低、建筑功能不完善等问题逐渐显现出来，亟须探索更适合农村发展的新型装配式混凝土结构体系，装配式预应力空心墙板结构（图1-17）由此得到发展。预应力空心墙板结构创新性地把预制空心板当作竖向墙板来使用，而非水平楼板，竖向与侧向荷载主要由空心墙板承受，该结构适用于低多层建筑。预制空心墙板内部预留通长的竖向孔道，孔道选用具备一定刚度的PVC环保材料，在使用时，于墙板两侧对称布置预应力筋，这样既减轻了墙体自重，又切实有效地提高了其平面外抗弯刚度。此外，预应力空心墙体因存在空气

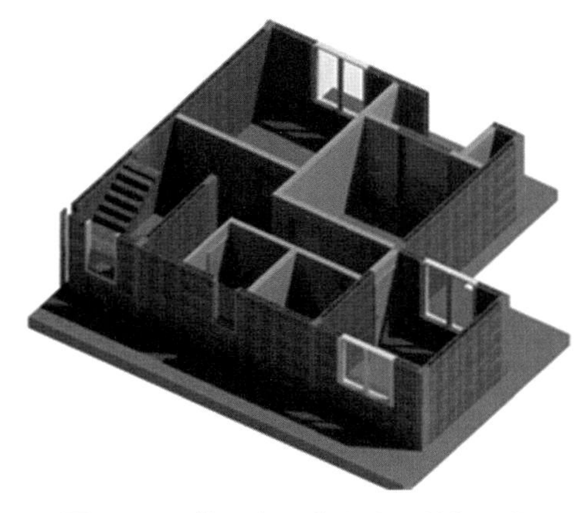

图1-17 装配式预应力空心墙板结构

夹层，相比传统剪力墙具有更优的保温隔热效果。采用预制空心板作为竖向承重墙板，不仅能减轻自重，便于进行构件之间的连接，还能有效提高施工效率及精度，降低成本，从而有力推动农村地区低层建筑的建设，满足当前装配式混凝土建筑发展的需求。不过，当前装配式预应力空心墙板结构仍然缺少相应的设计、施工以及验收标准，并且工程实践经验也较为匮乏，尚未获得社会的广泛信任，在实际建设中并未得到普遍应用。

另外，基于建设抗震韧性城市、发展抗震韧性建筑的现实需求，韧性装配式混凝土结构不断发展。例如，美国和日本于20世纪90年代率先提出装配式自复位剪力墙结构。该结构体系具有优越的抗震性能和良好的自恢复能力，其破坏主要集中在连接部位，便于震后修复，是一种有效的装配式韧性结构体系。不过国内尚未对装配式自复位剪力墙结构展开全面且足够成熟的研究工作。另外，将可更换的理念引入装配式混凝土结构，进而发展出带可更换消能构件的装配式混凝土结构，这与装配式韧性建筑的设计理念相契合，已然成为新型装配式建筑体系的一个研究热点。在装配式建筑中设置可更换消能构件，能够使结构的变形集中于这些构件之上，从而形成装配式建筑主体震后低损伤机制；通过设计可更换消能构件来耗散地震能量，从而进一步降低装配式建筑整体地震响应。[51-53]

1.5.3 节能建筑技术探索

当前，我国建筑行业的发展方向与绿色建筑息息相关，大力发展绿色建筑是推动建筑业健康发展的重要举措。绿色建筑要求综合考虑能源、气候、材料、住户、区域环境等多方面因素以进行整体设计，其核心内涵是节约能源和保护环境，目标是将因人类对建筑物的构建和使用所造成的对地球资源与环境的负荷和影响降到最低限度[54]。当前，我国建筑能耗总量持续快速攀升，能源紧张的局面愈发严峻，因此亟须发展绿色建筑，以减少对环境的污染，实现建筑的可持续发展目标。

超低能耗建筑能充分适应气候特征和自然条件，提供舒适的室内环境，有效降低资源、能源消耗，与“舒适、经济、绿色、美观”这一新时期建筑方针相匹配。超低能耗建筑在显著提高室内环境舒适度的同时，可以大幅降低建筑使用能耗，减少对主动式机械采暖与制冷系统的依赖。装配式建筑在降低建筑能耗方面主要体现在建材生产阶段，而超低能耗建筑采用被动式设计策略，其建筑能耗的降低主要集中在建筑运行阶段。基于此，“装配式建筑＋超低能耗建筑”的概念应运而生，成为今后建筑业领域绿色发展与新型工业化发展的主要趋势[55]。

被动式设计涵盖建筑设计和材料选择两个方面，旨在提供舒适建筑环境的同时减少建筑能耗，通过适宜的建筑设计和结构材料选择，使建筑对建筑表面温度、空气流速、水汽压、太阳辐射量（吸收和穿透建筑的部分）等气候因素做出回应。依据被动式设计理念，被动式建筑是指不依赖外部能源就能实现建筑的采暖、降温、采光及通风的建筑类型[54]，其可以与当地气象数据相结合，在设计过程中运用被动式太阳能采暖、被动式降温、天然采光、自然通风等方法，实现低能耗、零能耗甚至负能耗的目标。被动式建筑设计坚持以人为本，围绕生态中心主义发展，希望建筑在全寿命周期内成本较低，能够减少对自然资源的侵占与破坏以及污染物的排放量，并维护人类对于自然资源的代内公平和代际公平[56]。

被动式建筑由瑞典的 Bo Adamson 和德国的 Feist 于 1988 年首次共同提出，他们设计的被动式房屋（Passive House）是一种不需要“采暖空调主动供冷热”的房屋[54]。此后，德国成立了世界上首个被动式建筑研究所（Passive House Institution，PHI），该研究所致力于推广和规范被动式建筑，成为被动式建筑先驱。经过多年来对被动式建筑的不断探究与推广，德国成为目前世界上被动式建筑技术水平最高、发展最好的国家，在被动式建筑领域位居世界前列。我国对被动式建筑的研究起步较晚。2010 年，上海世博会的“汉堡之家”是国内首个获得认证的被动式建筑项目，其能够在不消耗电能且不采用采暖制冷设备的情况下，将室温全年维持在 25℃左右。2015 年，住房和城乡建设部以我国国情为基础，并借鉴德国被动式建筑设计理念，提出了我国首个被动式建筑标准《被动式超低能耗绿色建筑技术导则》。上海城建建设实业集团设计建造的高舒适低能耗装配式 2 号试点楼大量运用了被动式节能技术，在外围护设计、门窗配置、可再生能源利用、室内环境控制等方面均做了充分考量，以期实现超低能耗的目标（图 1-18）。其设计指标主要参考了 PHI 标准和《被动式超低能耗绿色建筑技术导则》，各项室内环境指标、能耗水平、气密性能等均按最高标准进行设计。此外，上海徐虹北路 X8 高端服务式公寓（图 1-19）是上海城建建设实业集团首个投入使用的大型示范型超低能耗

图 1-18　高舒适低能耗装配式 2 号试点楼

图 1-19　徐虹北路 X8 高端服务式公寓

建筑。该建筑应用了被动式节能技术，通过采用高效节能门窗、确保优异的气密性能、定制室内能源系统及室内环境实时监测系统等手段，出色地达成了超低能耗状态下“恒温、恒湿、恒氧、恒洁、恒静”的理想目标。尽管我国被动式建筑在技术水平与科研开发方面与欧洲先进国家相比，仍存在一定差距，但被动式建筑作为一种经过大量实践验证的建筑形式，凭借其健康、舒适、节能的特性，在我国未来的建筑类型中必定会占据重要地位。[57]

1.6 新型装配式结构体系

1.6.1 预应力空心墙板结构体系

一方面，随着我国农村经济的持续发展以及居民生活水平的逐步提升，农民对改善型住房的需求愈发强烈，农村房屋建设已然成为现阶段我国住房和城乡建设的重点，亟须一种新的建筑模式来满足此需求；另一方面，在国家大力倡导发展装配式建筑的背景下，大量新建建筑采用工厂构件预制和现场装配式建造的要求陆续出台。经过深入研究与实践探索，在新农村建设中采用装配式结构体系是一个切实可行的方案。

经研究发现，相对传统砖混结构，预应力空心板用作墙板或楼板不仅具有提高施工效率、降低造价、提高抗震性能等优势，而且适应农村住宅的建设需求，因此，尝试通过合理的构造将预应力空心板作为墙板和楼板应用在结构中。不同于预应力空心楼板中非对称布置预应力筋，预应力空心墙板在双侧对称布置预应力筋，且布置数量可适当减少。为了满足新农村建设的实际需求，以便在农村地区快速建设低层建筑，一种将预应力空心板应用于墙板的新型装配式结构体系被提出，即装配式预应力空心墙板结构（图 1-20）。该结构体系通过将预应力空心墙板竖缝密拼，对预应力空心楼板进行合理组合，并采用便捷的方式在现场组装而成。为防止因层间连接不牢固而导致脆性破坏甚至倒塌的情况，可以采用预制圈梁和预制构造柱（也可使用灌孔芯柱）作为边界单元来形成约束。此结构体系不采用“等同现浇”原则，而是通过圈梁与预应力空心墙板间的灌孔以及楼板与圈梁间的现浇区，使预应力空心墙板、构造柱（芯柱）、圈梁、楼板共同构成一个完整的抗侧力体系，从而强化结构的完整性和抗震延性。装配式预应力空心墙板结构仅由预应力空心板、预制圈梁和预制构造柱这三个标准化预制构件组成，且空心板无须填充，这大大提高了构件制作与现场施工的效率。在受力性能方面，装配式预应力空心墙板结构采用横墙或纵、横墙承重的方式，竖向荷载和侧向荷载主要都由预应力空心墙板承担，其荷载传递路径较为清晰。

装配式预应力空心墙板结构的优点主要有以下几点：①结构质量可靠，抗震性能良

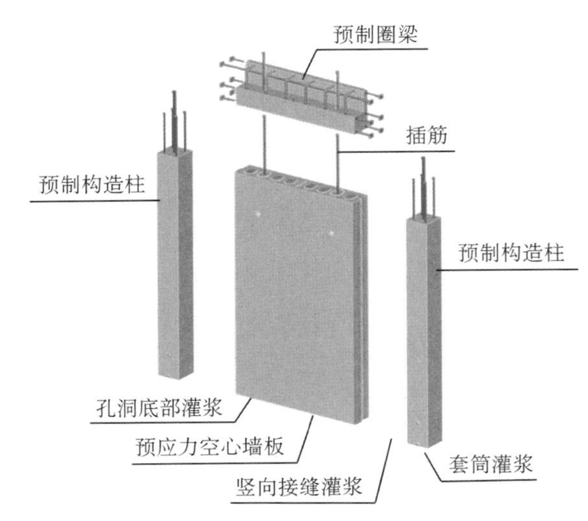

图 1-20 装配式预应力空心墙板结构示意

好，能够满足安全性的要求；②整栋建筑主要采用预应力空心板这一类构件，实现较高的预制率，并且在功能分区、外立面布置等方面具有较大的灵活性，满足适用性的要求；③现场施工作业量少，绿色环保，满足高效性的要求；④相较于装配整体式混凝土结构，在生产效率、造价、能耗等方面都更具优势，且具有良好的经济性。

根据预制构件的连接方式，预应力空心墙板装配式结构体系可以分为两类：装配整体式 CJ 墙结构和全预制装配式 CJ 墙结构。其中，CJ 墙由上海城建建设实业集团发明。装配整体式 CJ 墙结构在上海市松江区泖港镇黄桥村的集中居住项目中被应用。图 1-21 所示为黄桥村联排住宅的装配整体式 CJ 墙结构预制拆分示意图。CJ 墙既可用作承重墙也可用作非承重墙，结合部分现浇构件形成一个完整的结构。全预制装配式 CJ 墙结构在泖港镇曹家浜村的集中居住项目中有所应用。

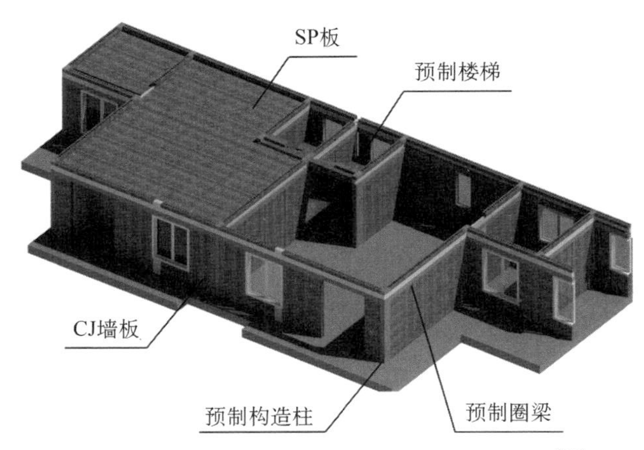

图 1-21 装配整体式 CJ 墙结构预制拆分示意[58]

1.6.2 装配式抗震韧性结构体系

传统的延性抗震设计方法会导致震后结构构件可能存在较大的残余变形甚至损伤，从而引发大量的震后修复工作，使得成本增加。2011 年，新西兰基督城地震中便出现了此类情形，因此有必要对抗震韧性展开研究。我国在 2017 年将“韧性城乡”研究纳入“国家地震科技创新工程”四大计划之一，以期提高我国城市抵御地震风险的能力，降低其灾害脆弱性，为“新型城镇化”这一重要战略的实施提供保障，助力我国经济社会可持续发展的顺利推进。此外，在 2020 年 10 月党的十九届五中全会上，我国首次正式提出“韧性城市”命题，并将建设韧性城市作为“十四五”规划和 2035 年远景目标之一。城市抗震韧性是韧性城市建设目标的一个分支，要求在保证地震安全的前提下，使城市和社会在遭遇大地震后能够维持功能或迅速恢复，避免瞬间陷入混乱或遭受永久性损害，以此强化城市的防震减灾能力。

实现城市抗震韧性的一项重要措施是发展可恢复功能结构。可恢复功能结构与抗震韧性理念高度契合，要求结构在震后快速恢复使用功能，易于建造维护，并且全寿命成本效益较低，这为实现城市抗震韧性提供了一个有效途径。可恢复功能结构通过摇摆、自复位、可更换和耗能等机制，使结构损伤可控，确保结构在一定水平地震作用下仍能维持可接受的功能，震后不经修复或稍加修复即可恢复使用功能。不过，这几类机制通常并非单独使用，可更换机制和耗能机制作为可恢复功能结构的核心，一般与摇摆机制或自复位机制通过不同的构造形式集成于结构中，彼此结合进而形成不同形式的可恢复功能结构。[51, 59]

自复位装配式剪力墙结构在 20 世纪 90 年代由美国和日本率先提出（图 1-22）。该结构体系具有优越的抗震性能和良好的自恢复能力，其破坏主要集中在连接部位，便于震后开展修复工作，是一种有效的装配式韧性结构体系。自复位装配式剪力墙结构主要采用摇摆机制和自复位机制，墙体和基础之间无黏结，通过预应力筋将预制墙体和基础拉紧。在地震作用下，墙体在基础接触面上发生界面张合，由此形成摇摆机制，水平位移集中在墙底界面，进而对墙体起到保护作用。当墙体摇摆时，预应力筋可与墙体自重共同提供回复力，使得结构具有良好的自复位性能。此外，还可以配置阻尼构件以形成耗能机制。自复位装配式剪力墙结构有效克服了传统装配式剪力墙的缺点，是一种优越的韧性结构体系，并且能够很好地与装配式建筑相结合，极大地增强了装配式剪力墙的抗震性能。目前，自复位装配式剪力墙结构主要有四类：单一自复位墙、混合自复位墙、联肢自复位墙和带端柱自复位墙。[60]

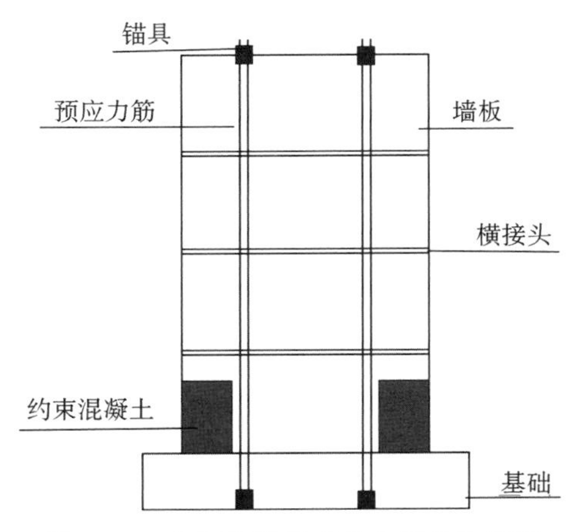

图 1-22　自复位装配式剪力墙结构示意

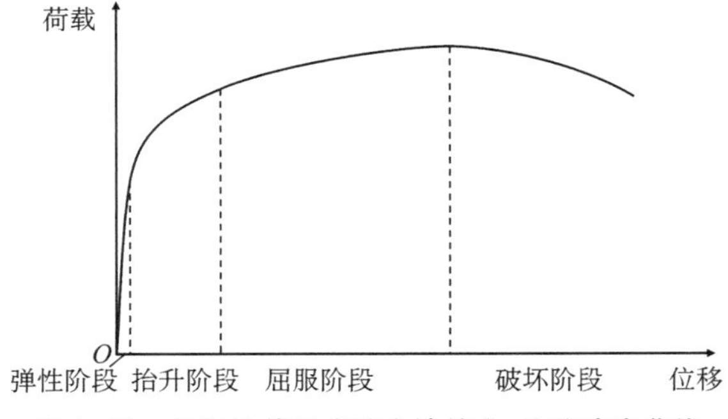

图 1-23　自复位装配式剪力墙的力-位移响应曲线

当受到单调侧向力作用时，自复位装配式剪力墙的变形大致可分为弹性、抬升、屈服和破坏四个阶段（图 1-23）。消压前，自复位装配式剪力墙首先发生一定程度的弯曲变形，墙体底部全截面与基础保持接触受力，不发生竖向抬升或水平滑移，预应力筋的应力水平基本维持在初始预应力。此时，墙体主要受到由自重和预应力筋拉力等引起的轴向压力以及由侧向力引起的底部弯矩作用，且底部截面仍为全截面受压状态。随着墙体承受的底部弯矩不断增大，当底部弯矩引起的拉应力与轴力引起的压应力正好大小相等时，墙体处于底部界面即将打开的临界状态，墙底一侧处于零压应力状态。消压后，墙体进入抬升阶段，墙底界面打开，墙体发生抬升和转动，可忽略其弯曲变形。此时，墙底不再是全截面受压，抬升部分不受轴力作用，仅墙体仍与基础保持接触的长度范围内承受轴向压力，即为受压区。随着墙底界面增大，墙体进入屈服阶段，水平抗侧刚度显著降低，变形速度加快。最后，墙体底部约束混凝土压溃，墙体承载力下降，进入破坏阶段。

1.7　小结

本章首先简单介绍了装配式混凝土建筑的概念、分类、优势等内容，并回顾了其在国内外的发展，主要从发展历程、发展成果和典型案例三个方面展开论述。其中，针对装配式混凝土建筑在国内的应用与发展，先从发展历程展开讨论，回顾了国家及省市的相关政策、标准规范等的发展变迁，并介绍了国内若干典型案例。紧接着，深入剖析了当前装配式混凝土建筑在我国面临的主要问题，诸如建造成本过高、设计体系尚不成熟等，同时指出可运用“三个一体化”的发展理论来解决这些难题。其次，对于现代装配式混凝土结构的技术探索，分别从预制构件、结构体系、节能建筑技术三个方面展开讨论，介绍了在这三个方面的探索历程以及当前的主要探索方向。最后，在发展背景、特点、受力性能等方面对预应力空心墙板结构体系和装配式抗震韧性结构体系两类新型装配式结构体系进行了简要介绍。

参考文献

[1] 装配式混凝土建筑技术标准. 装配式混凝土建筑技术标准：GB/T 51231—2016［S］. 北京：中国建筑工业出版社，2017.

[2] 中建科技有限公司，中建装配式建筑设计研究院有限公司，中国建筑发展有限公司. 装配式混凝土建筑设计［M］. 北京：中国建筑工业出版社，2017.

[3] 中建科技有限公司，中建装配式建筑设计研究院有限公司，中国建筑发展有限公司. 装配式混凝土建筑施工技术［M］. 北京：中国建筑工业出版社，2017.

[4] 崔瑶，范新海. 装配式混凝土结构［M］. 北京：中国建筑工业出版社，2016.

[5] 陈宜虎，刘美霞，卢旦，等. 装配式混凝土建筑技术［M］. 武汉：武汉理工大学出版社，2021.

[6] 蒋勤俭. 国内外装配式混凝土建筑发展综述［J］. 建筑技术，2010，41（12）：1074-1077.

[7] 陈棋浩. 装配式建筑标准规范发展历程与制约因素探究［D］. 厦门：华侨大学，2019.

[8] 聂小鹏. 装配式混凝土建筑综合效益分析与研究［D］. 郑州：郑州大学，2019.

[9] 张朝弼，徐浩. 国内外装配式混凝土建筑发展对比［C］//2019 国际绿色建筑与建筑节能大会论文集，2019.

[10] プレハブ建築協会. 工法の種別と生産？施工のしくみ［EB/OL］. ［2024-08-17］. https：//www. purekyo. or. jp/bukai/pc-kenchiku/structure-concrete-mid-to-high-rise. html.

[11] 砼艺云. 日本装配式建筑 W-PC 工法概述［EB/OL］.（2019-06-11）［2024-06-23］. https：//baijiahao. baidu. com/s?id=1636025235351363260.

[12] 预制建筑网 . 美国绿色广场停车场［EB/OL］. ［2024-07-21］. http：//www. precast. com. cn/index. php/subject _ detail-id-288. html.

[13] Kroll A. Architecture Classics：Unite d' Habitation / Le Corbusier［EB/OL］. ［2024-05-23］. https：//www. archdaily. com/85971/ad-classics-unite-d-habitation-le-corbusier.

[14] Holland O. Sydney Opera House at 50：See what Australia's best-known building could have looked like［EB/OL］. ［2024-06-13］. https：//www. cnn. com/style/sydney-opera-house-competition-designs/index. html.

[15] Moselle A. Architectural marvel or symbol of police brutality? Former headquarters for Philadelphia police faces uncertain future［EB/OL］. （2023-02-01）［2024-05-20］. https：//whyy. org/articles/roundhouse-philadelphia-future-uncertain-complicated-history/.

[16] 国务院办公厅转发建设部等部门关于推进住宅产业现代化提高住宅质量若干意见的通知［J］. 中华人民共和国国务院公报，1999（30）：1302-1307.

[17] 赵本省. 基于智能建造的装配式建筑施工关键技术研究与应用［D］. 郑州：郑州大学，2020.

[18] 王俊. 我国建筑工业化发展现状与思考［J］. 土木工程学报，2016，49（5）：1-8.

[19] 国务院办公厅关于转发发展改革委住房城乡建设部绿色建筑行动方案的通知：国办发［2013］1号［A/OL］.（2023-01-01)［2024-04-22］. https：//www. gov. cn/guowuyuan/2016zfgzbg. htm.

[20] 政府工作报告（全文）［A/OL］.（2015-03-16）［2024-05-18］. https：//www. gov. cn/guowuyuan/2015-03/16/content _ 2835101. htm.

[21] 中华人民共和国国民经济和社会发展第十三个五年规划纲要［A/OL］.（2016-03-17）［2024-05-

22]. https://www.gov.cn/xinwen/2016-03/17/content_5054992.htm.
[22] 国务院办公厅关于大力发展装配式建筑的指导意见：国办发［2016］71号［A/OL］.（2016-09-30）［2024-05-12］. https://www.gov.cn/zhengce/content/2016-09/30/content_5114118.htm.
[23] 中共中央　国务院关于进一步加强城市规划建设管理工作的若干意见［A/OL］.（2016-06-18）［2024-05-23］. https://www.ndrc.gov.cn/xwdt/ztzl/xxczhjs/ghzc/201606/t20160608_971990.html.
[24] 住房和城乡建设部等部门关于加快新型建筑工业化发展的若干意见：建标规［2020］8号［A/OL］.（2020-08-28）［2024-04-23］. https://www.gov.cn/zhengce/zhengceku/2020-09/04/content_5540357.htm.
[25] 中共中央办公厅 国务院办公厅印发《关于推动城乡建设绿色发展的意见》［A/OL］.［2024-05-19］. https://www.gov.cn/gongbao/content/2021/content_5649730.htm.
[26] 住房和城乡建设部印发“十四五”建筑业发展规划明确：大力推广应用装配式建筑 加快建筑机器人研发和应用［EB/OL］.（2022-01-26）［2024-05-22］. https://www.mohurd.gov.cn/xinwen/gzdt/202201/20220126_764305.html.
[27] 黄小坤，田春雨，万墨林，等. 我国装配式混凝土结构的研究与实践［J］. 建筑科学，2018，34（9）：50-55.
[28] 上海市人民政府办公厅关于转发市建设管理委等六部门制订的《上海市绿色建筑发展三年行动计划（2014—2016）》的通知：沪府办发［2014］32号［A/OL］.（2014-06-17）［2024-04-22］. https://www.shanghai.gov.cn/nw32380/20200820/0001-32380_39705.html.
[29] 上海市人民政府办公厅印发《关于促进本市建筑业持续健康发展的实施意见》的通知：沪府办［2017］57号［A/OL］.（2017-11-01）［2024-05-13］. https://www.shanghai.gov.cn/nw12344/20200814/0001-12344_53986.html.
[30] 关于进一步提升本市保障性住房工业化建设水平的通知：沪建建材联［2018］224号［A/OL］.（2019-02-25）［2024-05-11］. https://zjw.sh.gov.cn/jsgl/20190226/0011-59316.html.
[31] 上海市装配式建筑“十四五”规划：沪建建材［2021］702号［A/OL］.（2021-11-09）［2024-04-18］. https://zjw.sh.gov.cn/ghjh/20211109/f5ed3fe865b447b7b064fc695cae1351.html.
[32] 一图读懂《上海市绿色建筑管理办法》［EB/OL］.（2021-11-09）［2024-04-19］. https://zjw.sh.gov.cn/zcjd/20211109/50cbbb7f95ea4f0891da5ad5471e6ce3.html.
[33] 关于《上海市“无废城市”建设工作方案》的政策解读［EB/OL］.［2024-04-17］. https://www.shanghai.gov.cn/202305zcjd/20230323/10e0af043f3b4a4397d20018cff89a6e.html.
[34] 广东省人民政府办公厅关于大力发展装配式建筑的实施意见：粤府办［2017］28号［A/OL］.（2017-05-02）［2024-05-16］. http://zfcxjst.gd.gov.cn/xxgk/wjtz/content/post_1392187.html.
[35] 广东省人民政府办公厅关于印发广东省促进建筑业高质量发展若干措施的通知：粤府办［2021］11号［A/OL］.［2024-04-27］. http://www.gd.gov.cn/zwgk/gongbao/2021/23/content/post_3496254.html.
[36]《广东省建筑节能与绿色建筑发展“十四五”规划》解读［EB/OL］.（2022-04-08）［2024-05-11］. http://zfcxjst.gd.gov.cn/jsgl/dtxx/content/post_3922094.html.
[37] 广东省住房和城乡建设厅等部门关于加快新型建筑工业化发展的实施意见：粤建科［2022］99号［A/OL］.（2022-09-20）［2024-05-16］. http://zfcxjst.gd.gov.cn/jsgl/zcwj/content/post_4015703.html.
[38] 北京市人民政府办公厅关于加快发展装配式建筑的实施意见［A/OL］.（2017-03-03）［2024-05-11］. https://zjw.beijing.gov.cn/bjjs/gcjs/kjzc/tztg/413796/index.shtml.
[39] 关于印发《北京市发展装配式建筑2020年工作要点》的通知［A/OL］.［2024-05-17］. http://

www. bcda. org. cn/beizhuangxie/vip _ doc/18159992. html.
[40] 北京市人民政府办公厅关于进一步发展装配式建筑的实施意见：京政办发〔2022〕16号［A/OL］.［2024-06-03］. https：//www. beijing. gov. cn/zhengce/zfwj/zfwj2016/bgtwj/202204/t20220429 _ 2698683. html.
[41] 北京市人民政府关于印发《2023年市政府工作报告重点任务清单》的通知：京政发〔2023〕8号［A/OL］.［2024-05-16］. https：//www. beijing. gov. cn/zhengce/zhengcefagui/202301/t20230131 _ 2909785. html.
[42] 刘康. 预制装配式混凝土建筑在住宅产业化中的发展及前景［J］. 建筑技术开发，2015，42（1）：7-15.
[43] 马荣全. 装配式建筑的发展现状与未来趋势［J］. 施工技术（中英文），2021，50（13）：64-68.
[44] 于婷，张敬书，刘海杨，等. 预制楼板在国内外的应用现状［J］. 建筑技术，2023，54（1）：88-92.
[45] 刘轶. 自承式钢筋桁架混凝土叠合板性能研究［D］. 杭州：浙江大学，2006.
[46] 蒋勤俭. 中国预制混凝土行业十年发展综述［J］. 住宅与房地产，2022（5）：58-63.
[47] 钟志强，周臻徽，黄朝俊. 大跨度预应力双T板的发展与应用［J］. 住宅与房地产，2020（2）：66-71.
[48] 李鑫，李书颖，李斌，等. 预应力双T板结构性能试验研究［C］//《工业建筑》2018年全国学术年会论文集（下册），2018.
[49] 袁佳佳，王洪欣，孙占琦，等. 预制预应力混凝土空心板研究及应用综述［J］. 混凝土与水泥制品，2021，305（9）：45-49.
[50] 吴刚，冯德成，徐照，等. 装配式混凝土结构体系研究进展［J］. 土木工程与管理学报，2021，38（4）：41-51，77.
[51] 吕西林，武大洋，周颖. 可恢复功能防震结构研究进展［J］. 建筑结构学报，2019，40（2）：1-15.
[52] 邱灿星，杜修力. 自复位结构的研究进展和应用现状［J］. 土木工程学报，2021，54（11）：11-26.
[53] 周颖，吕西林. 摇摆结构及自复位结构研究综述［J］. 建筑结构学报，2011，32（9）：1-10.
[54] 宋琪. 被动式建筑设计基础理论与方法研究［D］. 西安：西安建筑科技大学，2015.
[55] 田东，张士兴，幸国权，等. 装配式混凝土建筑与超低能耗技术应用研究［J］. 建筑技术，2019，50（8）：918-920.
[56] 张钦然. 被动式建筑设计基础理论与方法研究［J］. 低碳世界，2018（4）：181-182.
[57] 杨庭睿，乔春珍. 被动式建筑发展现状及设计策略研究［J］. 建设科技，2020（19）：18-22.
[58] 上观.［乡村］上海乡村振兴示范村设计案例之黄桥村（10）：装配式技术应用［EB/OL］.（2021-07-27）［2024-05-18］. https：//sghexport. shobserver. com/html/baijiahao/2021/07/27/496600. html.
[59] 吕西林，陈云，毛苑君. 结构抗震设计的新概念：可恢复功能结构［J］. 同济大学学报（自然科学版），2011，39（7）：941-948.
[60] Pampanin S，Marriott D，Palermo A. PRESSS Design Handbook［M］. Auckland：New Zealand Concrete Society，2010.

2

大跨预应力空心板技术

2.1 大跨预应力空心板概况与发展

2.1.1 大跨预应力空心板概况

随着装配式建筑的快速发展，预制构件凭借施工便捷以及受力性能良好等优点，其应用越来越广泛。住宅建筑的工业化改革倡导具备生产率高、建设成本低、施工周期短等特点的施工方式，这极大地推进了预制装配式结构的快速发展[1]。现浇楼盖体系虽整体性和抗震性较好，但其现场施工多为湿连接节点，施工较为麻烦，且其承载力有限，无法适用于大空间、大跨度结构。预制装配式结构的出现很好地解决了这一系列问题。

预制楼板在结构中主要起到传递竖向荷载的作用。装配整体式结构通常采用叠合板，在预制板上有现浇层，整体好且刚度较大。预制装配式结构则通常采用连接件或通过板缝灌浆来连接不带有现浇层的预制板，相对而言，刚度不如叠合板好，但是加快了施工速度，且更加节能环保[2]。预应力空心板是国内外常见的一种预制板构件，由预应力筋和混凝土组成，包括上、下两层混凝土板和中间圆形、水滴状或方格状异型孔的混凝土开孔，板边采用双齿型边槽，便于吊装和运输。由于孔隙直径通常为板厚的 2/3～3/4，因此，预应力空心板的质量比实心混凝土楼板要小得多，但预应力空心板有着近似实心楼板的结构强度。预应力空心板按施工工艺可分为湿浇筑、滑模成型和挤压成型三类，具有施工快捷、质量轻、隔音性好、耐火性好、跨度大等优点，常用于商业建筑、住宅建筑和工业建筑中。由于布置了预应力筋，因此空心板的跨度可以大大增加，大跨预应力空心板的标志跨度一般在 3～21 m，板厚在 100～500 mm。

2.1.2 预应力空心板的国内外发展历史

20 世纪 30 年代，德国工程师 Wilhelm Schaefer 和他的同事 Kuen 创建了预应力空心板的相关理论。第二次世界大战结束后，大量房屋被摧毁，西方各国均面临着快速重建的需求。40年代末和50年代初，经过多年的生产优化和反复试验，“Schaefer”工厂开始逐渐取得一些成果。随着预制构件及装配式建筑的发展和流行，预应力空心板的制作逐渐标准化、工厂化和机械化。预应力空心板在全球范围内取得了日益广泛的应用，尤其在欧美、日本、新西兰等地震频发地区，冷拔低碳钢丝和冷拉钢筋配筋的预应力空心板已被广泛应用于各类建筑结构中[3]。在预应力空心板的生产过程中，主要有三种生产工艺：湿浇筑工艺、滑模成型工艺和挤压成型工艺。其中，湿浇筑工艺是最简单的，该工艺是将孔芯模板放置好后进行混凝土浇筑，最后抽去内模板。传统上，北欧地区倾向于采用挤压成型工艺。挤压成型生产工艺可以制造跨度更大、自重更轻的产品。当截面厚度超过265 mm时，使用挤压成型工艺生产是特别经济的，并且能够节省大量的原材料。而在欧洲的许多其他地区，滑模成型工艺是更常见的生产方法。使用滑模成型工艺，可以很容易地制作各种空心横截面及其他类型预制构件，包括T形梁和螺纹板等。滑模成型工艺的投资利用率高，只需更换个别零件即可使用同一台机器生产不同的产品。不同国家提出了不同的预应力空心板生产及设计规范。1976年，日本出版了《预应力空心板的设计手册》，规范了预应力空心板件的设计尺寸和标准。1993年，国际预应力混凝土协会出版了《FIP实用设计手册混凝土结构设计实例》[4]，其中收录了8个建筑与桥梁方面的预应力空心板的应用结构，基于不同的结构实例，详细地给出了预应力空心板的各项验算方法、承载能力极限状态和正常使用极限状态之间的差别、先张法和后张法、疲劳设计问题以及在工程实例中的各种施工方法（如平衡悬臂法、采用斜拉索调节的悬臂法等）。

进入21世纪后，国内外许多学者对大跨预应力空心板进行了一定的改进设计。Wariyatno等[5]通过实验分别测试了使用聚氯乙烯（PVC）管和泡沫聚苯乙烯来创造空心板空腔的预应力空心板在不同配筋情况下的抗弯性能，发现在大量减少构件自重的情况下，二者的抗弯强度与实心板相近，仅略低于实心板。Foubert等[6]采用近表面安装（NSM）碳纤维增强聚合物复合材料（CFRP）对预应力空心板进行了弯曲加固，并且选取了7块预应力混凝土空心板进行了破坏实验。其中，2块混凝土强度不同且配筋不同的空心板没有进行NSM-CFRP加固，作为对照组；另外5块空心板进行了NSM-CFRP加固，图2-1所示为CFRP条带的安装位置。实验得出，NSM-CFRP加固预应力空心板能够有效提高预应力空心板的抗弯和抗剪性能以及挠度延性和能量延性。

国内预应力空心板的生产可追溯至20世纪50年代，我国预应力空心板的生产发展相对比较滞后。预应力空心板刚引进时，大多采用冷拔低碳钢丝、冷轧带肋钢筋、冷拉钢筋作为预应力筋在空心板中使用，混凝土也多采用C20级混凝土，该等级的混凝土强度较低。80年代起，预应力筋逐步改换为二股或三股的小股钢绞线，从而提高了预应力

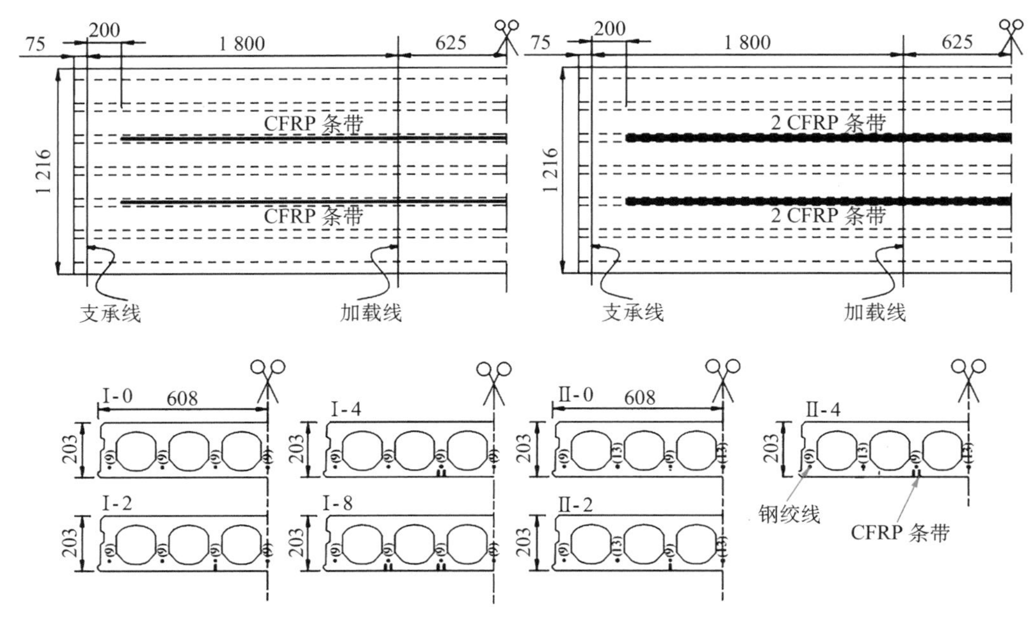

图 2-1 CFRP 条带的安装位置（单位：mm）[6]

筋的强度。随着对大跨度、高承载力的预应力空心板的需求不断增加，预制板的跨度超过了 9 m，七股钢绞线投入应用并引进新的生产工艺来解决锚固端部受过大局部压应力而产生的局部破坏[7]。从预应力筋的施工形式来看，在预应力空心板中的预应力筋可分为无黏结、有黏结和缓黏结三种形式。无黏结预应力筋施工简便，但预应力全靠锚具提供，不适用于抗震结构；有黏结预应力筋的张拉端构造较为复杂，孔洞需灌浆，但是预应力筋与混凝土之间有一定的握裹力，在锚具失效以后仍能继续受力，适用于抗震结构；缓黏结预应力筋施工方便且黏结性能较为可靠，但造价比较昂贵[8]。

目前，我国市场上普遍使用的均为美国 Spancrete 公司生产线生产的预应力空心板（以下简称“SP 空心板”）。国内于 1993 年引进 SP 空心板技术，这填补了我国大跨预应力混凝土空心板生产的空白，并深受建筑、设计部门和广大用户的欢迎。同时，我国在相关技术标准上也有了长足的发展，先后于 1997 年和 2001 年编制了《SP 预应力空心板图集》和《SP 预应力空心板技术手册》，为 SP 板技术的应用提供了标准和依据。1995 年，芬兰的 Elematic 公司推出了挤压成型机来浇筑混凝土空心板，从而大大提高了施工机械化和自动化水平。Elematic 公司生产的 HC 型空心板也逐渐出现在我国建筑市场上。

2008 年汶川大地震之后，预应力空心板在某些地区被禁用，原因是采用预应力空心板的建筑结构倒塌率较高。经过进一步的调查后发现，导致坍塌的主要原因在于预应力空心板的生产质量问题以及预应力空心板和板、墙、梁之间的连接强度与连接方式不合理[9]。后续相关规范和图集都对此进行了更新和改进。图 2-2 所示为大跨预应力空心板。

(a) 截面图

(b) 整体图

图 2-2 大跨预应力空心板

20 世纪末至 21 世纪初，双轴空心板的发明引起了众多学者的关注和研究。双轴空心板也被称为孔隙双轴板，是一种新型空心板。不同于单向空心板的柱形开孔，双轴空心板的内部是一个空心体。双轴空心板相比单向空心板更轻质，且可以双向受力，适用于带有双向受力板的体系。双轴空心板的设计自由灵活，可以适应很多不规则布局，跨度更大，所需支承更少，能够降低材料成本[10]。双轴空心板如图 2-3 所示。

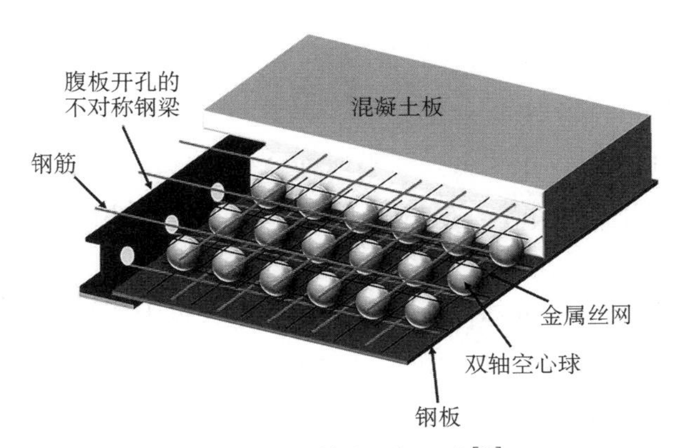

图 2-3 双轴空心板示意[11]

2.1.3 大跨预应力空心板性能

大跨预应力空心板是国内外公认的经济、有效的结构构件，被广泛应用于各种建筑工程中。大跨预应力空心板的优越性能在广泛的工程实践中得到了充分体现，其性能特点具体表现在以下几方面。

(1) 工厂预制，产品质量稳定可控。大跨预应力空心板是在工厂进行预制的，与现浇结构相比，大跨预应力空心板的生产采用自动化质量控制系统，通过严格的生产和质量控制，确保产品符合设计要求且提高了其稳定性和可控性。此外，在工厂预制，可以减少施工现场的噪声和污染，提高施工环境的质量。

(2) 表面处理良好，可直接粉刷。大跨预应力空心板是机械成型，外表平整度好。表面平整度误差可控制在毫米级。楼板表面可以直接使用或只需简单粉刷。

(3) 施工快速简便，施工安全快捷，周期短。大跨预应力空心板跨度大，无须支模，吊装方便，安装效率高，可广泛应用于住宅、医院、学校、工厂和商场以及地震区域。只需 3～4 个工人，每天便可安装 500～600 m^2 的楼板，这不仅减少了现场施工时间，降低了人力成本，而且也减轻了工人的劳动强度，同时还提高了工作效率，降低了工人的意外风险，提高了施工安全性。

(4) 高耐火性能。大跨预应力空心板的耐火等级取决于保护层的厚度，楼板结构的最大耐火性能可承受火灾高温作用长达 180 min。此外，通过增加防火涂料等防火措施，能进一步提高建筑物的安全性能。

(5) 跨度大，承载力高。即便大跨预应力空心板跨深比较高，甚至没有现浇混凝土的叠合层，空心板的变形也十分微小。同时，由于混凝土水灰比较低（仅为 0.32～0.38），因而所生产的混凝土产品有着很高的强度。通过增加预应力的大小，可以增大预应力空心板的跨度，从而满足大跨度、大空间的建筑需求。

(6) 与各类辅助设施轻松兼容。大跨预应力空心板可灵活安装各类辅助设施，包括电线导管、喷水器和高压交流电系统等各类管线，从而减少现场工程的复杂性和成本，提高工程的可持续性和经济性。

(7) 空心率高，自重低。由于空心板纵向的空心设计，与现浇筑混凝土板相比，可减少近 50%的混凝土用量，同时，因为其自重较轻，可减少 30%的预应力筋用量并降低空心板的运输及安装成本。

(8) 减少原材料使用，绿色环保，大幅节约成本。可大规模，批量化生产。预应力空心板生产完成以后，只需 6～8 h 就可以从基座上移走。通过使用高强预应力筋，可减小截面尺寸，减少混凝土的使用，减少浪费和环境污染，实现原材料的精细化使用，达到更高的质量标准。同时，较小的横截面意味着更小的空心板质量，如此便可减少在生产和运输过程中的搬运成本。

(9) 优化跨度/深度比，降低楼层高度，经济实用。大跨预应力空心板采用预应力钢绞线，无分布筋和其他构造筋，从而节约了钢材。在混凝土框架结构和钢结构中，由于预应力空心板的大跨度、高承载力特点，因此节省了现浇体系所需的部分梁、柱，从而降低了工程造价，同时也提升了层高，能够最大限度地利用建筑空间，提高建筑物的使用效率和空间利用率，降低建筑成本和能源消耗。此外，大开间的设计也便于后续空间的灵活划分。

(10) 良好的保温和隔声性能。空心板具有良好的保温和隔声性能，可以降低外界环境中的噪声，在上、下楼层之间形成隔音层。在隔绝撞击声方面，该产品与其他固体板的性能相似，只是由于楼板类型的不同而略有变化。

(11) 可按需定制尺寸。在生产过程中，可以根据构件所需的技术指标对混凝土构件的规格和预应力筋进行调整。机器的某些部件也可以进行调整，以适应不同高度和厚度的混凝土构件的需求。预制空心板的生产也可以根据客户需求进行个性化定制，生产各种尺寸和形状的板材，以满足各种建筑项目的特殊需求。

2.1.4 预应力空心板预制框架结构体系简介

国外已经将预应力空心板广泛应用于框架结构体系中，并且日本、新西兰等对抗震结构研究较为深入的国家已经在进一步研究如何改善基于预应力空心板的预制框架结构的抗震性能，希望通过新的结构构造、细部措施和材料加固等来填补预制装配式结构的不足。新西兰坎特伯雷大学（University of Canterbury）对于预应力空心板与之框架结构体系在地震作用下的抗震性能进行了深入研究，Lindsay 等[12]针对在地震作用下预应力空心板的支座支承细部构造进行了实验和更新，使得预应力空心板预制框架结构体系有更好的抗震性能。

目前，国内通过一系列措施，诸如优化预制梁与预制柱的连接节点、改进柱与柱之间的连接方式、无次梁的结构设计等，正在逐步构建起预应力空心板的预制框架结构体系。预应力空心板预制框架结构体系不仅大大提高了装配式混凝土框架结构体系的应用范围，还降低了施工难度及建造成本，实现了更高效、更经济的结构体系建设，这将进一步推动建筑行业的发展，从而创造更具可持续性和高效性的建筑环境。

预应力空心板预制框架结构体系的特点如下：

(1) 针对柱与柱之间的竖向连接采用灌浆套筒连接方式时，在灌浆强度形成前结构存在很大的安全隐患且灌浆质量难以检测的现状，改进了预制柱与预制柱之间的竖向连接方式，采用干湿混合的连接方式，可提高施工效率，确保施工安全。

(2) 针对目前吊装需要增加临时侧向支撑，致使施工难度较大、施工质量难以保证的现状，采用了可拆卸的“牛腿”及预应力梁或框架作“牛腿”的方法，取消了竖向支撑，也减少了侧向支撑，实现了结构的无支撑施工。

(3) 采用先张预应力梁：减少梁下部钢筋的出筋，便于梁柱节点的主筋排布，保证梁柱节点的施工质量。减少混凝土用量，减轻自重，有利于提高载荷能力。

(4) 采用大跨预应力空心板：无次梁，解决预制主次梁连接技术难点，减少钢筋用量，同时也实现了预制楼板板底无支撑，从而提高了施工的速度和效率，同时，也减少了对后续安装管线的影响，如图 2-4 所示。

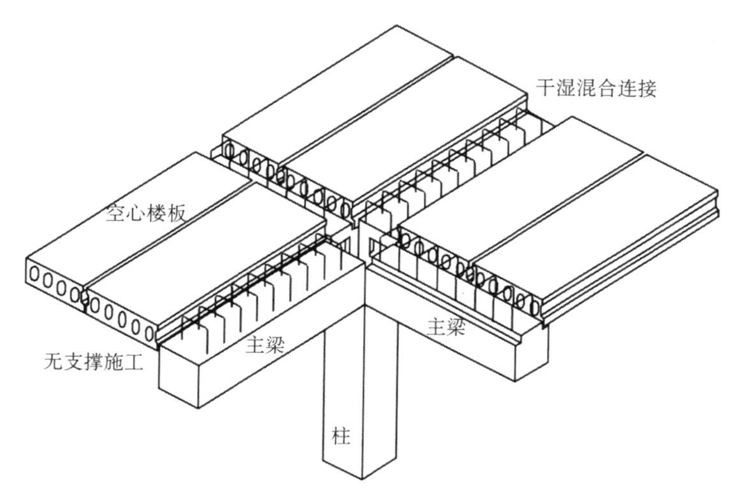

图 2-4 大跨预应力空心板预制框架结构体系示意

（5）高强度钢筋：纵向钢筋采用四级钢替代三级钢，以及应用大直径钢筋，减少钢筋数量，优化梁柱连接节点，确保梁柱核心区的施工质量。

（6）预制楼板板端新型连接节点：布置 U 形构造钢筋，采用压力灌浆机灌浆，有效提高施工的便利性，保证连接节点的连接强度，减少锚固长度，便于施工，同时节约成本。

2.2 大跨预应力空心板受力机理和设计方法

2.2.1 破坏形式

预应力空心板通常被用作简支单向板，一般不考虑板端负弯矩和扭转应力的影响。预应力空心板的破坏形式通常有两种：弯曲破坏和剪切破坏。此外，还有钢绞线失锚破坏。根据 Pajari[13] 和 Yang[14] 对预应力空心板破坏形式的研究和总结，弯曲破坏又可分为受弯混凝土的拉裂缝、楼板挠度过大、钢绞线的受拉破坏、混凝土的受压破坏和预应力筋放张后板顶混凝土纤维的弯曲拉裂缝；剪切破坏则可分为混凝土弯曲剪切裂缝、腹板剪拉破坏和腹板剪压破坏等。

预应力空心板在一定荷载作用下的破坏模式取决于板的剪跨比。预应力空心板在四点荷载作用下长跨情况时产生的弯曲裂缝、弯剪裂缝，以及短跨情况时产生的腹板剪切裂缝和黏结滑移裂缝，如图 2-5 和图 2-6 所示。在跨度较大的情况下，弯曲裂缝通常出现在跨中纯弯段，裂缝垂直于板底面向上，且长度较短；弯剪裂缝则出现在弯矩剪力共同作用的区域，其产生主要是由于剪切和拉伸的组合应力超过了混凝土的抗拉强度，裂缝斜向加载点发展，且长度较长。在跨度较小的情况下，支座和加载点之间的混凝土板的内部会产生斜向剪切裂缝并向两端延伸，板底纵向钢筋端部与混凝土之间可能产生黏结滑移裂缝。

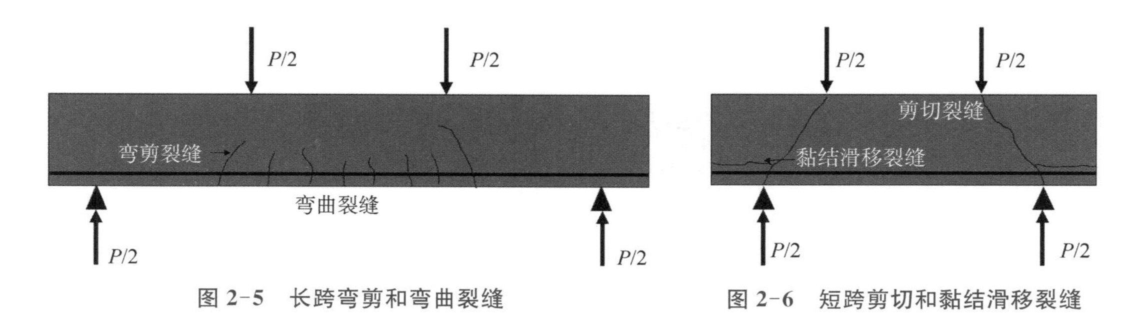

图 2-5 长跨弯剪和弯曲裂缝　　图 2-6 短跨剪切和黏结滑移裂缝

预应力筋的黏结性能没有普通的螺纹钢筋强，且预应力有一定的传递长度，这便导致在传递区有附加剪应力产生。预应力空心板的开孔会使得构件腹板较薄，抗剪能力在一定程度上被削弱，进而容易引发剪切破坏。

2.2.2 力学性能

预应力空心板的力学性能与传统实心板较为相似，Prakashan 等[15]把相同跨度、相同孔隙间距但不同开孔数、不同配筋的预应力空心板与传统实心板进行了对照实验，并将正常使用极限状态下的极限挠度与产生第一条裂缝时的挠度的比值作为正常使用性能指标。实验结果表明，传统混凝土实心板的抗弯强度计算方法基本可用来预测混凝土空心板的抗弯强度，并且空心板的正常使用性能指标较传统实心板更为出色。

在《结构混凝土的建筑规范要求》（*Building Code Requirements for Structural Concrete and Commentary*）（ACI 318）[16]中，对预应力混凝土板的标称抗弯强度、极限抗弯强度和开裂弯曲强度进行了详细的规定。根据《结构混凝土的建筑规范要求》（ACI 318），对弯剪和腹板剪切的情况进行了具体的计算。Rahman 等[17]针对不同跨度、不同厚度以及不同预应力筋数的预应力混凝土空心板进行了对照实验。实验选用了四个空心孔的空心板，并进行四点加载试验。将实验结果与《结构混凝土的建筑规范要求》（ACI 318）中方程计算的理论结果进行对比，发现理论结果并非完全准确，该规范对于超过 300 mm 厚的预应力板的计算并不保守，因而他们对规范中的弯曲剪切方程进行了一定的修正。

陈潘等[18]针对具有不同截面高度、叠合层厚度、空心板混凝土强度、叠合层混凝土强度以及预应力底筋和负筋配筋率的预应力空心板进行了有限元模拟，分析了各参数对极限受弯承载力的影响。模拟结果表明，随着各项参数的提升，极限受弯承载力会有所提升，但提升程度不同。根据极限受弯承载力的提升程度，将各项参数从高到低进行排序，依次为：截面高度＞预应力低筋配筋率＞叠合层厚度＞叠合层混凝土强度＞预应力负筋配筋率＞空心板混凝土强度。

在空心板和预应力空心板的力学性能方面，Al-Shaarbaf 等[19] 就一些先前学者对空心板进行加固或改进的实验进行了总结，并简述了相关研究结果。随着越来越多新型材料的不断涌现，可运用碳纤维增强聚合物复合材料（CFRP）、工程水泥基增强复合材料（ECC）、形状记忆合金（SMA）等材料对预应力空心板加以改进，以获得更好的力学性能，并且在地震作用下可实现减少损伤等效果，在大跨预应力空心板领域仍存在广阔的研究空间。

2.3 预应力空心板设计方法

2.3.1 一般规定

对于大跨预应力空心板，一般采用 40 MPa 及以上的高强混凝土进行生产，其水灰比一般低于 0.4。在湿度适中、干湿交替的正常环境下，空心板具有 50 年的设计工作年限。考虑到防火要求，预应力空心板中预应力筋的最小混凝土保护层厚度为 20～40 mm。对于一般防火要求不高的楼板而言，20 mm 保护层可实现 0.7 h 防火时长，如有需要，还可在板底增加防火砂浆或涂料进行处理。大跨预应力空心板常常被应用于住宅、办公楼、宾馆、医院、教学楼、仓库等常见建筑结构之中。《预应力混凝土空心板》（GB/T 14040—2007）[20] 给出的推荐规格尺寸见表 2-1。常见大跨预应力空心板更符合现代化建筑施工的发展趋势。

表 2-1　预应力空心板的推荐规格尺寸[20]

高度/mm	标志宽度/mm	标志长度/m
120	900、1 200	≤4.8，以 3 m 为模数
180	900、1 200	≤6.0，以 3 m 为模数
240	900、1 200	≤9.6，以 3 m 为模数
300	900、1 200	≤12.0，以 3 m 为模数
360	900、1 200	≤14.4，以 3 m 为模数

预应力空心板的表示方式按《预应力混凝土空心板》（GB/T 14040—2007）所述由预应力混凝土空心板代号、板高、标志长度、标志宽度、荷载序号或预应力配筋组成，如图 2-7 所示。

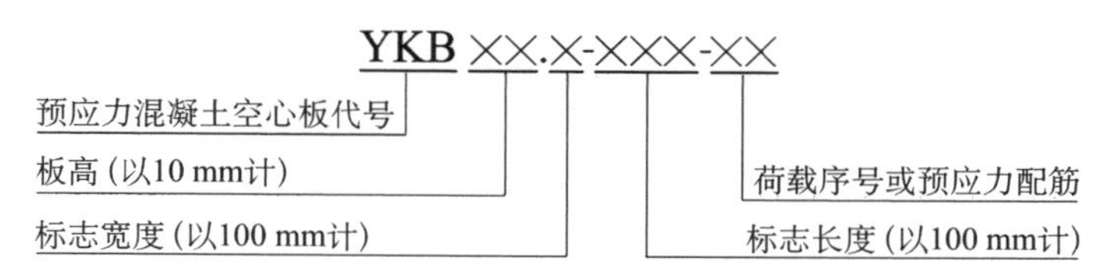

图 2-7　预应力空心板的表示方式[20]

预应力混凝土空心板的代号为 YKB，预应力轻骨料混凝土空心板的代号为 QYKB。荷载序号和预应力配筋选其中一种表达形式即可，并在同一设计中应保持一致。荷载序号以阿拉伯数字标记，预应力配筋的标记形式见表 2-2。

表 2-2　预应力配筋的标记形式[20]

标记	公称直径/mm	预应力筋种类
A	5	1 570 MPa 螺旋肋钢丝
B	7	1 570 MPa 螺旋肋钢丝
C	9	1 470 MPa 螺旋肋钢丝
D	9.5	1 860 MPa 七股钢绞线
E	11.1	1 860 MPa 七股钢绞线
F	12.7	1 860 MPa 七股钢绞线
G	15.2	1 860 MPa 七股钢绞线

国外预应力空心板主要分为按 BS EN 1168 标准[21]欧洲通用的 HC 板和按 PCI 标准[22]美国通用的 SP 板两种类型。HC 板的板型如图 2-8 所示，欧洲空心板生产厂商对于 HC 板的推荐规格尺寸见表 2-3。

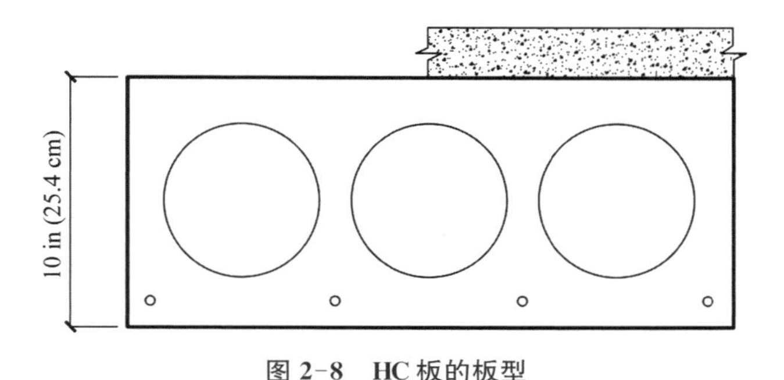

图 2-8　HC 板的板型

表 2-3　欧洲生产厂商 HC 板的推荐规格尺寸

高度/in	宽度/ft	截面面积/in²
6	4	157

（续表）

高度/in	宽度/ft	截面面积/in^2
8	4	196
10	4	238
12	4	279
16	4	346
20	4	501
8	8	404
10	8	549
12	8	620

注：1 in=25.4 mm，1 ft=0.304 8 m，1 in^2=645.16 mm^2。

SP 板的板型如图 2-9 所示，美国空心板生产厂商生产的 SP 板的推荐规格尺寸见表 2-4。

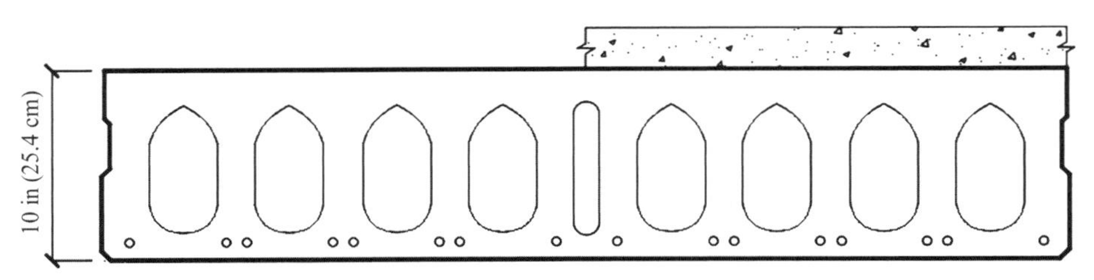

图 2-9　SP 板的板型

表 2-4　美国生产厂商生产的 SP 板的推荐规格尺寸

高度/in	宽度/ft	截面面积/in^2
4	4	138
6	4	197
8	4	258
10	4	312
12	4	355
15	4	417
16	4	401
6	8	447
8	8	511
10	8	602
12	8	706

在承载力极限状态方面，考虑沿空心板跨的抗剪及弯剪性能；对于有局部集中荷载

的部位，须保证不会发生板的冲切破坏，同时要保证预应力筋的锚固满足相关要求。就正常使用极限状态而言，预应力板在安装阶段的起拱度须考虑混凝土的收缩徐变以及钢筋的松弛因素。空心板的挠度必须被控制在一定范围内，以防其在荷载作用下产生过大的变形。

2.3.2 设计方法

普通楼盖体系的设计方法分为弹性设计法、塑性设计法和等代框架法。不论是弹性设计法还是塑性设计法，首先要对板的种类进行划分。根据《混凝土结构设计标准》（GB/T 50010—2010）（2024 年版）[23] 按长短边长度比值对板进行划分，（两边）对边支承板按单向板计算；对于四边支承板而言，当长边与短边的长度比值大于或等于 3 时，宜按单向板计算，当长边与短边的长度比值为 2～3 时，也可按沿短边的单向板计算，但需沿长边布置足够数量的构造钢筋，当长边与短边的长度比值小于或等于 2 时，应按双向板进行计算。

按照《现浇混凝土空心楼盖结构技术规程》（CECS 175—2004）[24] 和《现浇混凝土空心楼盖技术规程》（JGJ/T 268—2012）[25] 中对大跨预应力空心板的设计方法规定，在对空心楼盖进行结构分析时，宜采用弹性分析方法；当有可靠依据时，可考虑采用内力重分布方法，在进行内力重分布时，应考虑正常使用要求。在设计大跨预应力空心板时，其自重应考虑空心的影响，扣除空心部分。在进行整体分析时，可折合成实厚度考虑板的自重。

预应力空心板的设计方法可分为五种：拟板法、拟梁法、经验系数法、等代框架法和有限单元法。

1. 拟板法

拟板法是指按照空心板截面抗弯刚度与等宽度实心板截面抗弯刚度相等原则，将空心板等效为等厚度实心板进行计算。拟板法适用于肋间距小于 2 倍板厚的空心板。当空心板的内置填充体双向刚度相同或相近时，可按各向同性板计算；若相差较大，则按正交各向异性板计算。

各向同性空心板换算成实心板后的弹性模量为

$$E=\frac{I}{I_0}E_c \tag{2-1}$$

各向异性空心板换算成实心板后的 x 向与 y 向的弹性模量分别为

$$E_x=\frac{I_x}{I_{0x}}E_c \tag{2-2}$$

$$E_y = \frac{I_y}{I_{0y}} E_c \tag{2-3}$$

泊松比按式（2-4）计算：

$$\max(v_x,\ v_y) = v_c \tag{2-4}$$

$$E_x v_x = E_y v_y \tag{2-5}$$

剪切模量按式（2-6）计算：

$$G_{xy} = \frac{\sqrt{E_x E_y}}{2(1+\sqrt{v_x v_y})} \tag{2-6}$$

以上式中 I——计算单元截面惯性矩，mm^4；

I_0——计算单元等宽度实心板截面惯性矩，mm^4；

E_c——混凝土的弹性模量，N/mm^2；

v_c——混凝土的泊松比，取 0.2；

I_{0x}，I_{0y}——x 向和 y 向计算单元等宽度实心板截面惯性矩，mm^4；

E_x，E_y——x 向和 y 向正交异性板的弹性模量，N/mm^2；

v_x，v_y——x 向和 y 向正交异性板的泊松比；

G_{xy}——正交异性板的剪切模量。

2. 拟梁法

拟梁法是指按抗弯刚度相等、截面高度相等的原则，将空心板离散成一根根截面惯性矩与等厚实心板相同的肋梁。拟梁法适用于相邻区格边间连续且计算中考虑空心板扭转刚度影响的情况，每个区格板内拟梁的数量在各方向上不宜少于 5 根。在用拟梁法计算空心板自重时，应该扣除两个方向上因拟梁交叉重叠增加的重量。拟梁的抗弯刚度可取拟梁所代表空心板宽度范围内各部分的抗弯刚度之和。梁柱轴线上的楼板为实心区域，抗弯刚度按实际截面计算。其余为空心板区，抗弯刚度按扣除开孔后类似工字形梁截面的抗弯刚度计算。

拟梁的宽度可按式（2-7）计算：

$$b_b = \frac{I}{I_0} b_0 \tag{2-7}$$

式中 b_b——拟梁宽度，mm；

b_0——拟梁对应的空心板宽度，mm；

I——拟梁对应的空心板宽度 b_0 范围内截面惯性矩之和，mm^4；

I_0——拟梁对应的空心板宽度 b_0 范围内按等厚实心板计算的截面惯性矩，mm^4。

3. 经验系数法

经验系数法也称直接设计法，是指将楼板划分为跨中板带和柱上板带，并按照弯矩分配法的原理制作相关分配系数表格，根据约束条件进行取值以计算相应构件的内力的方法。经验系数法适用于连续跨双向板计算，每个方向至少有三个连续跨且相邻跨的跨度差不能超过较长跨的三分之一。当跨度相近时，可近似采用等跨连续板的弯矩分配系数。楼盖按纵、横两个方向计算，并考虑竖向荷载的作用。计算板带取柱支座中心线两侧区格各自中心线为界的板带，分为柱上板带和跨中板带。柱上板带的宽度为柱支座中心两侧各自区格宽度的四分之一的和；跨中板带的宽度为每侧各自区格宽度的四分之一。

计算板带在计算方向一跨内的总弯矩设计值按式（2-8）计算：

$$M_0 = \frac{1}{8} q b l_n^2 \tag{2-8}$$

式中 q——板面竖向均布荷载的设计值，N/mm²。

b——计算板带的宽度，m；当垂直于柱中心线两侧跨度不等时，取两侧跨度的平均值；当计算板带位于楼盖边缘时，取该区格中心线到楼盖边缘的距离。

l_n——计算方向板的净跨，m，取相邻柱侧面之间的距离，且不应小于 $0.65l_1$，l_1 为板计算方向的跨度，通常取柱支座中心线之间的距离。

计算板带内跨负弯矩设计值取 $0.65M_0$，整弯矩设计值取 $0.35M_0$；计算板带端跨弯矩按表 2-5 所列系数分配。

表 2-5 计算板带端跨各控制截面弯矩设计值分配系数

<table>
<tr><th rowspan="3">截面内力</th><th colspan="5">约束条件</th></tr>
<tr><th rowspan="2">边支座为简支</th><th colspan="3">边支座为柔性支承</th><th rowspan="2">边支座为嵌固</th></tr>
<tr><th>各支座之间均有梁</th><th>内支座之间无梁 无边梁</th><th>内支座之间无梁 有边梁</th></tr>
<tr><td>边支座负弯矩</td><td>0</td><td>0.16</td><td>0.26</td><td>0.30</td><td>0.65</td></tr>
<tr><td>正弯矩</td><td>0.63</td><td>0.57</td><td>0.52</td><td>0.50</td><td>0.35</td></tr>
<tr><td>内支座负弯矩</td><td>0.75</td><td>0.70</td><td>0.70</td><td>0.70</td><td>0.65</td></tr>
</table>

针对柱上板带各控制截面所承担的弯矩设计值，需要再根据计算方向以及垂直于计算方向的梁与板截面抗弯刚度的比值，还有抗扭刚度的大小来进一步开展弯矩系数分配的计算。

4. 等代框架法

等代框架法是指把混凝土空心楼盖按纵、横两个方向划分成由等代梁和等代柱组成的框架结构，忽略板平面内的轴力、剪力和扭矩的影响。一般等代框架法适用于柱支承或柔性支承的混凝土空心楼盖，例如无梁楼盖等。每个方向的计算应取全部竖向作用荷载。在竖向荷载作用下，等代框架梁的计算宽度可取垂直于计算方向的两个相邻区格板中心线之间的距离。具体等代梁和等代柱的截面惯性矩、抗弯刚度和抗扭刚度都与普通楼板计算方式相近，仅在计算截面惯性矩时须考虑空心板截面惯性矩的影响，在此不再赘述。

5. 有限单元法

有限单元法是伴随科学技术不断发展而产生的一种借助计算机软件实现快速、高效且精确的计算方法。在进行结构分析时，根据结构的边界条件，将结构离散成一个个单元，利用单元的节点位移来表示单元内任意一点的位移情况，再通过位移应变关系和应力应变关系来建立所有变量之间的关系，最后建立整体结构模型，以此对整个结构进行求解。依据有限元划分方式的不同，可以调整计算精度，因此有限单元法成为当下研究的一个热点。借助数值模拟仿真技术对结构性能进行模拟，这对结构设计起到很大的帮助作用。

2.3.3 特殊设计问题

1. 拱度

拱度问题是预应力空心板在设计过程中遇到的一个特殊问题。偏心预应力在截面内产生的内力矩比自重产生的力矩更大，由此引起板产生的向上弯曲的挠度称为拱度。拱度会随着时间的推移而增加或减少。拱度受到荷载状况及其他许多因素的影响，这些影响因素包括混凝土配合比、水灰比、养护方法、相对湿度和温度等。在板计算过程中，需要计算不同阶段的拱度。图 2-10 显示了存放 1 个月后未加载板件的最小和最大预期平均挠度。由于上述设计参数的变化，拱度的变化范围经常能达－30%～30%。大多数预应力构件制造商采用中等角度作为初始拱度，约为预应力构件跨度的三百分之一（即长

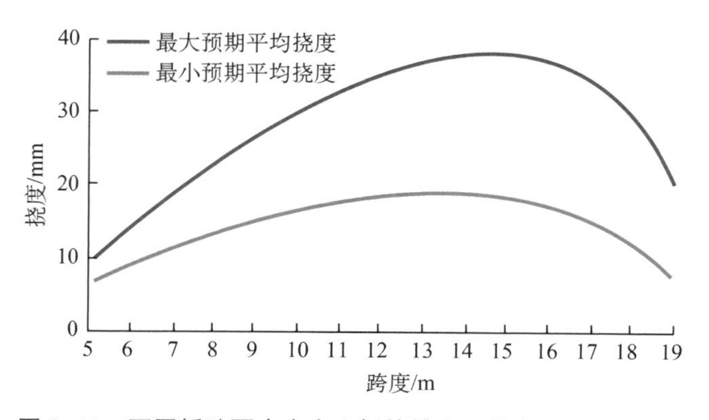

图 2-10　不同板跨预应力空心板的最小和最大预期平均挠度

度/300)，例如，6 m 跨度的构件拱度取 20 mm。实际测得的拱度变化范围为 14～26 mm。在确定楼板与楼板之间的高度时，必须考虑拱度。相邻的不同长度或不同预应力等级的构件，其拱度是不同的。拱度和挠度可以通过楼板调节器进行调整，此外，通过在预应力空心板上部增设预应力筋可以减少反拱。在安装时，通过抹平、设置结构顶层、调整支撑的高度或者其他机械方法，也可以使得其影响最小化。

2. 板缝

预制空心板的板缝设计是另一个特殊问题。《大跨度预应力空心板（跨度 4.2 m～18 m）》(13G440)[26] 中给出了三种构造方案。第一种方案是设置 30～50 mm 的小板缝间距，并在板缝中间设置板缝钢筋网片，楼板面层按单体设计，适用于抗震设防烈度小于或等于 7 度的地区。第二种方案是设置 90～150 mm 的板缝间距，板缝中间按梁式配筋，同样适用于抗震设防烈度小于或等于 7 度的地区，一般设置在大开间砌体房屋楼屋盖中部构造柱的对应处，板缝梁内纵筋应穿过圈梁或在构造柱中间锚固，且锚固长度应符合规范规定。第三种方案是设置 150～250 mm 的大板缝间距，板缝中间也按梁式配筋，但是钢筋网伸入上部叠合层内，一般设置在横墙间距较大的空旷房屋，板跨大于或等于 9 m，在混凝土柱或构造柱的对应处能够形成一定的抗侧能力结构。

对于板缝的灌注问题，需要做到以下几点：

(1) 灌注前要保证相邻板底平整。

(2) 板缝内的杂物清理干净后用水湿润，并布置板缝中的钢筋。

(3) 灌缝用混凝土强度等级不应低于 C30，宜掺微膨胀剂来确保灌注密实，避免出现拼接裂缝。

2.4 大跨预应力空心板的生产

预应力空心板的生产工艺分为传统的现浇做法[27]、工业化预制生产的滑模成型法和挤压成型法。传统的生产方法需要耗费大量的钢模或是在生产过程中需要大量的劳动力。为了解决这些问题，滑模成型法和挤压成型法成了机械化生产中常用的施工技术。

滑模成型技术的前身是 1931 年由德国人 Wilhelm Schaefer 提出的，在长线床上使预应力空心板排成一条线，利用可移动的芯轴模板和侧模来进行连续性生产。1957 年，Weiler GmbH 受到 Wacker 兄弟的启发，发明了一种可振动压实的滑模成型机，其不仅适用于单 T 板和双 T 板的生产，也适用于预应力空心板的生产。滑模成型的原理很简单，混凝土分为 2～3 层流到产品上，每一阶段通常由振动器压实。滑模成型主要用于较浅的空心截面。通常采用滑模机生产的标准构件高度范围为 60～1 000 mm，宽度为

600 mm、1 200 mm、1 250 mm、1 500 mm 和 2 400 mm。随着滑模成型机的提出，越来越多不同种类的滑模成型机被相继设计出来，例如自走式挤出滑塑成型机和流动成型机等。

挤压成型技术是指机器在由电动机驱动的混凝土基座上工作，利用滑块的往复线性运动将料斗中的松散物料连续推入模腔，通过螺旋钻将坍落度低的混凝土压入模具隔离室，原材料之间相互推动，并消除空气，由于振动板的连续工作，混凝土高度塑化，通过模具隔离室将混凝土塑造成所需的截面形状，混凝土通过振动结合压力压实。同时，整机利用滑块推动原料产生的反作用力来克服摩擦阻力，从而沿着预制钢筋向前滑动。挤压成型技术的详细生产工艺如下：①准备浇筑基床；②安装和连接预应力筋或钢绞线；③张拉预应力筋；④通过挤压成型机在钢筋周围形成混凝土板；⑤对预应力空心板做开口和切断的标记；⑥混凝土板养护；⑦将板坯切割至交付长度；⑧钻排水孔；⑨将混凝土板起吊并堆放在板垛上。图 2-11 所示为挤压成型工艺的简要过程。通过挤压成型机制成的预应力空心板，其长度可切割成 4.2～18 m，成品具有致密性好、板面光滑、板底平坦、几何尺寸误差小等特点。采用挤压成型法制作的构件高度比使用滑模成型法的更高。1961 年 6 月，Ellis 和 Thorsteinson 在加拿大设计出了一种带充气芯的挤压机，它可通过螺旋输送器将混凝土挤压成型，在托盘上形成具有纵向空腔的混凝土空心板。对于成型部分上方的混凝土，采用振动器进行振动压实。这种带充气芯的挤压机是目前最主流的挤压成型机。

(a) 台膜清洗

(b) 钢绞线铺设及张拉

(c) 混凝土输送

(d) 空心板挤压成型

(e) 空心板切割

(f) 空心板起吊

图 2-11 大跨预应力空心板挤压成型生产工艺简要过程

通过滑模机或挤压机进行机械化混凝土浇筑，不仅大大提高了生产效率，还改善了工作条件，同时也能根据需求切割预应力空心板。当下，对于劳动力和原材料的需求不断增大，对于各种尺寸构件的多样化、个性化需求也在不断提高，因此，机械化生产已成为预应力空心板生产的新方向。

2.5 大跨预应力空心板施工技术

2.5.1 大跨预应力空心板的运输

场内运输路线按施工总平面布置图执行，场内道路宽不小于 6 m，道路转角的外转弯半径不小于 20 m，内转弯半径不小于 17 m。预应力空心板采用平层叠放的运输方式，堆放时按相同尺寸堆叠，堆放层数不超过 8 层，宜 6 层以下。当预应力空心板重叠平运时，各层之间必须放 100 mm×100 mm 的木枋支垫，且垫块位置应保证构件受力合理，上下对齐。运输预应力空心板时，应采取可靠的固定措施以及防止空心板在运输过程中发生扭曲的措施。此外，运输时垫木和垫块的位置应经过计算来确定，一般宜放在距板端 100～300 mm 处，且每层构件间的垫木或垫块应在同一垂直线上并应垫平垫实。空心板叠放层数不宜超过 10 层，且堆放高度不宜超过 2 m。

运输托架、运输车辆和空心板构件间应放入柔性材料，构件边角接触部位的混凝土应采用柔性垫衬材料加以保护。场内运输时，车辆速度应控制在 5 km/h 内，并注意避让行人和其他车辆。构件到达施工现场后，服从现场统一调度，运输车辆在卸货区熄火停车，并用楔形木枋固定前、后轮胎。

2.5.2 大跨预应力空心板的堆放

大跨预应力空心板运至施工现场后，应按照型号、构件所在部位、施工吊装顺序分别设置存放场地，且存放场地应在吊装设备工作范围内。构件堆场须坚实稳固，以防支承点下陷导致构件反向受力而折断。此外，构件堆场须设置必要的围护设施，并设置明显标识，防止无关人员随意进入。堆放场地应平整，支垫位置应坚实，并应具有良好的排水措施。大跨预应力空心板在堆放时除最下层构件采用通长垫木外，以上各层构件可采用单独的垫木或垫块，并做好防倾覆措施。垫木或垫块的位置应经计算来确定，一般宜放在距板端 100～300 mm 处，且每层构件间的垫木或垫块应在同一垂直线上并应垫平垫实，此要求与运输时相同。空心板堆放层数不宜超过 10 层，且堆放高度不宜超过 3 m，图 2-12 所示为预应力空心板的堆放。

2.5.3 大跨预应力空心板的吊装

大跨空心板使用特殊的吊装设备来进行吊装，吊装设备包括吊梁、起重钳、吊钩和阻挡杆。当预应力空心板进行吊运时，应采用专用吊具或吊带，在吊运过程中，应采取措施避免空心板开裂。大跨预应力空心板的吊装如图 2-13 所示。

图 2-12　预应力空心板的堆放

图 2-13　大跨预应力空心板的吊装

起重设备都须经过合法评定并按照操作手册正确操作使用。吊装的顺序和时间须经过仔细考虑和规划，同时规划好一条畅通的吊装路径，尽量避免通过部分竖立结构进行吊装。若吊装路径受到阻挡，须考虑移除阻碍物或采取临时措施，在保证结构的稳定性后，再进行吊装。混凝土空心板在浇筑后可立即将预制吊钩手动插入混凝土中。嵌入式吊钩的安装速度快，定位准确。

2.5.4 大跨预应力空心板的施工工序和具体内容

大跨预应力空心板的施工工序如下：定位放线→板端梁顶灰饼找平→起吊、检查构件水平→吊运、就位、调整→临时支撑设置→灌缝→水电布线→钢筋绑扎→叠合层混凝土浇筑、养护。

大跨预应力空心板的施工工序、每项工艺的具体要求以及相关图片见表 2-6。

表 2-6 预制空心板的施工工艺要求

序号	主要工序	具体内容	相关图片
1	定位放线	根据施工图纸，弹出板的水平及标高控制线，同时对控制线进行复核	
2	板端梁顶灰饼找平	用标高垫块或水泥砂浆调整、复核板底（柱顶）标高	
3	起吊、检查构件水平	采用钢制扁担吊装或绑带，根据预制楼板的宽度、跨度确定吊点位置；当把板吊离时，检查板两端吊点受力是否均匀，板是否水平后，方可起吊；吊点距板端 30 cm，吊索（绑带）应具备足够的强度，还要防止板在吊索（绑带）内滑落	
4	吊运、就位、调整	在高于安装位置约 500 mm 时，人工将板稳定后使其缓慢下降就位，并确保其搁置长度符合设计要求；采用楔形小木块嵌入调整板水平位置，不得直接使用撬棍调整，以免出现板边损坏；复核楼板的水平位置、标高，使误差控制在允许范围内	 
5	临时支撑设置	当预制墙板、预制梁无挑耳设计时，板两端各设置一道临时支撑；当预制墙板、预制梁有挑耳设计时，不设置临时支撑	

（续表）

序号	主要工序	具体内容	相关图片
6	灌缝	灌缝前，应采取措施（在相邻板间加专用调平夹具），保证相邻板底平整；灌缝前，应清除板缝中的杂物，设置好缝中钢筋，并使板缝保持清洁湿润状态；采用细石混凝土或砂浆（强度按设计要求）灌缝，并保证板间的键槽浇灌密实	
7	水电布线	在灌缝完成且达到设计强度要求后，开始布设水电管线；布设应满足深化设计图的要求	
8	钢筋绑扎	水电管线铺设完毕清理干净后，根据深化设计图进行钢筋绑扎，保证钢筋搭接和间距符合设计要求	
9	叠合层混凝土浇筑、养护	混凝土浇筑部位的模板、钢筋、预埋件及机电管线预留预埋等全部安装完毕，且隐检合格后可进行混凝土浇筑。浇筑叠合层混凝土之前，板面必须清扫干净，且充分湿润（冬季施工除外），但不能积水；浇筑叠合层混凝土时，采用平板振动器振捣密实，完成后覆盖薄膜进行养护	 

2.6 小结

经过近几十年的不断学习与发展，我国学者针对大跨预应力空心板的研究日益深入且丰富，在其性能以及生产施工方式上取得了较大的突破，大跨预应力空心板正逐渐成为一种常用的结构形式。因其具有轻质、高强、高刚度等优点，大跨预应力空心板已被广泛应用于大型工程项目中的建筑物（如厂房、商场等）、桥梁、隧道、地下车库等场所。随着建筑生产朝着机械化与智能化方向不断迈进，大跨预应力空心板有望成为建筑结构中主流的构件形式。其在装配式整体剪力墙结构体系、装配式框架结构体系、装配整体式 CJ 墙结构体系、装配式韧性结构体系和装配式外挂体系中同样有着广泛的应用。当然，在大跨预应力空心板的研究领域仍存在着一些尚未完全探索清楚的问题，例如：怎样才能使预制空心板与主体结构的连接更为安全；预制空心板在地震作用下如何优化抗震设计；在地震作用下，怎样达成低损伤的目标；在大跨结构的应用过程中，如何确保大跨预应力空心板的振动性能；等等。

参考文献

[1] 薛伟辰. 预制混凝土框架结构体系研究与应用进展［J］. 工业建筑，2002（11）：47-50.

[2] 于婷，张敬书，刘海杨，等. 预制楼板在国内外的应用现状［J］. 建筑技术，2023，54（1）：88-92.

[3] Van Acker A，Maas S. Historical development of Hollow Core slabs［EB/OL］. ［2024-06-13］. https：//hollowcore. org/historical-development-hollow-core-slabs/.

[4] Federation Internationale de la Precontrainte Staf，FIP Commission 3 on Practical Design. FIP handbook on practical design：Examples of the design of concrete structures［M］. Thomas Telford Ltd，1990.

[5] Wariyatno N G，Haryanto Y，Sudibyo G H. Flexural behavior of precast hollow core slab using PVC pipe and styrofoam with different reinforcement［J］. Procedia Engineering，2017，171：909-916.

[6] Foubert S，Mahmoud K，El-Salakawy E. Behavior of prestressed hollow-core slabs strengthened in flexure with near-surface mounted carbon fiber-reinforced polymer reinforcement［J］. Journal of Composites for Construction，2016，20（6）：1-10.

[7] 袁佳佳，王洪欣，孙占琦，等. 预制预应力混凝土空心板研究及应用综述［J］. 混凝土与水泥制品，2021，305（9）：45-49.

[8] 徐焱，刘峰岩，李豪杰，等. 预应力空心板技术在大跨度楼盖中的应用［J］. 建筑结构，2021，51（22）：61-65，96.

[9] 张敬书，周绪红，姜丽娜，等. 理性思考汶川地震中砌体结构的抗震能力［J］. 防灾减灾工程学报，2009，29（5）：591-595.

[10] Churakov A. Biaxial hollow slab with innovative types of voids［J］. Construction of Unique Buildings and Structures，2014，（6）：70-88.

[11] Ryu J, Lee C-H, Oh J, et al. Shear resistance of a biaxial hollow composite floor system with GFRP plates [J]. Journal of Structural Engineering, 2017, 143 (2): 04016180.

[12] Lindsay R A, Mander J B, Bull D K. Experiments on the seismic performance of hollow-core floor systems in precast concrete buildings [C] //The proceedings of the 13th World Conference on Earthquake Engineering, 2004.

[13] Pajari M. Web shear failure in prestressed hollow core slabs [J]. Journal of Structural Engineering, 2009, 42 (4): 207-217.

[14] Yang L. Design of prestressed hollow core slabs with reference to web shear failure [J]. Journal of Structural Engineering, 1994, 120 (9): 2675-2696.

[15] Prakashan L, George J, Edayadiyil J B, et al. Experimental study on the flexural behavior of hollow core concrete slabs [J]. Applied Mechanics and Materials, 2017, 857: 107-112.

[16] American Concrete Institute. Building code requirements for structural concrete and commentary [J]. ACI Structural Journal, 1994, 552: 503.

[17] Rahman M K, Baluch M H, Said M K, et al. Flexural and shear strength of prestressed precast hollow-core slabs [J]. Arabian Journal for Science and Engineering, 2012, 37 (2): 443-455.

[18] 陈潘，张凤亮，杨超，等. 两端简支预应力混凝土空心板受弯承载力研究 [J]. 建筑结构，2023，53 (S1): 1705-1714.

[19] Al-Shaarbaf I A, Al-Azzawi A A, Abdulsattar R. A state of the art review on hollow core slabs [J]. ARPN Journal of Engineering and Applied Sciences, 2018, 13 (9): 3240-3245.

[20] 中华人民共和国国家质量监督检验检疫总局，中国国家标准化管理委员会. 预应力混凝土空心板：GB/T 14040—2007 [S]. 北京：中国标准出版社，2008.

[21] IX-CEN. Precast concrete products-Hollow core slabs: EN 1168: 2005+A3: 2011 [S]. 2011.

[22] Prestressed Concrete Institute. PCI design handbook: precast and prestressed concrete [R]. 1978.

[23] 中华人民共和国住房和城乡建设部. 混凝土结构设计标准 (2024 年版): GB/T 50010—2010 [S]. 北京：中国建筑工业出版社，2011.

[24] 中国建筑科学研究院. 现浇混凝土空心楼盖结构技术规程：CECS 175：2004 [S]. 北京：中国计划出版社：2005.

[25] 中华人民共和国住房和城乡建设部. 现浇混凝土空心楼盖技术规程：JGJ/T 268—2012 [S]. 北京：中国建筑工业出版社，2012.

[26] 中国建筑标准设计研究院. 大跨度预应力空心板 (跨度 4.2 m～18 m): 13G440 [M]. 北京：中国计划出版社，2014.

[27] 于清亮. 后张大跨预应力混凝土空心板结构性能试验研究 [D]. 武汉：武汉理工大学，2006.

3 大跨预应力双 T 板技术

3.1 大跨预应力双 T 板概况与发展

3.1.1 大跨预应力双 T 板概况

随着装配式建筑的不断发展，预制预应力混凝土构件也不断演变出多种类型，除了本书第 2 章所提及的预应力空心板之外，预应力混凝土双 T 板也是一种常用的预制预应力混凝土板类构件，如图 3-1 所示。预应力双 T 板由两根肋梁和一块受压面板组成，其截面形状呈现为两个 T 形，故被称为双 T 板。肋梁截面一般分为上下等宽的矩形截面和上宽下窄的倒梯形截面两种，上宽下窄式的倒梯形截面肋梁在保证连接处横向剪切强度的同时能够更加合理地节省材料。双 T 板的面板两端翼缘可分为等厚度悬挑翼缘和变截面悬挑翼缘两种。其中，等厚度悬挑翼缘便于在翼缘端预埋钢构件且有一定的局部冲切承载力，而变截面悬挑翼缘根部较厚，端部较窄，便于板间接缝的混凝土浇捣且更节省材料。一般地，大跨预应力双 T 板面板宽度可达 3.0 m，肋梁深度可达 1.0 m 及以上，跨度可达 30 m[1]。

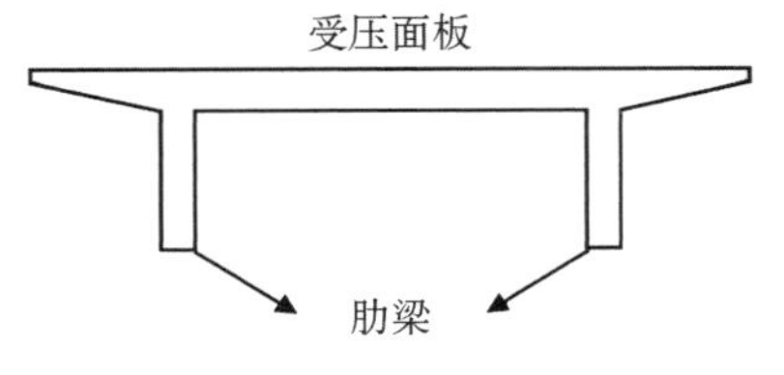

图 3-1 预应力混凝土双 T 板

大跨预应力双 T 板通常由高强混凝土和高强钢绞线组成，钢绞线作为预应力筋布置于截面下端、肋梁底部。其整体受压区截面大，截面中性轴靠近面板或处于面板内。根据是否起坡可将大跨预应力双 T 板分为坡板和平板两类。大跨预应力双 T 板标准化程度高，适合工厂批量机械化生产，常被用作屋面板和楼面板，有时也可当作墙板使用，具有一定的抗侧刚度。此外，大跨预应力双 T 板承载能力良好，质量较轻，整体性佳，耐久性与耐火性优良，施工便捷，维护成本不高，经济成本较低，是一种适合制成大跨度、大覆盖面积的非常经济的板式承载构件。

大跨及超大跨预应力双 T 板可以提供更加自由的空间划分，这为设计师的后续设计工作带来极大便利，也为建筑设计开拓了更多的可能性。尤其是针对那些对跨度有着较高要求的公共建筑而言，诸如大型体育场馆设施、商业综合体等，大跨及超大跨预应力双 T 板的研究成果及其应用实践，均为这些建筑的结构形式提供了更多的可能性，已然成为建筑产业化进程以及装配式结构发展中不可或缺的关键要素。

3.1.2 大跨预应力双 T 板的国内外发展历史

20 世纪 50 年代初，建筑结构中最为流行的预制混凝土构件有 I 形梁、平板、变截面 I 形梁、槽型板、T 形带肋薄板以及各种叠合构件。为提升构件性能，一部分构件中加入了预应力筋。随着对大开间大跨度以及标准化生产的需求日益强烈，预应力预制构件得以迅猛发展。1951 年，首个预应力混凝土双 T 板构件由 Harry Edwards 和 Paul Zia 设计成型，不过直至 1953 年才在美国佛罗里达州生产出来[2]。预应力双 T 板是由槽型板（图 3-2）逐步改进而来的。预应力双 T 板在槽型板的基础上将两侧的肋梁加厚加深，缩短两根肋梁之间的横向跨度，并把板缘向外延伸形成悬挑，还在肋梁底部设置预应力筋以提高板的纵向跨度。加入了预应力筋后，板的跨度从原先的 7.6 m 大幅提升到 15 m。之后，Harry Edwards 和 Paul Zia 又对预应力双 T 板加以改进，进一步加深了肋梁的截面高度和横向板跨的跨度。1952 年，美国科罗拉多州的 Nat Sachter 等人研发并生产出一种双 T 板，且应用于食品公司的冷藏室中[3]。然而，单 T 板的出现给双 T 板带来了极大挑战，单 T 板的承载能力高于双 T 板，但是单 T 板稳定性较差，在大跨结构中表现尤为明显，如图 3-3 所示。无论是在构件运输中还是在施工过程中，单 T 板都需要用临时支撑加以固定，相对来说，操作较为烦琐，故如今单 T 板仅用于一些特殊结构中，诸如大型储罐等。

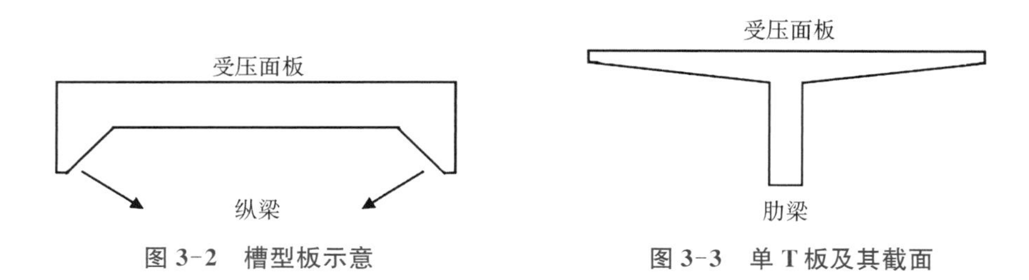

图 3-2　槽型板示意　　**图 3-3　单 T 板及其截面**

自 20 世纪 60 年代起，预应力双 T 板在美国被广泛应用于单层多跨的工业厂房和多层民用住宅中。德国、芬兰、英国等欧洲国家也陆续在建筑结构中使用预应力双 T 板，并且拥有了相对成熟的双 T 板制作成套专用设备[4]。在 1971 年 PCI 的第一版《PCI 设计手册：预制与预应力混凝土构件》中，首次对预应力双 T 板的尺寸和构造予以规范。随着运输装备和起吊装备持续更新换代，大跨预应力双 T 板也逐渐出现在建筑结构当中。

由 Perry Neuschatz 设计的亚利桑那州菲尼克斯会议中心（图 3-4），其屋顶采用了 32 块大跨预制双 T 板，双 T 板的跨度达到了 27.4 m。亚利桑那州菲尼克斯空港集散站采用了林氏 T 形板，其板跨达到了 125 ft（38.1 m）[5]。

图 3-4　亚利桑那州菲尼克斯会议中心[6]

随着科学技术的发展以及人们对更高性能构件需求的不断增加，越来越多的新型材料受到了人们的关注和研究，并逐步应用到建筑预制构件中。就预应力双 T 板而言，新型材料的引入使其力学性能和耐久性能得到了很大的提升。Jain 等[7] 开展了采用超高性能混凝土（Ultra High-Performance Concrete，UHPC）的大跨预应力双 T 板研究，经实验分析其各类材料与力学性能后得出结论：UHPC 大跨预应力双 T 板能够很大程度上减轻结构自重，且在抗震设计中拥有更好的承载力和低损伤特性。Botros 等[8] 评估了采用碳纤维复合材料（Carbon Fiber Reinforced Plastics，CFRP）网格加固的预应力双 T 板在极限荷载条件下的性能，实验表明，CFRP 网格可以加固预应力双 T 板的横向翼缘，防止整体翼缘发生脆性破坏。Spadea 等[9] 提出采用 CFRP 材料制作预应力钢绞线，CFRP 预应力筋具备更高的保证荷载与弹性失效点，既能减少预应力损失，又拥有更强的耐腐蚀和耐久性能，在薄壁预应力双 T 板中有着广阔的应用前景。

在连接方面，Anay 等[10] 提出采用形状记忆合金（SMA）连接件来连接预应力双 T 板的翼缘板，SMA 连接件能够提供更好的平面外抗剪能力，具备更高的刚度和更好的延性。国内也有不少学者和企业对预应力双 T 板的力学性能开展了试验研究。

对于预应力双 T 板的剪切响应，大多数研究都聚焦于腹板肋梁处的连接件。Clay Naito 和 Liling Cao 等深入探究了弦杆连接件和顶板连接件对剪切响应的影响。考虑到轴向力对剪切响应敏感性颇高，针对腹板和预埋在顶部的弦杆的连接，在平面内剪切工况以及平面内剪切与受拉的组合工况下进行了检测。检测期间，多数连接件表现出脆性混凝土压碎和剥落的失效情形，最后导致连接件断裂。但是，预埋在顶部或现浇在顶部的弦杆连接方式能够承受较大的变形，可提供较强的抗剪性能。

我国对预应力双 T 板的引进略有滞后，于 1958 年引进并开展了小规模应用。1978 年，国内首栋采用双 T 板体系的双跨单层工业厂房在武汉建成，由武汉冶金建筑研究所与武汉空军后勤部修理厂联合打造。20 世纪 70 年代，平板双 T 板主要应用于电力和油田工程，其跨度较小，最大跨度仅为 9 m[11]。此后，预应力双 T 板的优势逐渐被大众所认知和接受，进而大量应用于工业厂房建设以及民用居民建筑中。2006—2009 年，国标图集《预应力混凝土双 T 板》（SG432-1—3）[12-14] 陆续编制并出版。这三本图集详细地给出了预应力钢绞线和双 T 板的选用表、不同种类双 T 板的模板图和配筋图以及双 T 板各细部的构造详图。在图集的规范下，预应力双 T 板的最大跨度可达 24 m，能够适用于各种大跨度建筑结构。新版国标图集《预应力混凝土双 T 板》（18G432-1）[14] 于 2019 年 5 月出版，对双 T 板的承载能力等级和形状断面等内容进行了调整。我国的预应力双 T 板规范和 2010 年第七版美国《PCI 设计手册》[15] 中关于预应力双 T 板的规范存在差异。我国图集中多使用变截面悬挑翼缘，生产方式为单模短线法和单模合并长线法两种，构件主要用于工业厂房，且多在现浇框架中使用；而美国规范中采用等截面悬挑翼缘，生产方式为长线法，应用于全预制结构的公共建筑中。针对建筑结构形式和生产使用方式的不同，二者各有特色。王茂宇等[16] 对中美预制预应力混凝土双 T 板构件在构件形状、构件配筋和产品选型等方面进行了对比，结果显示，美国大跨预应力双 T 板由于常用于停车场、仓库等大跨度建筑的楼面或屋面板，所以多采用等厚平板，在大跨预应力双 T 板中会采用折线形预应力筋，在节点处理上，常采用企口式端部的形式；而我国大跨预应力双 T 板常用于工业厂房屋面，多为坡板，面板翼缘采用变截面悬挑。随着预制结构的推广，各种形式的双 T 板也逐渐被引进并应用于工程实践。

3.1.3 大跨预应力双 T 板的性能特点

预应力双 T 板构件发展至今已经非常成熟，通过选择合适的预应力钢绞线，可以生产出大跨预应力双 T 板。大跨预应力双 T 板能在各种预制构件中脱颖而出，得益于其以下特点。

（1）大跨度。大跨预应力双 T 板上翼缘与腹板之间的距离较大，能有效减轻自重，从而降低跨度所受限制。增加给定截面尺寸的预应力可以增强其跨度能力，降低开裂的可能性，并提高构件的耐久性。在多高层建筑中，大跨预应力双 T 板的跨度为 9～30 m。以目前的技术水平而言，大跨预应力双 T 板的跨度可达 50 m 左右，这对于大型停车场、大型厂房或仓库等需要大开间、大跨度的结构来说非常适合。但是，跨度超过 30 m 的大跨预应力双T板在运输过程和施工过程中的便捷性会受到一定程度的影响。

(2)稳定性。由于双T板的截面形状呈两个对称的T形，上、下翼缘与腹板之间的连接处形成了较大的弯矩惯性矩，故而双T板具备良好的承载能力和抗弯性能。双T板两根对称的肋梁使其在运输、储存和施工过程中拥有很强的稳定性，无需额外提供临时支撑。这是其相较于单T板来说最为显著的一个优势。此外，在安装预应力筋时，可以通过调整预应力的大小和分布来增强双T板的稳定性。

(3)经济性。与传统的钢筋混凝土楼板相比，双T板可以实现工厂化生产与现场安装，这极大地缩短了工期，削减了施工成本。双T板的截面形状和预应力设计可以减小截面尺寸及混凝土用量，进一步减轻自重与节约材料成本。双T板连接方便，相比钢结构，其材料成本更低。并且，在开展后期维修与保养工作时，造价也更为低廉。

(4)整体性。大跨预应力双T板在进行现浇连接时，可采用湿连接方式，即在双T板段的结构顶层处设置配筋后浇层，并于板面设置钢筋桁架。大跨预应力双T板的翼缘处能够进行板间侧向焊接，以增加板件间的连续性，使板的受力状态转变为多跨连续板，从而有效弥补预制构件整体性差的缺陷。

(5)美观和空间利用率高。大跨预应力双T板的两根肋梁之间有很大的空间，该空间可用于暖电通风管线的铺设，如此一来，不仅提高了空间利用率，还使结构呈现出美观大方的效果。

3.2 大跨预应力双T板的设计和构造

3.2.1 大跨预应力双T板的设计

美国PCI手册委员会编制的《PCI设计手册》通过若干双T板的算例介绍了双T板的弯曲强度、抗剪强度、扭转强度以及局部承压承载力的设计方法，并且详细给出了不同尺寸、普通混凝土和轻质混凝土、顶部有叠合层和顶部无叠合层的大跨预应力双T板的安全工作荷载表。在预应力混凝土结构的强度设计方面，首先需要判断预应力筋在扣除所有预应力损失后的有效应力是否大于预应力筋规定抗拉强度的一半，然后再计算预应力筋的应力。有黏结预应力筋可使用应变协调原理进行计算，然而对于无黏结预应力筋，应变协调原理是失效的，须使用ACI 318—05[17]或《PCI设计手册》中规定的经验设计公式来计算。根据我国《混凝土结构设计标准》(GB/T 50010—2010)(2024年版)[18]和《预应力混凝土结构设计规范》(JGJ 369—2016)[19]，大跨预应力双T板的肋梁可按照简支受弯预应力梁进行设计，面板则按肋梁外单向受弯悬挑板、肋梁间单向受弯连续板进行设计。至于大跨预应力双T板的配筋和细部构造，可参照图集《预应力混凝土双T板》(18G432-1)进行设计。

《预应力混凝土双T板》(18G432-1)给出了双T坡板和双T平板的主要规格尺寸，如表3-1和表3-2所列。

表3-1　双T坡板主要规格尺寸

标志长度或轴线跨度/m	标志宽度/m	纵肋宽度/mm	螺旋肋消除应力钢丝			1×7钢绞线		
			截面高度/mm		屋面坡度 i	截面高度/mm		屋面坡度 i
			端部截面	跨中截面		端部截面	跨中截面	
9.0	2.4	100	280	415	3%	290	380	2%
	3.0	120	290	380	2%			2%
12.0	2.4	100	350	530	3%	360	480	2%
	3.0	120	360	480	2%			2%
15.0	2.4	100	400	625	3%	450	600	2%
	3.0	120	450	600	2%			2%
18.0	2.4	100	500	770	3%	520	700	2%
	3.0	120	520	700	2%			2%
21.0	2.4	100	585	900	3%	540	750	2%
	3.0	120	630	840	2%	630	840	2%
24.0	2.4	100	630	1 050	3.5%	610	850	2%
	3.0	120	720	960	2%	720	960	2%

表3-2　双T平板主要规格尺寸

标志长度或轴线跨度/m	标志宽度/m	纵肋宽度/mm	截面高度/mm
8.1、8.4、8.7、9.0	2.0	120	350
9.0	2.4、3.0	100	
10.0、11.0、12.0	2.0	120	450
12.0	2.4、3.0	100	
13.0、14.0、15.0	2.0	120	600
15.0	2.4、3.0	100	
16.0、17.0、18.0	2.0	120	700
18.0	2.4、3.0	100	
21.0	2.4、3.0	100	800
24.0	2.4、3.0	100	900

大跨预应力双 T 板的表示方式按《预应力混凝土双 T 板》（18G432-1）所述由预应力混凝土双 T 板代号、板面类型、预应力筋类型代号、板的标志长度、板的标志宽度和承载能力编号组成，如图 3-5 所示。

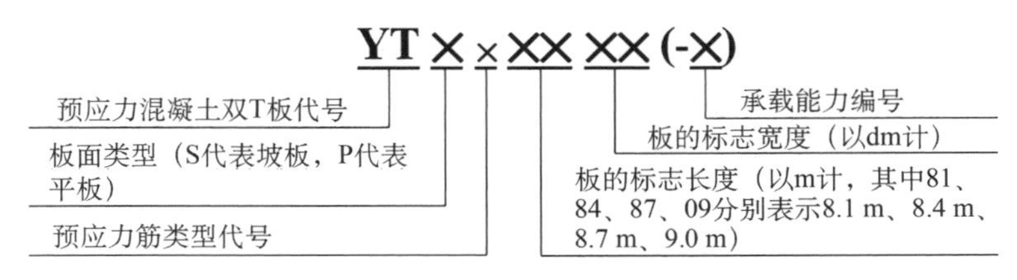

图 3-5　预应力双 T 板的表示方式

预应力筋的主要性能参数见表 3-3。

表 3-3　预应力筋主要性能参数

预应力筋类型代号	类别	符号	公称直径/mm	公称截面面积/mm^2	抗拉强度标准值/($N \cdot mm^{-2}$)	抗拉强度设计值/($N \cdot mm^{-2}$)	弹性模量/($N \cdot mm^{-2}$)	理论重量/($kg \cdot m^{-1}$)
a	螺旋肋消除应力钢丝	Φ^H	7	38.48	1 570	1 110	205 000	0.302
b	1×7钢绞线	Φ^H	12.7	98.7	1 860	1 320	195 000	0.774
			15.2	139	1 860	1 320	195 000	1.101

大跨预应力双 T 板承受竖向荷载和横向荷载，其中竖向荷载主要是自重以及楼面物品荷载，横向荷载主要为风荷载和地震荷载。大跨预应力双 T 板的两根肋梁使得板抗弯刚度大，且有一定的抗剪能力，顶部混凝土面板在竖向荷载作用下处于受压状态。可通过在大跨预应力双 T 板的面板上方采用后浇混凝土的方式来设置叠合层，以此增强结构的抗震性能。大跨预应力双 T 板与梁之间以及大跨预应力双 T 板之间的连接通常要承受水平荷载，一般可通过干连接、叠合连接和组合连接三种方式进行连接。

3.2.2　大跨预应力双 T 板的板间连接

Liling Cao 和 Clay Naito 等[20, 21]针对预应力双 T 板的板间连接问题展开了非常深入的研究。他们把预应力双 T 板的连接主要分为三类：无预埋连接的现浇面层双 T 板、预埋机械连接的现浇面层双 T 板和预埋机械连接的预制双 T 板。在对板间拉力性能的研究过程中，将机械连接细分为仅有预埋弯曲钢筋、连续钢筋、末端焊接钢板的预埋钢筋、覆盖板和专有连接器这五类，如图 3-6 所示，并选了 7 种常见的双 T 板连接方式进行张力响应检测。试验结果表明，采用顶部的发夹状弯曲钢筋和专有连接件连接的双 T 板间拉伸刚度较低，连续钢筋连接有一定的刚度响应，焊接加固的钢筋连接有中等拉伸刚度，顶部连接有较高的拉伸刚度，而盖板连接的拉伸刚度最大。

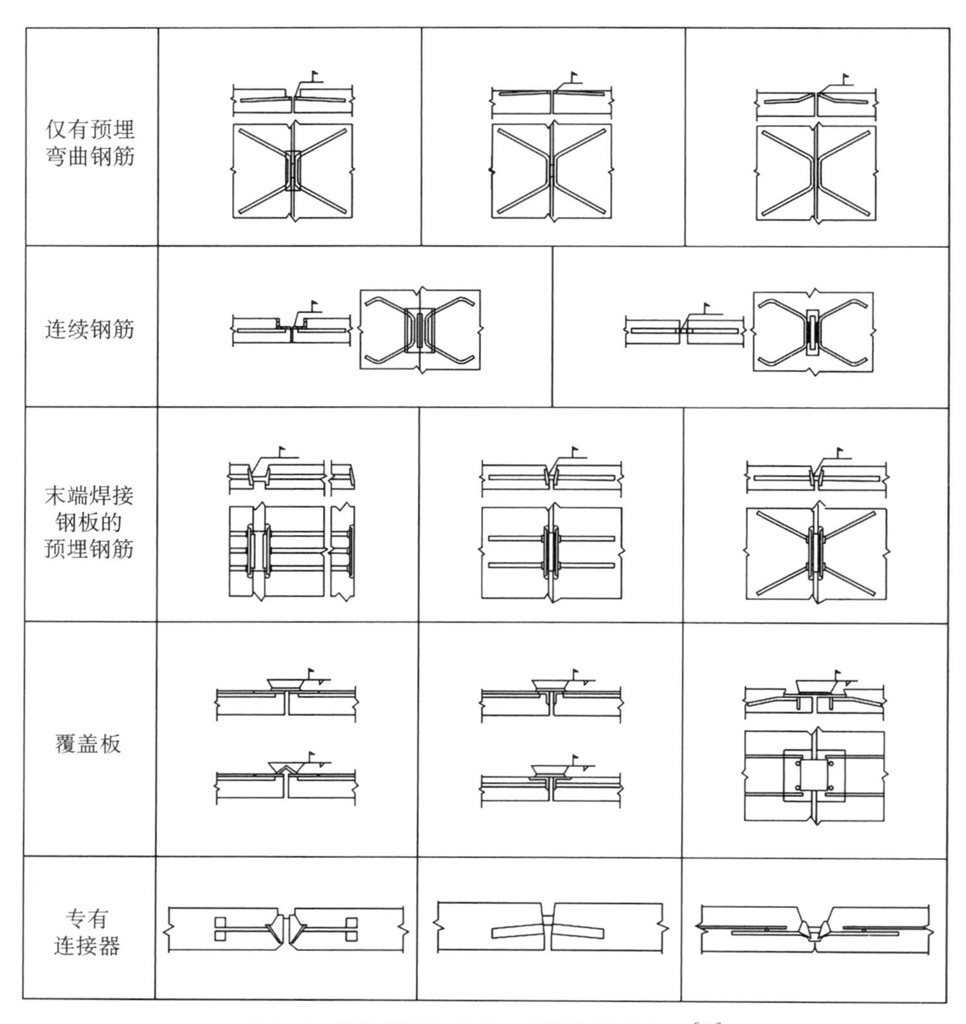

图 3-6　常见的预应力双 T 板板间连接方式[21]

Anay 等[10] 提出了一种耐久性好且安装方便的预应力双 T 板节点连接方式，该方式是通过预埋在混凝土构件中的嵌入导管中的超弹性形状记忆合金（SMA）弯曲螺栓连接件进行连接。这种材料具备耐腐蚀性，耐久性能优良，并且可以通过加热的方式进行板间连接。在加热的同时，还可以给节点施加后张力，如果节点内张力有所退化，可重新加热，使节点内后张力得以恢复。在与采用普通剪力对接连接件的预应力双 T 板进行全尺寸弯曲对照试验之后，结果表明，采用 SMA 材料进行板间连接的构件相较于使用非收缩水泥灌缝的普通连接件构件，具有更高的刚度和延性。二者的破坏模式也存在显著差异，采用 SMA 连接件的构件在破坏时，构件的双 T 板面板底部以及叠合层顶部会发生混凝土剥落；而采用普通剪切对接连接件的构件在破坏时，由于连接件腿部从混凝土中被拔出，从而导致混凝土开裂剥落的锚固破坏。通过重新加热 SMA 连接件，可以使其重新获得张力而无须取出替换，因此相较于其他连接件有更长的正常工作周期。

3.2.3 大跨预应力双 T 板的端部构造

1. 全截面端部

全截面端部的双 T 板在设计上相对较为简单，图集 18G432-1[14] 给出了焊接连接和螺栓连接两种常见的连接方式，如图 3-7 和图 3-8 所示。王戈等[22] 提出了一种新型全截面双 T 板端部连接方式，即双 T 板搁置在 L 形梁或者倒 T 梁的挑耳上后，在梁顶部和板端顶部分别设置预埋件，用连接件进行焊接。这种构造能降低施工难度，提升施工效率。黄文等[23] 提出的连接方式则是把焊接的连接件换成钢板，连接件顶部采用后浇混凝土来增加端部连接的整体性，从而有效传递水平荷载。

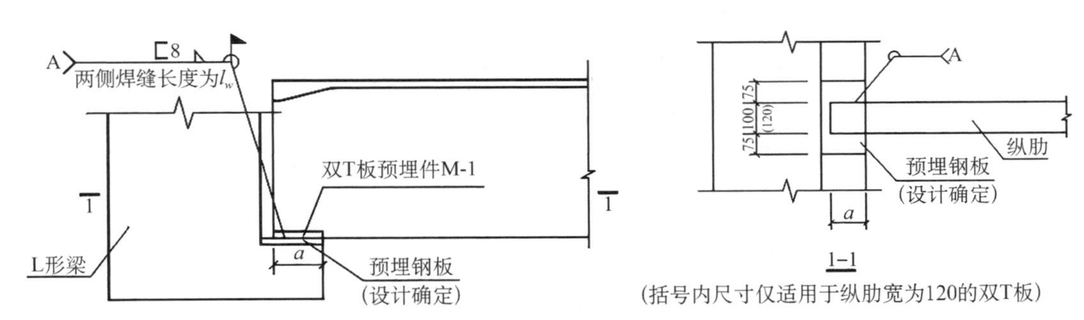

图 3-7 全截面双 T 板焊接连接（单位：mm）[14]

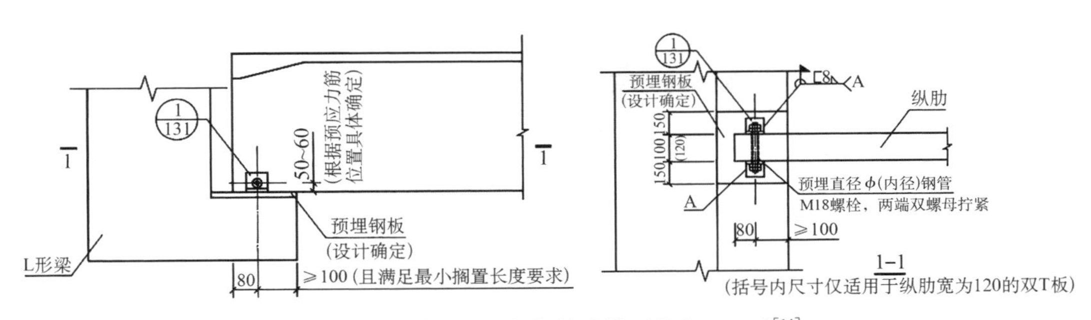

图 3-8 全截面双 T 板螺栓连接（单位：mm）[14]

2. 企口式端部

对于大跨预应力双 T 板而言，由于肋梁高度较大，一般不能直接搁置在框架梁上。故常见的做法是将双 T 板的肋梁向内开口，从而形成企口式端部，如图 3-9 所示。企口端部的伸出端可以搁置在框架梁的挑耳上以降低整体结构的高度。对于企口双 T 板的端部区域破坏模式，张辉等[24] 对分别配置了 C 形吊筋和封闭式箍筋且具有不同剪跨比的双

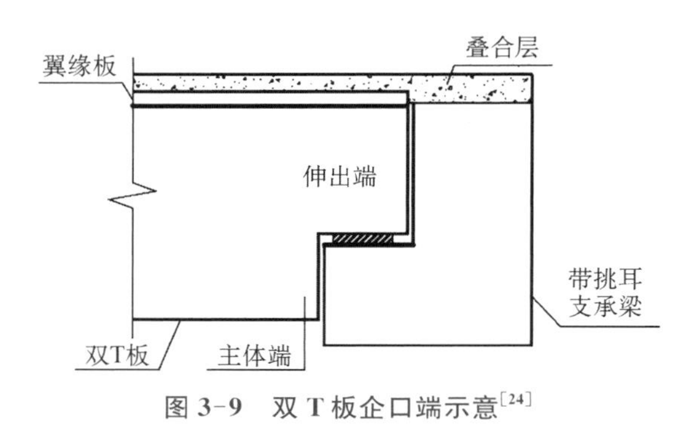

图 3-9　双 T 板企口端示意[24]

T 板开展了加载试验，试验结果表明，在伸出端根部会产生 45°的斜向裂缝，随着荷载的持续增大，裂缝会明显变宽，并且在主体肋梁端部会产生 45°的多条斜向裂缝。对于配置了 C 形吊筋的构件，裂缝会向上发展，最终在伸出端发生受弯破坏；而对于配置了封闭式箍筋的构件，裂缝会沿 45°斜向发展，最终在主体端受剪破坏。剪跨比对双 T 板的受力影响不大，采用 C 形吊筋能够确保双 T 板具有较好的延性。

王晓峰等[25]针对钢质端部企口预应力双 T 板的连接节点展开了更为深入的研究，对采用带有悬臂钢管的钢带企口和拉筋企口这两种连接方式的预应力双 T 板进行了竖向静力加载试验。钢带企口和拉筋企口两种连接方式如图 3-10（a）、（b）所示。钢带企口连接的 U 形钢带与摩擦受剪钢筋焊接连接，悬臂钢管与顶部受拉钢筋也通过焊接连接，竖向荷载由 U 形钢带中的竖向受剪钢筋承受，水平荷载则由顶部受拉钢筋承受。拉筋企口连接的悬臂钢管与斜拉钢筋和顶部受拉钢筋焊接连接，竖向荷载由斜拉钢筋承受，水平荷载则由斜拉钢筋和顶部水平受力钢筋承受。试验采用单点集中加载的方式进行分级加载，钢带企口在受弯承载力得到充分保障的情况下，在端部，斜裂缝沿着 U 形钢带底部开展，钢带企口向外旋转，呈现出明显的剪切破坏特征；拉筋企口的斜拉钢筋顶部出现混凝土开裂剥落现象，垂直于斜拉钢筋的裂缝较为密集，钢管向上旋转，发生剪切破坏。相较之下，钢带企口端部具备更多的安全余量，拉筋企口端部则需要采取构造措施加以保护。那振雅[26]对钢质企口预应力双 T 板进行了有限元模拟，采用分离式建模把混凝土和钢质企口部件绑定约束，模拟所得到的荷载-位移曲线和钢筋荷载-应变曲线与试验结果基本一致。

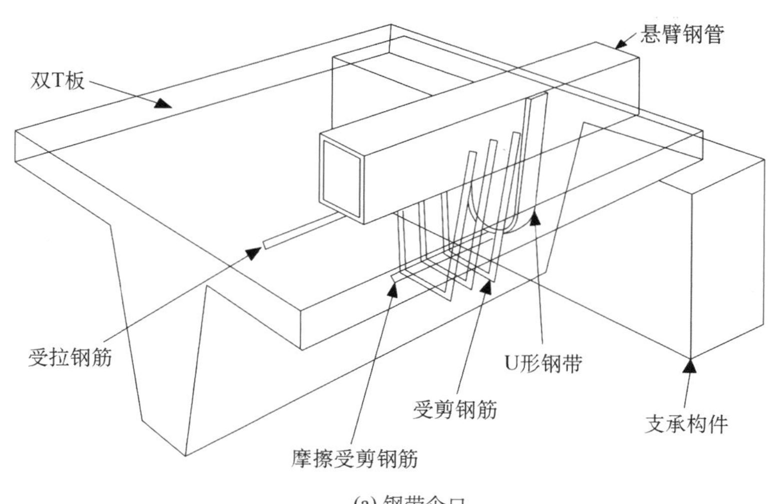

(a) 钢带企口

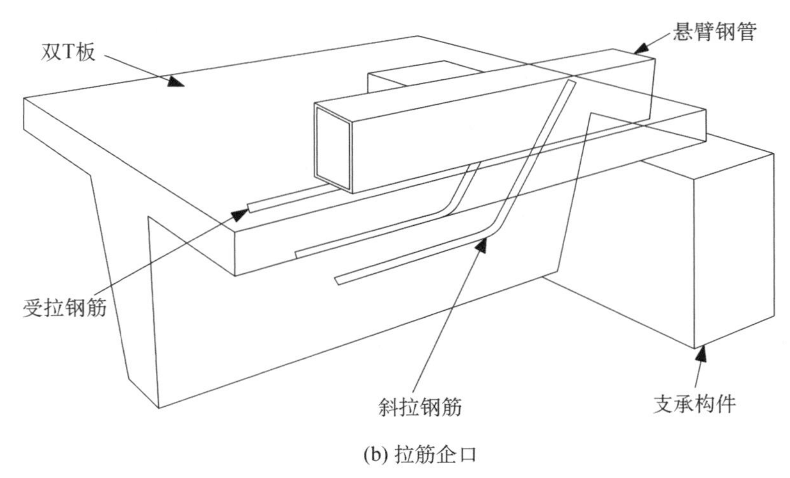

(b) 拉筋企口

图 3-10　两种企口端部连接方式[25]

上述两种端部连接方式是目前最为主流的双 T 板连接方式，且已在实际工程中广泛应用，其中企口式端部多适用于采用大跨预应力双 T 板的结构。除此以外，《PCI 设计手册》中还提供了借助悬挑预埋部件的连接方式，但在国内工程中的应用相对较少[27]。

3.3　大跨预应力双 T 板试验和破坏形式

大跨预应力双 T 板的加载试验一般采用配重物堆载模拟均布荷载进行加载。熊学玉等[28] 对 4 块先张法大跨预应力双 T 板进行了受弯性能足尺试验，采用三分点加载方式，通过反力架上的作动器对分配梁进行加载，分配梁将荷载传递到加载梁，而加载梁传递给双 T 板的荷载可近似视为均布荷载。整个加载过程分为力控制加载和位移控制加载两个阶段，在整个构件基本屈服前为第一阶段，荷载分级加载；在构件基本屈服后进入第二阶段，采用位移控制分级加载，直至构件破坏。在弹性阶段，双 T 板的反拱逐渐减小并变为向下的挠度；达到开裂荷载后，纯弯段肋梁底部首先出现垂直裂缝并缓慢向上延伸发展；继续加载直至弯剪段开始出现斜向弯剪裂缝，此后裂缝的发展速度加快并且宽度变大；钢筋屈服后，跨中挠度迅速增加直至钢绞线断裂，构件随之破坏。在试验钢绞线屈服后，大跨预应力双 T 板的承载力仍有一段上升空间，根据《混凝土结构设计标准》(GB/T 50010—2010)（2024 年版）计算的承载力有一定的安全富余，但对裂缝宽度的计算存在些许偏差。

周威等[29] 开展了有叠合层和无叠合层的预应力双 T 板的受弯加载足尺试验，同样采用三分点加载，但是加载装置采用的是一种自平衡加载系统，该系统将反力梁和地脚梁通过精轧螺纹钢进行连接，利用千斤顶对分配梁施加加载，分配梁再将力传递至双 T 板上。由于变形挠度会使千斤顶超出行程，所以，加载过程分为两点同步等值加载和不同步等值加载两个阶段。在第一阶段，从零开始加载，直至接近千斤顶行程；在第二阶段，维持一侧千斤顶荷载，将另一侧千斤顶卸载，并调整反力梁高度，之后再加载至原先荷载，然后对另一侧千斤顶进行相同操作，直至构件破坏。试验现象为挠曲变形增长速率较快，裂缝延伸至翼缘板以下，最大裂缝宽度超过 2 mm，翼缘板未出现明显的混凝土压碎情况。试验结果表明，上部叠合层可提高构件的承载力，对裂缝发展起到有效控制作用，并且在一定程度上提升了构件的刚度。

上海城建建设实业集团新型建筑材料嘉兴有限公司通过技术创新，具备了新型预制大跨预应力双 T 板的生产能力，所生产的双 T 板在板型设计、适应跨度和通用性方面较传统双 T 板有明显的优势。新型建筑材料嘉兴有限公司对新型 30 m 超大跨预应力双 T 板开展了受弯堆载足尺试验和模拟使用荷载（动荷载）试验，目的在于检验新型预应力双 T 板的正常使用极限状态、承载力极限状态以及动力性能（包括频率、阻尼比及有效振动质量）。大跨预应力双 T 板按简支梁方式进行加载，固定端采用“角钢＋钢垫板”，滑动端采用“圆钢＋钢垫板”，考虑到大跨预应力双 T 板挠度及测试设备的测试要求，在圆钢和角钢下设立支墩。在受弯堆载足尺试验中，大跨预应力双 T 板的堆载分布如图 3-11 所示，分十堆进行堆载，堆载材料选用沙袋。动荷载模拟试验分为单人试验和多人试验两种，模拟在双 T 板上行走、跳跃等运动方式，选定了一定的运动频率和持续时间，在试验过程中，同时记录大跨预应力双 T 板的振动情况。试验过程中，试验应变片和应变花布置在混凝土表面，应变片的布置方式如图 3-12（a）、（b）所示。钢筋应变片的布置如图 3-12（c）所示。整个试验过程从设备安装、加载过程直至构件破坏如图 3-13 所示。三分点加载试验跨中为纯弯段，而堆载试验除跨中截面外其余都为弯剪段，弹性阶段反拱逐渐减少并转变为跨中挠度，达到开裂荷载后，在跨中一段范围内首先出现垂直裂缝并持续向面板延伸，靠近支座端肋梁截面主拉应力达到混凝土极限受拉应力，出现斜向裂缝，裂缝快速发展，宽度不断增大直至跨中钢筋断裂，导致整个板件在跨中发生断裂。试验结果表明，正常使用荷载下的挠度远小于规范要求，极限荷载下的承载力也有很大富余空间，超大跨预应力双 T 板的设计完全满足要求，具有广阔的应用前景。

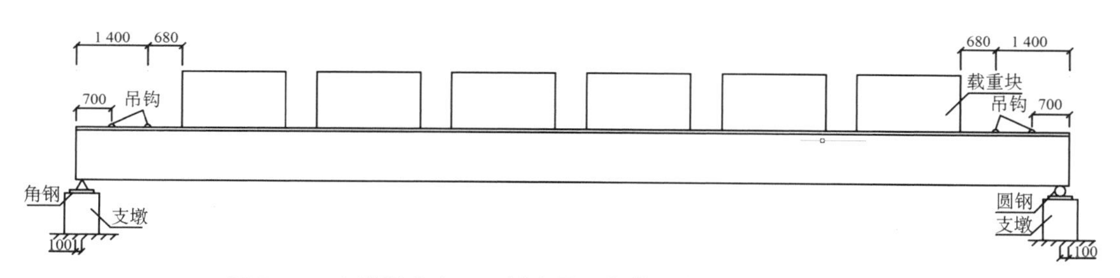

图 3-11　大跨预应力双 T 板布置及堆载分布示意（单位：mm）

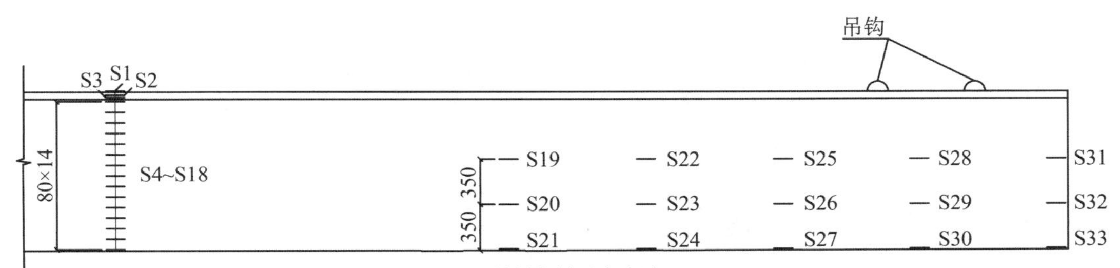

(a) 混凝土侧面应变片

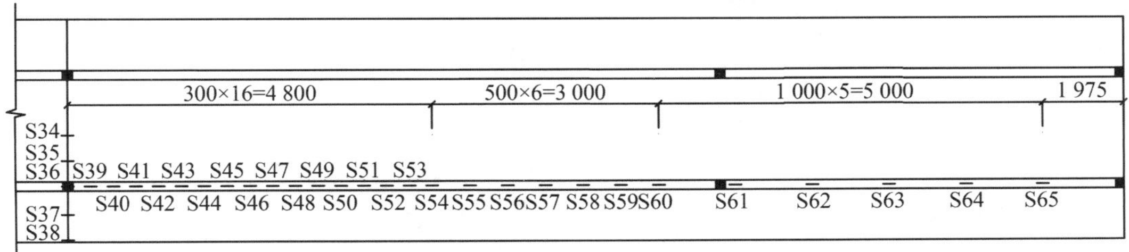

(b) 混凝土底面应变片

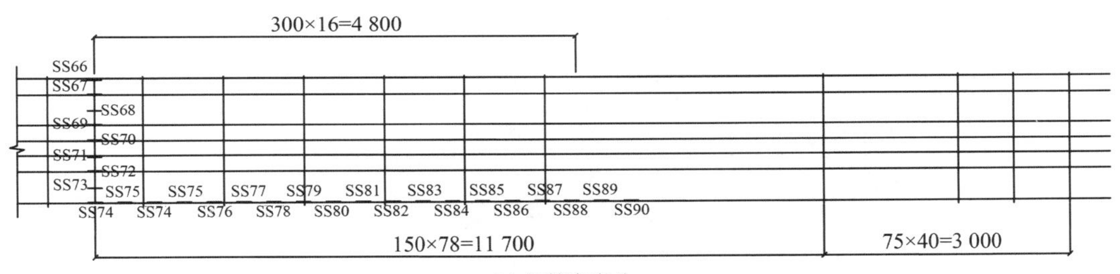

(c) 钢筋应变片

图 3-12　大跨预应力双 T 板应变片布置（单位：mm）

(a) 试验设备安装

(b) 加速度、位移传感器布置

(c) 加载过程中的荷载监控

(d) 加载过程中的裂纹分析

(e) 双T板达到极限状态发生断裂

(f) 双T板断裂部位

图 3-13　试验过程

随着对大跨预应力双 T 板结构性能的不断深入研究，有一些学者把目光放在了大跨预应力双 T 板的正常使用性能上。与上述的动荷载模拟实验类似，Chen 和 Aswad[30] 考虑到对个人舒适度的影响，针对大跨预应力双 T 板的振动特性进行了深入研究，从加速度、振动频率、振幅和阻尼等方面考察了舒适度系数与大跨预应力双 T 板动态响应之间的关系。试验结果表明，阻尼比对楼板振动响应的影响是最主要的。随后，他们开发了一种使用梁单元和壳单元的计算机分析模型，用以预测大跨预应力双 T 板在人员行走情况下的动态响应。

3.4　大跨预应力双 T 板的生产工艺

大跨预应力双 T 板常用的生产方式包括长线模台预制生产工艺和现场长线台先张法生产工艺。长线模台预制生产工艺无须考虑台座长度，能够根据不同的长度需求对预应力双 T 板进行分割。李金阳[31] 针对预应力双 T 板在屋面板中的应用，分析总结了大跨度屋面预应力双 T 板现场长线台先张法的施工工艺，具体施工工艺如下：

(1) 施工场地准备。在预应力双 T 板生产区和堆放区场地铺设碎石垫层，在碎石垫层上铺设混凝土面层，并将场地推平、压实。

(2) 预制台座施工。根据双 T 板的长度来浇筑台座，同时对端部的底板和底座予以加固。根据选用的双 T 板类型加工胎模并安装。

(3) 涂刷隔离剂。清理模板并防止混凝土构件与台座之间产生黏结作用。

(4) 预应力筋制作及安装。根据预应力筋所需长度和尺寸，选择合适的钢绞线进行制作，在安装预应力筋时，防止钢绞线拖地，并防止接触隔离剂。

(5) 非预应力筋的制作和安装。按照《预应力混凝土双 T 板》(18G432-1) 中的规定选取相应的非预应力筋，确保钢筋网片绑扎牢固。

(6) 张拉预应力筋。分 1～2 次将预应力筋逐根张拉至 10%张拉控制力，当采用应力控制方法张拉时，应校核最大张拉力下的预应力筋伸长值。最大张拉力下预应力筋实测伸长值与计算伸长值的偏差应控制在±6%以内，否则应查明原因并采取措施后再进行张拉。当预应力筋采用单根张拉时，两个板肋的预应力筋宜对称交错张拉；当采用整体模具作为预应力反力架的自持力模具时，应对称张拉。

(7) 混凝土浇筑。将模板清理干净后浇筑混凝土，且分两次浇筑，先浇筑肋梁混凝土，再在肋梁混凝土初凝前浇筑面板混凝土。浇筑过程中，需使用平板振动器将混凝土振捣密实，浇筑结束后，应及时在表面覆盖薄膜开展养护工作。

(8) 预应力筋放张。预应力筋的放张应分阶段、对称且相互交错进行；预应力筋宜采用缓慢放张工艺逐根或整体放张，应先同时放张预压应力较小区域的预应力筋，接着再同时放张预压应力较大区域的预应力筋。放张后，预应力筋宜从张拉端开始依次切向另一端。

(9) 起模与堆放。用吊车拉动构件使其与模具分离，将其堆放在平整场地，保证垫木对齐，放置平稳[32]。

双 T 板加工周期较长，为加快建设速度，预应力双 T 板可在预制工厂提前预制加工，之后再运输到现场。大跨预应力双 T 板的生产工艺如图 3-14 所示，包含脱模剂喷涂、钢筋成品入模、自密实混凝土浇筑、表面抹光、脱模起吊和验收堆放等步骤。大跨预应力双 T 板的生产已经有了标准化生产线，该生产线大致分为三个部分：主体部分包括张拉系统、模板成型技术、脱模装置和放张工艺；搅拌站部分包括配料系统、材料运输机、水和外加剂的计量系统、自动布料系统和振动落料抹面系统；起重系统则包含双电葫芦起吊机等设备。

(a) 脱模剂喷涂

(b) 钢筋成品入模

(c) 自密实混凝土浇筑

(d) 表面抹光

(e) 脱模起吊

(f) 验收堆放

图 3-14　大跨预应力双 T 板的生产工艺

3.5　大跨预应力双 T 板的施工技术

3.5.1　大跨预应力双 T 板的运输

双 T 板吊运时，需采取措施确保所有吊环均匀受力，且宜使用专用吊具。吊装、支垫位置和方法应符合双 T 板的受力特性，同时也要符合设计要求。双 T 板应按型号、品种和生产日期分别堆放。堆放场地应平整、坚实，并应采取良好的排水措施。

双 T 板构件宜采用平放方式运输，当采用叠层平放方式堆放时，务必确保最下层构件垫实，预埋吊件宜向上，标识宜朝向堆垛间的通道。为防止构件在堆放过程中发生变形或产生裂缝，垫木或垫块在构件下方的位置应与脱模、吊装时的起吊位置保持一致，且其位置应经验算确定。每层构件间的垫木或垫块应处于同一垂直线上。在运输构件过程中，须采取有效措施防止构件受损；在构件边角部位或链索、支架接触处的混凝土，宜设置柔性保护衬垫。双 T 板运输时，应有可靠的固定措施，并宜采取适当的措施来防止双 T 板在运输过程中发生扭转。运输时，垫木或垫块的放置要求与堆放时相同，双 T 板叠放层数不宜超过 3 层。大跨预应力双 T 板的吊运如图 3-15 所示。

图 3-15　大跨预应力双 T 板的吊运

3.5.2 大跨预应力双 T 板的堆放

双 T 板堆放时，除最下层构件采用通长垫木外，两侧翼板竖向采用直径不小于 10 cm 的木桩支撑，以保证双 T 板稳定，上层的构件应采用单独垫木，垫木厚度为 30～40 cm，且垫木应放在距板端 200～300 mm 处，同时上、下层垫木对齐，垫木厚度保持一致，做到垫平垫实。构件堆放层数以 3～5 层为宜。双 T 板的堆放如图 3-16 所示。

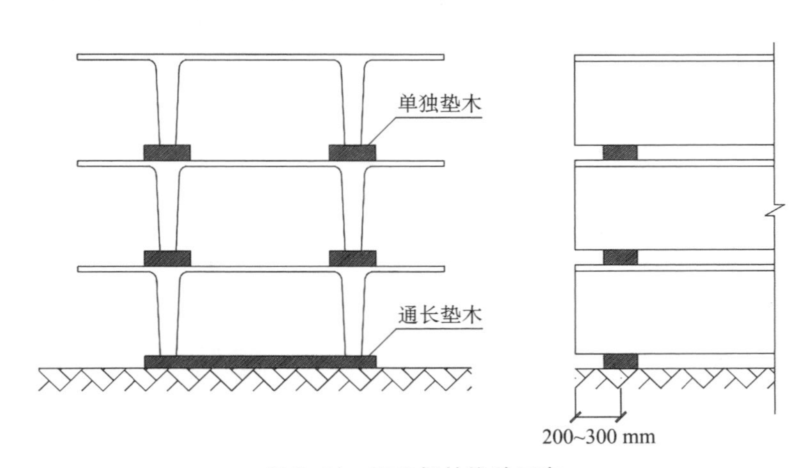

图 3-16　双 T 板的堆放示意

3.5.3 大跨预应力双 T 板的施工工序及具体内容

大跨预应力双 T 板的施工工序如下：定位放线→板端梁顶灰饼找平→起吊、检查构件水平→吊运、就位→板端焊接→脱钩→弹簧钢板连接。主要施工工艺要求见表 3-4。

表 3-4 大跨预应力双 T 板的施工工序及其具体内容

序号	主要工序	具体内容	相关图片
1	定位放线	根据施工图纸，弹出双 T 板的水平及标高控制线，同时对控制线进行复核	
2	板端梁顶灰饼找平	用标高垫块或水泥砂浆调整、复核板底（柱顶）标高	
3	起吊、检查构件水平	用选定的卡环与双 T 板吊架进行连接，采取 4 个同长度钢丝绳与卡环、汽车吊主钩进行挂装，钢丝绳初步受力时，检查 4 根钢丝绳连接是否稳固，风绳固定是否可靠，保证双 T 板吊装时处于水平稳定状态，防止出现失稳情况；当把板吊离时，检查板两端吊点受力是否均匀、板是否水平后，方可起吊；吊点距板端 30 cm，吊索（绑带）应具备足够的强度，还要防止板在吊索（绑带）内滑落	
4	吊运、就位	双 T 板吊升时，先将双 T 板吊离地面 300 mm，检查索具及缆风绳，然后将双 T 板提升至超过梁顶约 300 mm 处，再将双 T 板缓缓降至梁顶，利用汽车吊及缆风绳配合进行就位，双 T 板的对应位置以预应力梁的放板线为准，裙楼为框架结构，双 T 板须安装在混凝土托梁或框架梁上面，经定位调整确认后，再将双 T 板肋板埋件 M1 与梁上预埋件进行焊接处理	
5	板端焊接	双 T 板的 4 个支撑面必须平整，吊装前先对圈梁预埋件水平度进行测量核准，若有水平偏差，则通过薄钢板进行垫平处理。根据裙房跨度，查看规范来确定是否需要分两次焊接。若跨度较大，则需要分两次焊接，吊装就位后，先焊接一端的肋板支座，待屋面构造层做好后，再焊接另一端的两个肋板支座，焊缝厚度≥6 mm，焊接长度≥80 mm	

（续表）

序号	主要工序	具体内容	相关图片
6	脱钩	双 T 板两端肋板初步就位、固定稳妥后，方可脱钩并拆除缆风绳，依次开展下一块双 T 板吊装	
7	弹簧钢板连接	第一跨双 T 板调整固定后，依次进行后续双 T 板的吊装、就位。相邻双 T 板根据框架梁预埋件间距，保留 20 mm 左右的缝隙。双 T 板支撑面调平及肋板预埋件焊接完成后，再将板间弹簧钢板进行焊接	

3.5.4 大跨预应力双 T 墙板的施工工序及具体内容

大跨预应力双 T 板不仅可以作为水平预制构件，还可以作为垂直构件，尤其是外墙。上海城建建设实业集团已成功将双 T 板作为墙板应用于外墙立面，且取得了很好的效果。

大跨预应力双 T 墙板的施工工序及具体内容详见表 3-5。

表 3-5 大跨预应力双 T 墙板的施工工序及其具体内容

序号	主要工序	具体内容	相关图片
1	定位放线	按跨用全站仪放出主轴控制线，用细线拉通并用墨斗弹出；根据控制线依次放出墙板两侧边线和端线、门洞口位置线	
2	地梁插筋位置复核	在双 T 墙板吊装前，去除地梁插筋保护胶带，并使用钢筋定位控制钢板和卷尺对插筋位置及垂直度进行校核。若钢筋不正，可用钢管套住扳正或者铁锤敲击矫正。长度偏差控制在 0～15 mm；钢筋表面干净，无严重锈蚀，无粘贴物	
3	清理标高垫块	标高垫块靠双 T 墙板翼板中线放置，同一墙板下按 2 个点位进行设置。标高垫块是截面尺寸为 40 mm×40 mm（厚度为 1 mm、2 mm、5 mm、10 mm、20 mm）的硬塑料垫块	
4	挂钩水平起吊、空翻	用两台汽车吊（100 t、50 t）配合进行。两台吊车先同时水平起吊约 2 m，之后 50 t 汽车吊停止起升，100 t 汽车吊则继续起升，同时，50 t 汽车吊逐渐配合降落，使构件完成空中翻身至竖立状态后，50 t 汽车吊摘钩	

（续表）

序号	主要工序	具体内容	相关图片
5	竖向吊运就位安装	竖向吊运时，要求缓慢起吊，当吊至作业层上方时，施工人员用两根溜绳用搭钩钩住，用溜绳将板拉住，缓缓下降墙板。在距离安装位置300 mm高度时，停止构件下降，检查墙板正反面和图纸正反面是否一致；检查地上标高垫块设置是否满足要求；检查预留插筋位置与墙板内盲孔孔洞是否一一对应	
6	调整、焊接固定	根据控制线精确调整外墙板底部，使底部位置和测量放线的位置重合。位置微调时，应在端部微调并放置柔性垫片，防止撬动微调时构件受损（边角部位）。根据标高控制线调整墙板标高。墙板标高通过采用截面尺寸40 mm×40 mm、厚度为1 mm、3 mm、5 mm、10 mm、20 mm等型号的硬塑料垫片来调整。竖缝宽度可根据墙板端线控制，但必须同时严格控制标高，以确保竖向缝的上下宽度保持一致。调整完毕后，将墙板与立柱（纵梁）焊接固定	
7	取钩	操作工人通过高空作业升降机进行取钩操作。所有构件在吊装就位并进行可靠固定后，方可摘除吊钩。吊钩摘除为高空作业，为确保安全，必须使用高空作业升降机进行	

3.6 小结

大跨预应力双T板的发展随着装配式结构的流行而愈发火热。大跨预应力双T板由于其节材环保、高强高耐久、施工速度快、经济性能好等优点被广泛应用于桥梁、立交桥、轻型楼盖等工程结构中。当下，越来越多的项目尝试采用大跨预应力双T板作为装配式构件，其优秀的结构性能和经济性也被越来越多人注意到。国内外的学者和企业对双T板的研究也逐步深入，不仅针对双T板的截面尺寸、钢筋布置、预应力大小等进行了优化设计，以提高构件的承载能力和抗裂性能，降低材料消耗，而且还考虑不同荷载作用下大跨预应力双T板的动力响应，分析其自振频率、振型以及结构阻尼等特性，对其动力性能进行了深入研究以完善装配式结构的抗震设计。展望未来，大跨预应力双T

板有着极为广阔的发展前景。在智能化方面，可以结合物联网、大数据等技术，实现大跨预应力双 T 板构件在生产、施工及运行过程中的实时监测与智能管控。在复合材料的应用方面，可以运用诸如高性能纤维增强复合材料（FRP）等新型材料，进一步增强双 T 板的耐久性能和抗震能力。大跨预应力双 T 板在装配式框架结构体系与装配式外挂体系中有着广泛的应用。近年来，一些研究机构开始将纳米科技应用于大跨预应力双 T 板的生产中，以提高其隔热性能和耐腐蚀性能。在可持续发展方面，可以通过采用环保材料、提高材料利用率等措施，推动大跨预应力双 T 板在节能减排、绿色建筑等方面发挥更大的作用。随着建筑节能的要求越来越高，大跨预应力双 T 板的应用领域也将不断扩大，未来可能会出现更多创新性的应用形式。

参考文献

[1] 中国土木工程学会. 预应力混凝土双 T 板：T/CCES 6001—2020 [S]. 北京：中国建筑工业出版社，2021.

[2] 宗德林. 先张法预应力在美国的应用及对中国预制业的建议 [C] //第三届中国预制混凝土技术论坛，2013.

[3] Nasser G D, Tadros M, Sevenker A, et al. The legacy and future of an American icon: The precast, prestressed concrete double tee [J]. PCI Journal, 2015, 60 (4): 49-68.

[4] 南建林，徐传衡，马生男. 新型预应力混凝土双 T 板的研制 [C] //第九届后张预应力学术交流会，2006.

[5] Lin T Y, Stotesbury S D. Structural Concepts and Systems for Architects and Engineers [M]. New York: John Wiley and Sons Inc, 1981.

[6] Dominic S. The lost and found history of celebrity theatre [R]. 2017.

[7] Jain S, Sritharan S. Long span UHPC double tees for building structures: A design process [C] // Proceedings of the International Interactive Symposium on Ultra-High Performance Concrete, 2019.

[8] Botros A, Lucier G, Rizkalla S, et al. Behavior of free and connected double-tee flanges reinforced with carbon-fiber-reinforced polymer [J]. PCI Journal, 2016, 61 (5): 49-68.

[9] Spadea S, Rossini M, Nanni A. Design analysis and experimental behavior of precast concrete double-tee girders prestressed with carbon-fiber-reinforced polymer strands [J]. PCI Journal, 2018, 63 (1): 72-87.

[10] Anay R, Assi L, Soltangharaei V, et al. Development of a double-tee flange connection using shape memory alloy rods [J]. PCI Journal, 2020, 65 (6): 81-96.

[11] 王晓锋，赵广军，赵勇，等. 进一步推广应用预应力混凝土双 T 板思考 [C] //2020 年工业建筑学术交流会，2020.

[12] 中华人民共和国住房和城乡建设部. 预应力混凝土双 T 板（坡板宽度 2.4 m）：06SG432-1 [S]. 北京：中国计划出版社，2006.

[13] 中华人民共和国住房和城乡建设部. 预应力混凝土双 T 板（平板宽度 2.0 m、2.4 m、3.0 m）：09SG432-2 [S]. 北京：中国计划出版社，2009.

[14] 中华人民共和国住房和城乡建设部. 预应力混凝土双 T 板（坡板宽度 2.4 m、3.0 m；平板宽度 2.0 m、2.4 m、3.0 m）：18G432-1 [S]. 北京：中国计划出版社，2021.

[15] Prestressed Concrete Institute. PCI design handbook：precast and prestressed concrete [R]. 1978.

[16] 王茂宇，郑毅敏，赵勇. 中美预制预应力混凝土双 T 板构件对比 [J]. 混凝土与水泥制品，2014（8）：42-45.

[17] American Concrete Committee. Building code requirements for structural concrete and commentary [J]. ACI Structural Journal，1994，552：503.

[18] 中华人民共和国住房和城乡建设部. 混凝土结构设计标准（2024 年版）：GB/T 50010—2010 [S]. 北京：中国建筑工业出版社，2011.

[19] 中华人民共和国住房和城乡建设部. 预应力混凝土结构设计规范：JGJ 369—2016 [S]. 北京：中国建筑工业出版社，2016.

[20] Naito C，Cao L. Precast concrete double-tee connectors，part 2：Shear behavior [J]. PCI Journal，2009，54（2）：97-115.

[21] Naito C，Cao L，Peter W. Precast concrete double-tee connections，part 1：Tension behavior [J]. PCI Journal，2009，54（1）：49-66.

[22] 深汕特别合作区盛腾科技工业园有限公司. 一种预应力双 T 板楼板与预制梁的连接结构及方法：CN201910021045. X[P]. 2019-05-03.

[23] 黄文，何金生，赵培. 一种预制混凝土建筑结构：CN203961014U [P]. 2014-11-26.

[24] 张辉，赵勇，程春森. 预制混凝土双 T 板企口端部受力性能试验研究 [J]. 建筑结构学报，2018，39（S2）：28-35.

[25] 王晓锋，那振雅，赵广军，等. 预应力混凝土双 T 板端部钢带及拉筋企口受力性能试验研究 [J]. 建筑结构学报，2021，42（2）：187-197.

[26] 那振雅. 预应力混凝土双 T 板端部钢质企口连接方式研究 [D]. 北京：中国建筑科学研究院有限公司，2020.

[27] 那振雅，王晓锋，赵广军. 预应力混凝土双 T 板端部连接方式综述与发展 [J]. 建筑结构，2020，50（13）：7-12.

[28] 熊学玉，葛益芃，姚刚峰. 预制预应力混凝土双 T 板受弯性能足尺试验研究 [J]. 建筑结构学报，2022，43（2）：127-136，172.

[29] 周威，张文龙. 装配式停车楼结构预应力混凝土双 T 板弯曲性能试验研究 [J]. 建筑结构学报，2018，39（12）：66-73.

[30] Chen Y，Aswad A. Vibration characteristics of double tee building floors [J]. PCI Journal，1994，39（1）：84-95.

[31] 李金阳. 大跨度屋面预应力双 T 板的施工工艺 [J]. 中国高新科技，2023（2）：49-51.

[32] 刘文东，朱学伟，李正刚，等. 预应力混凝土双 T 板施工工艺 [J]. 水泥工程，2022（2）：89-90，93.

4 预应力空心墙板结构

4.1 预应力空心墙板结构概况

4.1.1 优势

随着我国农村经济的不断发展以及居民生活水平日益提高，农民对于改善型住房的需求愈发强烈。在过去的几年中，农村人均住房面积显著增加，农村房屋建设规模已然超越城市商品住宅规模，成为当前我国住房和城乡建设的重点。华东地区传统农村住宅建设存在以下问题：多采用砖混结构，抗震性能差；工业化程度低，存在质量风险隐患；大量使用传统建材，既不节能也不环保；建筑功能不完善，居住品质不高；缺乏统一规划，布局不合理。为解决上述问题，迫切需要推广一种新型建筑模式来对传统农村住宅进行改造和功能升级。

此外，在国家大力发展装配式建筑的背景下，华东地区各省市已相继出台了大量新建建筑采用工厂预制构件和现场装配式建造的政策。目前，在国内装配式结构体系中，墙板体系最为常用的是由全预制剪力墙及桁架钢筋叠合楼板组成的装配整体式剪力墙结构体系，该体系虽然抗震性能好、适用高度大，但是也存在结构自重大、施工工序相对复杂、建造成本高等缺点，不适用于农村大规模的低多层居住建筑。根据 2021 年 6 月住房和城乡建设部等 15 部门联合发布的《住房和城乡建设部等 15 部门关于加强县城绿色低碳建设的意见》，对县城民用建筑高度进行了限制，民用建筑高度要与消防救援能力相匹配。县城新建住宅以 6 层为主，6 层及以下住宅建筑面积占比应不低于 70%，县城新建住宅最高不超过 18 层。因此，在华东地区大力推进的新农村建设进程中，迫切需要研发一种可以普遍推广至低多层居住建筑的新型工业化住宅结构体系，并探索与之相匹配的一系列设计、生产、安装、施工工艺。

经研究发现，采用预应力空心板并通过合理的构造使其形成整体，是完全可以替代传统砖混结构的。在居住建筑中，当预应力空心板作为楼板时，一般设置非对称预应力筋；当预应力空心板作为墙板使用时，则会在墙板双侧对称布置预应力筋，且布置的数量可适当减少。这种双侧对称布筋、作为墙板使用的预应力空心板产品被命名为预应力空心墙板，预应力空心墙板和预应力空心楼板的示意图如图 4-1 所示。

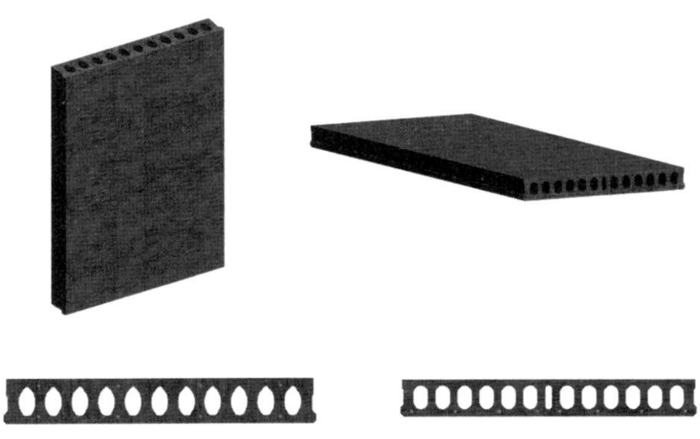

(a) 预应力空心墙板（CJ墙板）　　(b) 预应力空心楼板（SP板）

图 4-1　预应力空心墙板和预应力空心楼板示意

采用预应力空心板作为承重墙及楼板，有以下优势：

(1) 当预应力空心板作为楼板时，其经济跨度远大于一般的现浇楼板，适用于大空间结构，这为建筑使用阶段的功能变化提供了便利条件。并且，相较于现浇楼板与预制叠合楼板，预应力空心板可实现免模板、免支撑，大大提高了施工效率。

(2) 农村住宅的砖混结构普遍采用多孔砖或混凝土小型砌块砌筑。这些常规砌体材料的抗压承载力相对较低，通常在 15 MPa 以下。砌筑用的砂浆强度往往更低，通常在 10 MPa 以下。而预应力空心板的抗压强度不低于 40 MPa，加之配置了预应力筋，由预应力空心板组成的墙体其平面外的抗弯性能远大于传统砌筑墙体。

(3) 预应力空心板开孔率较高，在相同截面情况下其自重较小，能够有效降低基础造价并增强抗震性能。

(4) 预应力空心板采用工业化生产与施工方式，其施工效率与精度远高于现场砌筑。这有效解决了传统砖混结构中墙体质量受砌筑工人技术水平影响较大以及效率低、周期长等问题，有利于在国家新农村建设中进行全面推广。

在上述研究的基础上，结合新农村建设的实际需求，上海城建建设实业集团成功研发出一种新型装配式结构体系。该体系以预制预应力空心墙竖缝密拼组成承重墙体，以预制预应力空心板作为楼板，并通过便捷的方式现场组装成型。该体系被命名为预应力空心墙板装配式结构体系。预应力空心墙板结构体系包括装配整体式 CJ 墙结构体系（如早期的泖港黄桥项目）和全预制装配式 CJ 墙结构体系（如后期的曹家浜项目）。

预应力空心墙板装配式结构体系属于横墙承重或纵横墙承重，其静力计算方案为刚性方案，荷载的传递路径较为清晰。竖向力的传力路径为：楼（屋）面荷载→横墙→基础→地基或楼（屋）面荷载→（梁）→纵墙→基础→地基。水平力的传力路径为：风荷载或地震作用→横（纵）墙→基础→地基。参考砌体结构的构造，竖向承重结构在预制预应力空心墙竖缝密拼的基础上，在重要位置预制构造柱或灌孔芯柱，同时，在预应力空心墙顶部设置贯通楼层的预制圈梁，通过圈梁与预应力空心墙间的灌孔以及楼板与圈梁间的现浇区，使预应力空心墙、构造柱（芯柱）、圈梁、楼板形成一个完整的抗侧力体系。荷载传递示意图如图 4-2 所示。

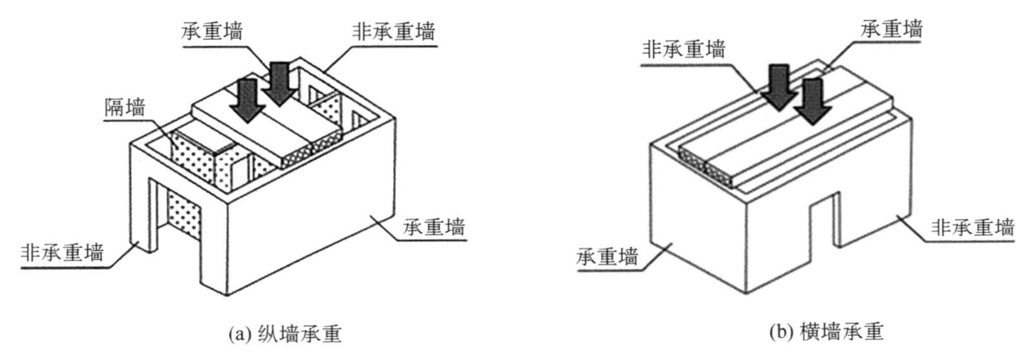

图 4-2　荷载传递示意

4.1.2　特点

预应力空心墙板装配式结构体系的特点可以总结为适用、高效、经济、安全。其中，适用是指必须满足华东地区乡村住宅中的各类使用功能需求；高效是指该体系必须易于实现工厂工业化生产，且易于现场施工，安全且绿色环保，适合大规模推广应用；经济是指该体系相较于现浇结构或装配整体式结构而言，具有更好的经济性；安全是指新的结构体系必须满足抗地震、抗台风等建筑安全性相关要求。

（1）适用。仅采用预应力空心板（预应力空心楼板及预应力空心墙）这一种形式的构件便能构建起一栋完整的装配式建筑，预制率超过 86%，室内空间无梁、无柱、无承重墙，并且可根据使用功能随意分隔。

（2）高效。在施工安装方面，该体系可以做到免外脚手架，免楼板支撑。除了预制构造柱与圈梁的连接区域等极少数位置外，整个项目基本可以做到免模板，现场混凝土的浇筑量也极少，真正做到绿色施工所要求的四节一环保，即节能、节地、节水、节财及环境保护。

（3）经济。在新农村项目的建设中，与装配整体式混凝土结构相比，预应力空心墙板结构体系在施工速度及造价方面都具有一定的优势。在合理规划的前提下，该体系可以实现5天一层的施工速度，根据项目的具体情况，每平方米的造价可节约100～300元。随着国内人口结构的变化以及产业转型，与现浇混凝土结构或砌筑结构相比，该体系的优势也将愈发显著。装配式预应力空心墙板结构体系的墙板与楼板可采用同一生产线批量生产，而不像普通预制混凝土构件那样需要定制加工钢模具进行生产，因此，其生产效率、能耗、成本均大大优于普通预制混凝土构件，预应力空心墙及预应力空心楼板的材料单价仅为一般预制剪力墙或预制叠合楼板的60%左右。

（4）安全。结构质量可靠，抗震性能优良。竖向结构（预应力空心墙采用插筋灌浆连接、预制构造柱采用套筒灌浆连接）和水平结构采用预应力空心板，通过竖向灌孔、预制圈梁以及水平叠合层连接成整体，从而有效保障了结构整体的抗震性能。

4.1.3 研究动态

预制剪力墙结构以其出色的强度、刚度以及较高的施工效率得到了广泛应用。为确保设计具备竞争性（即可靠性，能达到现浇性能），预制剪力墙通常采用灌浆套筒或金属套筒进行层间连接锚固。不过，灌浆接头因制造流程复杂且对加工精度要求严苛，导致其经济性欠佳。为提高施工效率，许多研究人员提出了预制混凝土空心墙板的应用方案。张微敬等[1]和钱稼茹等[2]建议使用预制混凝土空心模板，插入连接钢筋，混凝土就地浇筑。熊红星[3]提出采用交叉斜向配筋加固的空心墙板，其空心部分填充轻质材料。通过对这类体系的板内面外地震行为的研究，证明其破坏模式与现浇墙板相似[4-6]。此外，对空心钢筋混凝土墙板进行的拟动力试验验证了其在中高层建筑中应用的可行性[7-9]。

通过对竖向裂缝空心墙结构的抗震性能的研究，发现纵缝将墙板分割成具有较大纵横比的多片，从而改变了墙板的破坏机理，提高了结构的延性和耗能能力[10-12]。研究者通过在体系中加入现浇边界单元（混凝土构造柱），提出边界单元可提高结构的延性和极限变形能力[13-15]。这些研究不仅简化了装配过程，还降低了加工精度要求。然而，研究者们提出的这些系统无法实现标准化，因此仍需要投入大量的人力劳动。

本书第2章中提到，预应力空心板是一种典型的标准工业化预制混凝土产品，广泛用于混凝土结构或组合结构的楼板或屋面板。预应力空心板是大跨度预制混凝土构件，通过长度上的连续孔洞来减轻自重，并通过预应力来提高刚度和抗裂能力。其既可以用带内管的固定机器制造，通过内管挤压低坍落度混凝土，也可以用移动机器制造，通过移动机器将高坍落度混凝土浇筑成固定形式或滑移形式[16]。虽然，在板中没有设置分布钢筋，但由于截面大，再加上预应力，可以确保其承重能力，因此，这些产品可被用作垂直构件。

一些研究人员将预应力空心板作为垂直构件。例如，Hamid[17] 在单层仓库建筑中应用了预应力空心墙板。该结构体系由结构墙和非结构墙组成，二者均为预应力空心板。结构墙采用无黏结后张拉筋锚固在基础上，非结构墙则直接安装在基础上方的橡胶垫块上，仅作为覆层构件[18, 19]。后张拉技术能够有效提高建筑的抗震能力，不过在多层空心墙体中实现后张拉技术存在较大难度。

当竖向构件采用预应力空心墙板时，层间连接不像整体混凝土结构那般牢固，面板混凝土一旦破碎，容易引发脆性破坏或倒塌。其特点与砌体结构较为相似，故可参考砌体结构的具体措施，例如采用圈梁＋混凝土构造柱组成的约束框架[20]。在之前的几次地震事件中，这种体系已被证实是有效的，通过该体系能够控制结构的过度变形，进而防止结构发生倒塌[21-23]。然而，与传统的现浇工程实践不同，预制圈梁和预制混凝土构造柱的可行性还有待进一步研究。

为解决上述研究中存在的问题，上海城建建设实业集团提出了一种全新的预制混凝土结构体系——预应力空心墙板装配式结构体系。承受竖向荷载和侧向荷载的主要构件为预制的预应力空心墙板。该结构体系的配置可以通过一个试点施工项目予以说明，如图 4-3 所示。墙板受到预制圈梁和预制混凝土构造柱组成的边界单元约束，以此增强结构的完整性、延展性和强度。对于每块墙板而言，只有两个空心与插筋部分灌浆，形成水平接缝。圈梁与墙板间的水平缝采用砂浆垫块，垂直缝则采用低强度材料填充。预应力空心板也被用作楼板系统。因此，该体系仅由预应力空心板、预制圈梁和预制构造柱三个标准化预制构件组成，这加快了构件生产和现场施工速度。需要注意的是，在整个施工过程中，大多数空心板都不需要填充。

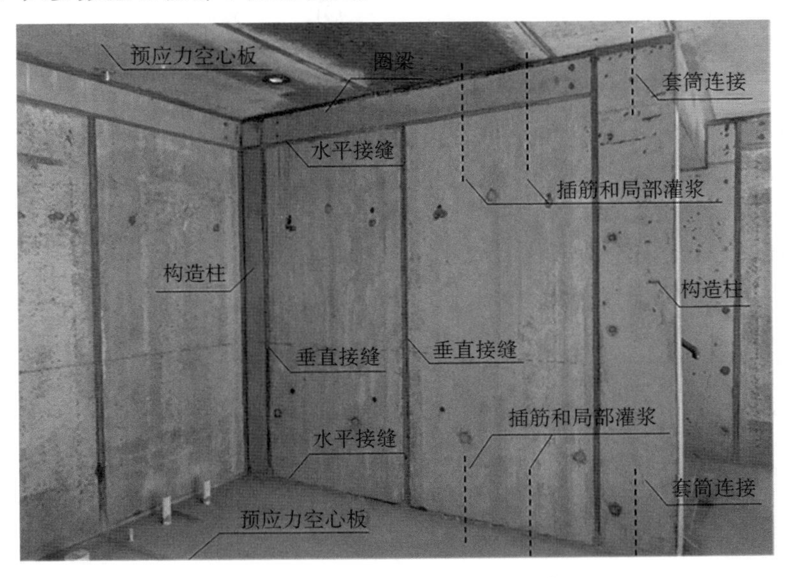

图 4-3 预应力空心板结构示意

4.2 预应力空心墙板结构拟静力试验

为研究预应力空心板作为竖向承重与水平抗侧构件使用时的力学性能，分别对其进行面内轴压、面内弯剪（低周往复加载）等力学性能测试试验，以便对结构构件和连接节点的受力特征进行分析和总结[24]。

4.2.1 试验目的

研究预应力空心墙板在板面内轴压力作用下的力学性能；研究其在水平力作用下的抗弯、抗剪力学性能；研究多块预应力空心墙板经水平拼接后，在面内水平力低周往复加载条件下的变形模式以及连接部位的力学性能；验证预应力空心墙板与预制构造柱、预制圈梁等竖向和水平结构构件连接方式的可靠性。

4.2.2 试验对象

试验选取不同尺寸和配置的试件，用以探讨预应力空心墙结构的相关问题。试验所采用的标准试件主要由 1～2 块预制空心墙板、2 根混凝土构造柱、1 根圈梁、1 根顶部加载梁和 1 根底部基础梁组成。图 4-4 详细描述了典型试件的结构和尺寸信息。

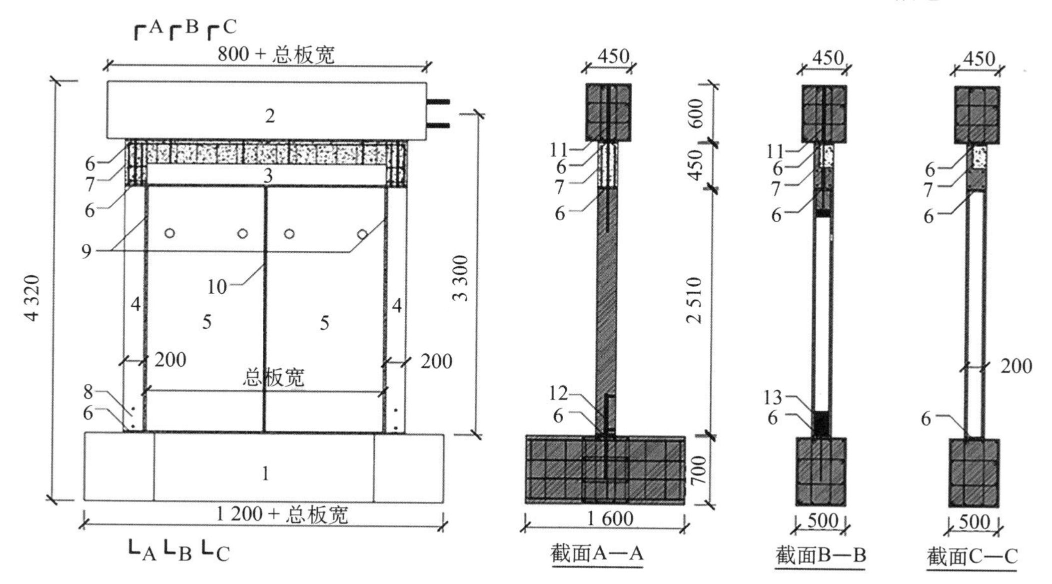

1—基础梁；2—加载梁；3—圈梁；4—构造柱；5—墙板；6—砂浆垫层；7—现浇混凝土；8—套筒；9—墙柱接缝；10—墙-墙接缝；11—穿过预留空心的插筋；12—穿过套筒的插筋；13—穿过墙板的插筋

图 4-4 试件几何构造（单位：mm）

采用美国标准 SP 板和欧洲标准 HC 板经双侧张拉预应力筋改造后作为预应力空心墙板。SP 墙板的制造符合中国规范《SP 预应力空心板》[25]，HC 墙板的生产遵循欧洲规范 *Precast Concrete Products—Hollow Core Slabs*[26]，墙板截面如图 4-5 所示。

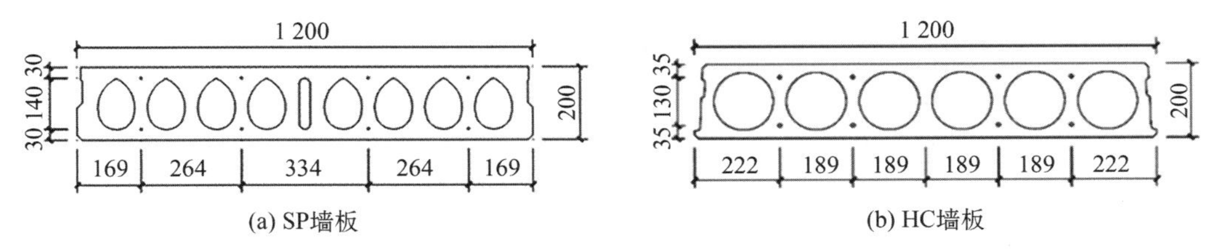

(a) SP墙板　　(b) HC墙板

图 4-5　两种空心墙板示意（单位：mm）

墙板、混凝土构造柱、圈梁、顶梁和底梁均为预制构件，在实验室进行组装。部分圈梁在实验室现场浇筑，以模拟工程施工中使用的湿连接技术。墙体与墙体之间采用低强度填充材料作为黏结材料。对于水平节点，连接钢筋从基础梁向外延伸，通过灌浆连接到柱内嵌入的套筒或部分灌浆连接到空心墙板的选定孔内。所选空心的灌浆部分高度约为 200 mm。墙板顶部部分灌浆的连接钢筋和混凝土构造柱顶部延伸的连接钢筋穿过圈梁和加载梁的保留孔，之后通过灌浆形成整体连接。

4.2.3　试验内容

1. 轴压试验

针对改进后的 SP 板和 HC 板，采用千斤顶施加墙板面内的轴压力，并采用力控制的加载机制连续缓慢加载，直至构件破坏，以此考察预应力空心墙板在轴压力作用下承载能力的极限状态与破坏模式，观察（测量）试件墙体的面内/面外变形特征，验证预应力筋混凝土结构构件轴压承载力计算公式的适用性。

轴压试验所选用试件的承载能力估算值见表 4-1。

表 4-1　轴压试验试件汇总

试件编号	板型	规格/mm×mm	承载力/kN
01	SP	1 200×2 510	3 848.5
02	HC	1 200×2 510	2 965.3

2. 墙板面内弯剪试验

设计多种不同规格的改进 SP、HC 预应力空心墙板试件，采用作动器施加墙板面内的水平侧力，采用位移控制的加载机制连续缓慢加载，直至构件破坏，以此考察预应力空心墙板在水平力作用下承载能力的极限状态和破坏模式，观察试件墙体的裂缝开展情况，判断试件的变形特征（弯曲变形/剪切变形），记录钢筋保护层脱落情况以及墙片与顶梁、底梁、构造柱连接部位的受损情况，尤其要考虑混凝土截面开洞部位的剪力滞后效应对其抗弯、抗剪承载力的影响，评价预应力筋混凝土结构构件弯剪承载力计算公式对预应力空心墙板结构构件的适用性。

特别地，在实际工程应用中，欲采用预制的钢筋混凝土圈梁和构造柱加强预制装配式结构的整体性，为比较不同边缘构造措施是否也会对墙片的承载力产生影响，需开展多组对照试验。同样地，为研究墙板与楼板和顶部圈梁连接节点的面内受力性能，对试件的插筋数量和灌孔程度设置对照试验；为研究预应力筋张拉应力对板受力性能的影响，对预应力空心板预应力筋的张拉程度设置对照试验。

墙板面内弯剪试验所选用试件承载能力的估算值见表 4-2。

表 4-2　墙板面内弯剪试验试件汇总

编号	墙片数量	构造柱	插筋数量	预应力	接缝材料	承载力/kN
05	1	否	2	$0.65f_{ptk}$	水泥砂浆	52.3
06	1	否	4	$0.65f_{ptk}$	水泥砂浆	78.3
07	1	是	2	$0.65f_{ptk}$	水泥砂浆	108.9
08	1	是	2*	$0.65f_{ptk}$	水泥砂浆	108.9
09	1（HC）	是	2	$0.45f_{ptk}$	水泥砂浆	108.9
10	1（HC）	是	2	$0.65f_{ptk}$	水泥砂浆	108.9
11	2	是	2×2	$0.65f_{ptk}$	水泥砂浆	317.9
19	2	是	2×2	$0.65f_{ptk}$	普通灌浆	317.9
18	2	是	2×2	$0.65f_{ptk}$	高强灌浆	317.9

注：* 该组试验对墙片的一对孔洞采用通长灌孔，以研究灌孔程度对墙片承载力的影响。
f_{ptk} 为预应力筋强度标准值。

3. 多块墙板拼接水平向低周往复加载试验

设计试验试件由两块跨度（即竖向高度）相同的改进 SP 板或 HC 板水平连接而成，其接缝部位采用高强灌浆、普通灌浆、砌筑水泥砂浆等不同形式，按照预定的位移控制加载方式进行低周往复试验，以此考察接缝处不同的企口形式以及灌缝材料对拼接后墙板整体变形模式与力学性能的影响，观察试件墙体的裂缝开展情况，判断试件的变形特征（整体变形/各自独立变形），记录钢筋保护层脱落情况以及顶梁、底梁连接部位的受损情况，特别注意墙板拼缝处斜裂缝、水平裂缝（如有）的发展特征，评估现有预应力空心墙板连接形式的可靠性。

试验中所采用的试件均为两块墙板拼接而成，即把一块 1 200 mm 宽的标准板按实际施工工艺进行切割，得到（500 mm＋700 mm）两块板，再通过接缝将它们拼接在一起。多块墙板拼接水平向低周往复加载试验所选用试件承载能力的估算值见表 4-3。

表 4-3 多块墙板拼接水平向低周往复加载试验试件汇总

编号	板型	接缝材料	墙板独立工作承载力/kN	共同工作承载力/kN
12	SP	高强灌浆	70.9	108.9
13	SP	普通灌浆	70.9	108.9
14	SP	水泥砂浆	70.9	108.9
15	HC	高强灌浆	70.9	108.9
16	HC	普通灌浆	70.9	108.9
17	HC	水泥砂浆	70.9	108.9

4. 单块板墙板面外弯剪试验

对单块改进的 SP 板或 HC 板（含顶部圈梁，不含两侧构造柱）进行面外加载，采用作动器施加水平侧力，采用位移控制的加载机制连续缓慢加载，直至达到目标位移角。在此过程中，考察预应力空心墙板在面外水平力作用下承载能力的极限状态与破坏模式，观察试件的裂缝开展情况，尤其是着重考察墙板与底梁、墙板与预制圈梁接缝部位的变形特征，进而评价预应力空心墙板面外承载力以及墙板与楼板、墙板与预制圈梁接缝形式的可靠性。

考虑到预应力空心板在垂直于板面的荷载作用下的承载力是有保证的，故该组试验主要用于验证墙板与楼板、墙板与预制圈梁的连接节点在墙板发生面外变形时的承载力以及容许最大变形，此结果可作为确定层间位移角限值的一个参照。试验所采用的墙板试件安装顶部预制圈梁，但不安装两侧构造柱。试验中采用位移控制加载，墙体最大目标位移角取 1/120。单块墙板面外弯剪试验所选用的试件见表 4-4。试验概览如图 4-6 所示。

表 4-4 单块墙板面外弯剪试验试件汇总

编号	板型	预制圈梁	预制构造柱	目标位移角
03	SP	是	否	1/120
04	HC	是	否	1/120

图 4-6 试验概览

4.2.4 试验过程与现象

轴压试验采用千斤顶加载。水平向单调加载以及低周往复加载所运用的加载装置是由水平加载装置和竖向加载装置组成的。竖向荷载由液压千斤顶施加，液压千斤顶顶端采用滚珠轴承；水平荷载则由水平作动器施加，水平作动器一端固定于反力墙上，另一端作用于试件加载端。试验加载装置如图 4-7 所示。

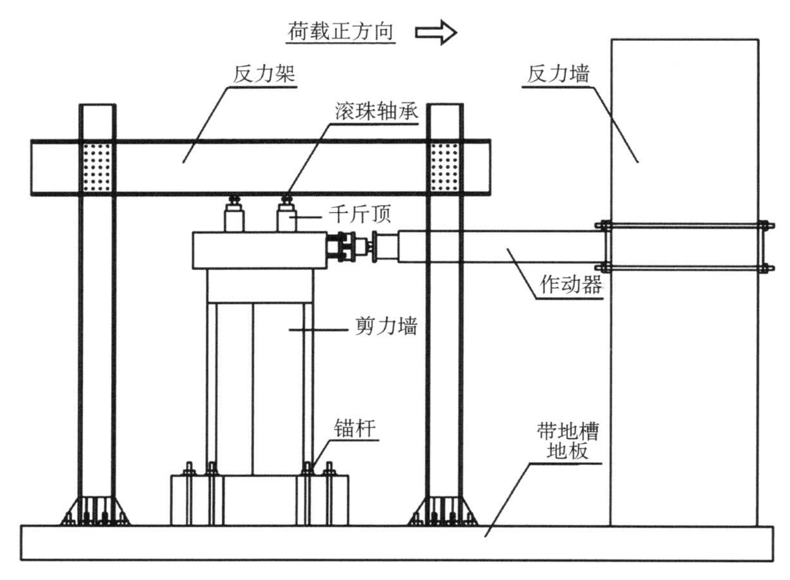

图 4-7　试验加载装置

轴压试验中轴向荷载的施加运用力控制加载方法来实施单调分级加载。在试件开裂前，每级加载值取为 10%的预估承载力；而在试件开裂以后，每级加载值取为 5%的预估承载力，直至混凝土试件发生破坏。

墙板面内弯剪试验和单块墙板面外弯剪试验采用位移控制加载方法进行单调分级加载，每级位移增加 5～10 mm，直至达到目标位移角或混凝土试件发生提前破坏。

多块墙板拼接水平向低周往复加载试验水平荷载的施加采用位移控制加载方法进行低周往复循环加载。试验开始后，水平荷载的加载程序分为两个阶段：在弹性阶段，位移逐级递增，每级往复加载分别进行一次循环；进入屈服阶段后，按照屈服位移的整数倍进行级差往复加载，每级循环三次。当荷载降至最大荷载的 85%或试件发生破坏时，便停止试验。

试件的最终破坏状况如图 4-8 所示，分别显示了局部和整体混凝土损伤情况。

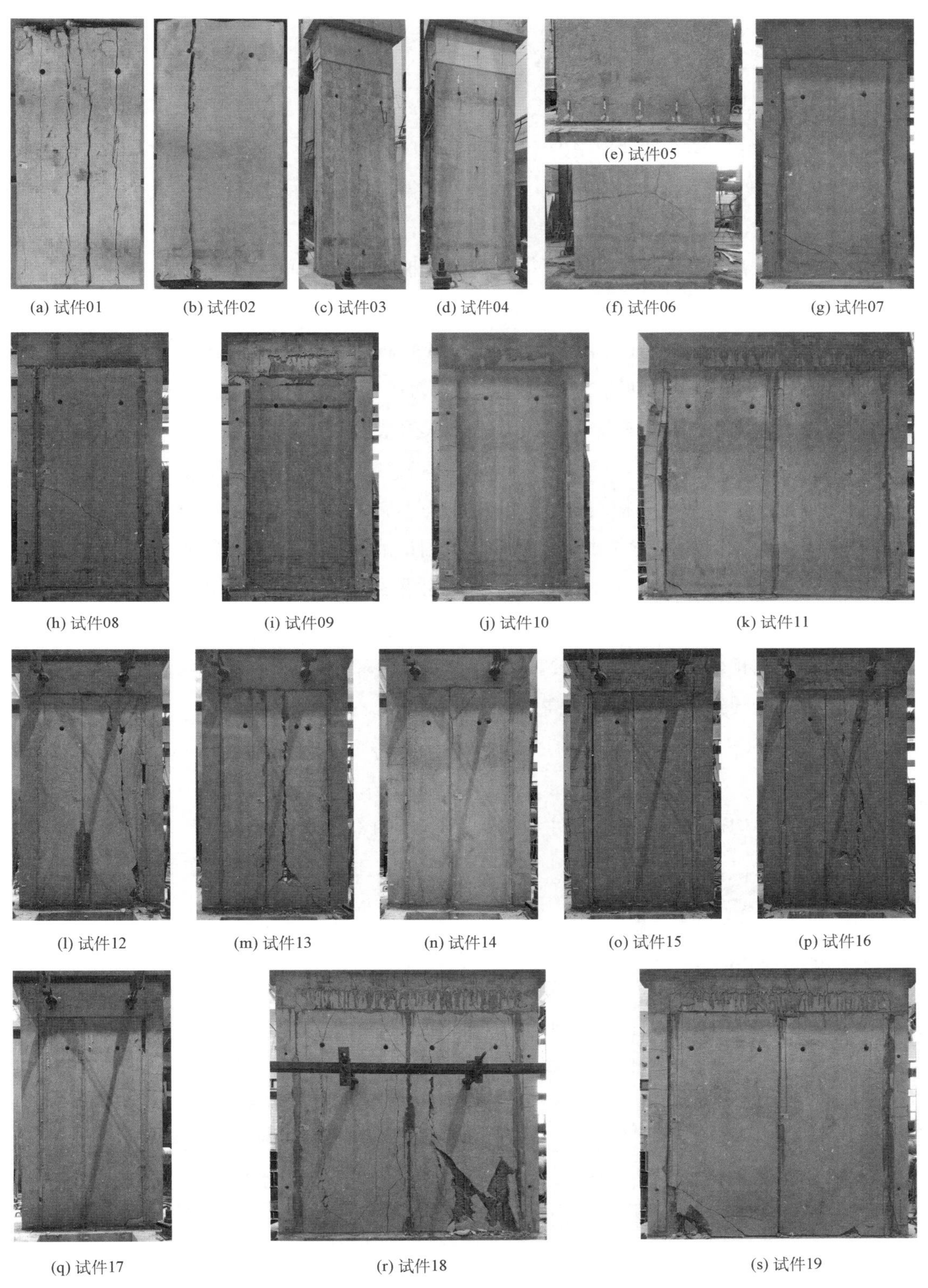

(a) 试件01 (b) 试件02 (c) 试件03 (d) 试件04 (e) 试件05 (f) 试件06 (g) 试件07

(h) 试件08 (i) 试件09 (j) 试件10 (k) 试件11

(l) 试件12 (m) 试件13 (n) 试件14 (o) 试件15 (p) 试件16

(q) 试件17 (r) 试件18 (s) 试件19

图 4-8 试件的最终破坏状况

4.2.5 试验现象分析与解释

1. 轴压试验

在轴压试验中，两个试件均未发生明显的面外变形，因此，在预估承载力计算中去除面外稳定性折减系数 0.95 的影响。由此计算得到 SP 板的轴压承载力的预估值为 4 051.1 kN，该数值与试验值 4 021.2 kN 基本一致，这说明预应力空心墙板作为竖向承重构件，其轴压承载力是可以得到保证的。然而，HC 板的轴压承载力试验值 5 014.8 kN 则远高于预估值 3 121.4 kN，这可能是由于试件在制作过程中混凝土经过高度挤压成型，导致其致密性好、质量高，强度超过 C45，此情况可结合 HC 板成型机的性能作进一步讨论。

对于 SP 板而言，尽管两条主要裂缝出现在墙片打孔削弱的部位，但仍有若干条细裂缝贯穿于墙体顶部至底部，甚至最终发展为通长开裂致使墙片碎裂。而这类裂缝往往出现于水滴形孔洞的尖端位置，因此，水滴形孔洞尖端应力集中对墙片轴压承载力的影响也有必要加以考虑。而 HC 板与 SP 板相比，尽管净截面面积降低了 19.2%，但是承载力却提高了 24.7%，这可能是由于以下几个原因造成的：①两种墙板所采用的加工机具不同，原料来源以及成型的场地条件也不同，故承载力存在差异；②HC 板的圆形孔洞更有利于应力均匀分布，而 SP 板的水滴形孔洞尖端应力集中导致试件提前开裂，进而影响承载力；③因预估荷载在 4 000 kN 左右，故加荷 3 600～5 014.8 kN 为连续加载，没有适当持荷，可能导致极限荷载有所高估。

2. 墙板面内弯剪试验

1）第一组

试验中带有构造柱的试件，其主要的破坏模式如图 4-9 所示。开缝/裂缝的产生顺序如下：①在试件底部发生水平裂缝；②在受拉侧墙脚部位发生斜向开裂；③受拉侧墙柱接缝开裂，并且在受拉侧端柱中部高度位置处开水平裂缝。墙脚部位斜向开裂的高度与墙片本身和底部接缝部位的相对强度有关，当墙片较强时，底部接缝部位会出现水平开裂，斜裂缝则主要集中在墙脚部位，而当底部接缝较强时，则会在墙身范围内产生较大的斜裂缝。从实际试验结果来看，墙片中下部斜裂缝、受拉侧墙柱接缝的竖向裂缝和受拉侧构造柱的水平裂缝三者贯通，形成破坏构件的主要裂缝，这大致符合试件整体剪切破坏的假定。

图 4-9 单调加载试验中试件主要的破坏模式

对两侧不带有构造柱的试件而言，其实测承载力与规范相关公式的计算结果相比，要高出 20%～30%。这其中一方面是因为空心板等效截面厚度的计算偏保守；另一方面也符合规范公式的计算结果略偏于保守的特点，对其进行修正后即可使用。

对于带有构造柱的试件，其实测承载力均处于 170～180 kN，与三个承载力参考值相比，均存在较大差异。这三个参考值分别为：①试件整体受剪破坏时的 108.9 kN，②底部接缝受弯开裂破坏时的 137.2 kN，③试件上部（墙身及柱身）受弯开裂破坏时的 257.5 kN。产生这种差异的原因是墙片和构造柱之间存在砂浆界面，界面上的剪应力传递不充分，难以形成试件整体的斜裂缝剪切破坏。在这种情况下，破坏更有可能首先在墙片位置处发生，包括底部开缝部位的受弯破坏或者墙身内部的剪切破坏。此时，构造柱的作用与试件 06 中底部额外附加的两根插筋相当，即抑制了墙片底部（尤其是受拉端）的弯曲变形，使得墙片更易发生剪切破坏，所以可将其纳入影响底部接缝强度的因素范畴。

墙片开裂后，试件的受力机制表现为整体受弯，这属于延性破坏形式。此时，两侧端柱分别受拉和受压，但是墙身范围内，钢绞线和底部插筋的受力状态不明确，这与试件开缝/开裂形式有关。因此，其承载力介于底部接缝受弯破坏和试件上部受弯破坏之间，可在考虑实际相对强度判断墙片裂缝的开展方式后计算承载力，或者在针对不同的墙片裂缝开展方式分别进行计算后保守取小值。

对比水平接缝插筋数量，试件 05 和试件 06 的力-位移曲线对比如图 4-10 所示。相较于试件 05，试件 06 在底部增加了两根插筋，这使得试件的承载力得到了提高。其原因在于提高了底部水平接缝的强度，使得相对较弱的墙身率先发生破坏，进而改变了试件的破坏模式。不过，其不足之处在于墙身的剪切破坏属于脆性破坏，危险性较大，因此，在结构设计过程中，应特别注意采用能力设计方法，避免出现非预期的破坏形式。

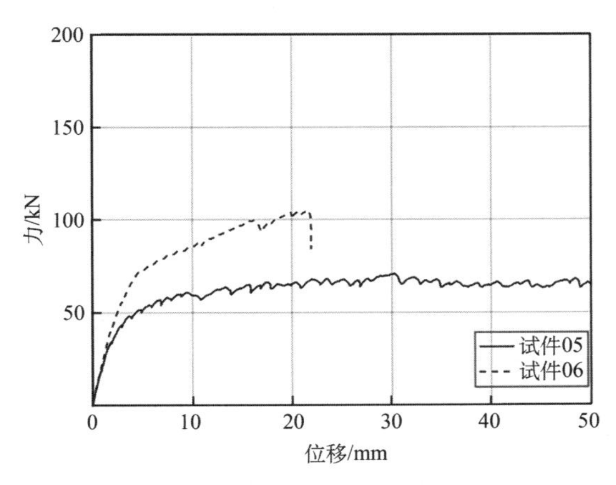

图 4-10　试件 05 和试件 06 的力-位移曲线对比

对比边缘构造柱差异，试件 05 和试件 07 的力-位移曲线对比如图 4-11 所示。在这组对比中，承载力的提高主要得益于增加构造柱后试件的截面面积增大，所以不能直接得出与承载力有关的结论。如前所述，构造柱对墙片底部变形的约束作用与试件 06 增设底部插筋是类似的，二者墙片的破坏模式也很相似。但是，试件 07 具有很高的延性，从这一角度来讲，可以得出增设构造柱能够增强试件延性的结论。

对比墙片通长灌孔，试件 07 和试件 08 的力-位移曲线对比如图 4-12 所示。试件 08 在墙身靠中部部位增设了两个通长灌孔，这一举措增大了构件的抗侧刚度，从试验力-位移曲线的初刚度即可说明：试件 07 的初刚度为 19 000 kN/m，而试件 08 的初刚度为 22 000 kN/m。较大的墙身刚度一方面使得试件 08 在更小的侧向位移时就发生开裂，另一方面也加大了墙身与构造柱之间的刚度差异，使得构件之间协同工作的难度增加。因此，试件 08 中的墙片与两侧构造柱几乎完全剥离，而试件 07 中的墙片能够与两侧构造柱实现更好的黏结。就承载力而言，由于墙身开裂后两片墙体的抗侧机制几乎相同，因此，在延性破坏的基础上，二者并没有较大的承载力差异。

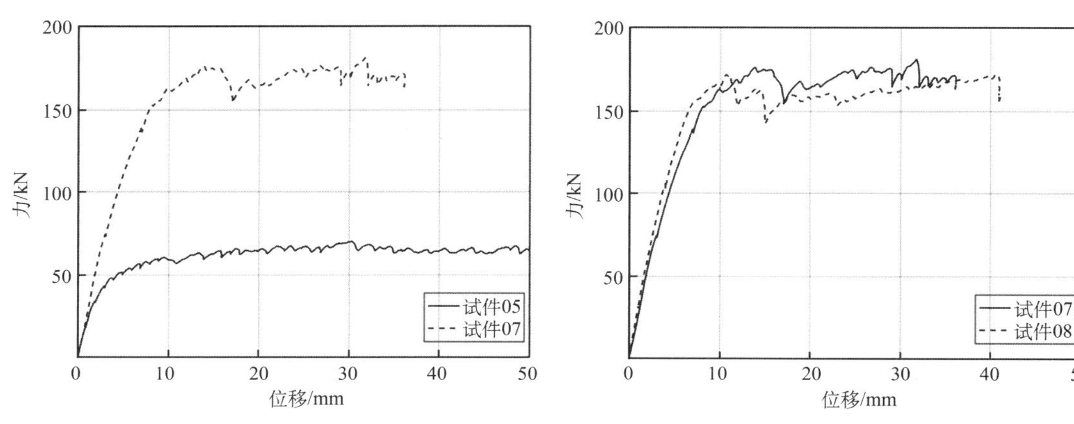

图 4-11　试件 05 和试件 07 的力-位移曲线对比　　**图 4-12　试件 07 和试件 08 的力-位移曲线对比**

对比钢绞线张拉预应力，试件 09 和试件 10 的力-位移曲线对比如图 4-13 所示。从实际试验结果来看，试件 10 的破坏形式与试件 09 相似，试件 09 在侧移 17.9 mm 时墙身出现开裂，而试件 10 在侧移 16.1 mm 时底部接缝部位张开，至侧移 22.7 mm 时受拉侧竖向接缝部位底部明显张开，并且没有发生墙身开裂，这说明较高的预应力有助于提高预应力空心墙板的抗裂性能，从而使得构件从较弱的底部接缝部位开裂。计算试件的初始刚度，试件 10 为 19 000 kN/m，试件 09 为 26 000 kN/m，预应力的提高似乎降低了墙片的抗侧刚度，其作用机理有必要进一步研究。

对比预应力空心墙板板型，试件 07 和试件 10 的力-位移曲线对比如图 4-14 所示。试件 10 与试件 07 的区别仅在于板型不同，二者的初刚度均为 19 000 kN/m，这是合理的；但是，二者的破坏形式存在一定差异，试件 07 的 SP 板墙身开裂，而试件 10 的 HC

板墙身未开裂，参考上述对于相对强度的论述，可以认为相对强度关系为：SP 板墙身＜底部插筋＋边缘构造柱约束作用＜HC 板墙身。造成这种情况可能的原因如下：①二者孔型不同，圆孔可以实现更好的受力性能，有效避免应力集中；②二者生产产地不同，加工以及养护条件的差异使得二者品质不同；③HC 板板侧的接缝宽度比 SP 板宽，较厚的黏结材料可以承受更大的变形，或者说，降低了接缝部位的黏结刚度或者相对强度，有力地缓解了因受拉侧构造柱和墙身变形不协调所导致的墙身剪切破坏。从轴压试验的情况来看，HC 板本身的强度有可能高于 SP 板，并且 HC 板较大的接缝宽度也有利于减少墙身开裂，故在面内弯剪试验中，这两个因素难以进行有效的区分。

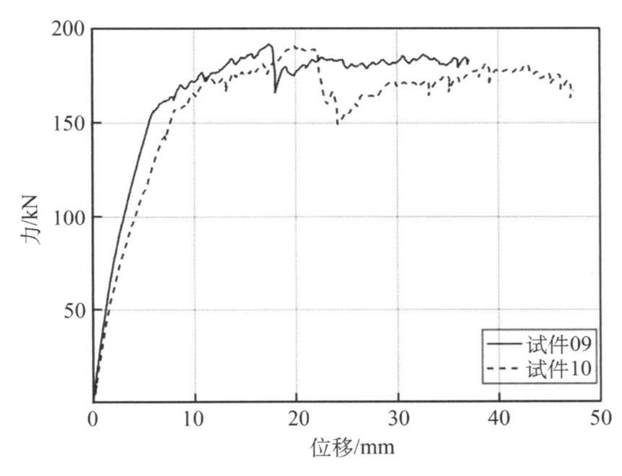

图 4-13 试件 09 和试件 10 的力-位移曲线对比

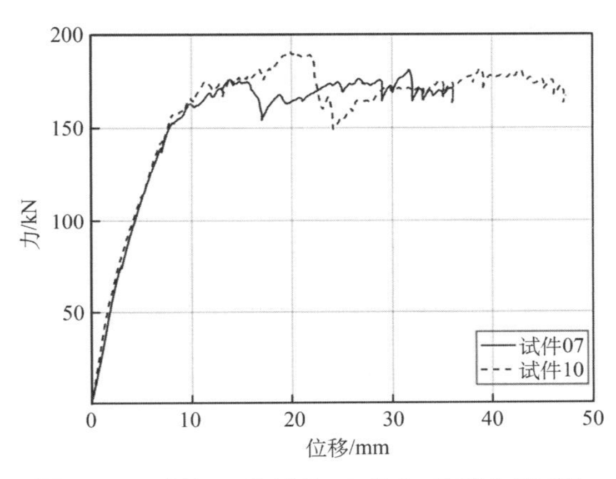

图 4-14 试件 07 和试件 10 的力-位移曲线对比

2）第二组

在受力机制方面，对于试件 11 的单调加载试验，理论分析的计算结果显示，该试件在水平荷载达到 317.9 kN 时便有可能发生破坏，且破坏形式为试件墙片整体受剪破坏。然而，从实际试验结果来看，试件的极限荷载可以达到 440.4 kN。尽管在达到极限荷载后继续加载时，试件的抗力会有±30 kN 左右的波动，但试件总体的变形和破坏模式仍是延性的，试件的力-位移曲线也没有突然的下降段，这与墙片整体受剪破坏的假定不符。

图 4-15 墙片正面开裂情况及内力分布情况推测

观察墙片的开裂模式（图 4-15），受拉侧端柱的开裂部位位于柱身上部而非柱底，由此可见其并非受弯裂缝，而属于剪切裂缝。与试件 07 至试件 10 的情况不同，试件 11 并非墙身内部先开裂，而是受拉侧端柱先开裂，但剪切裂缝未能直接延伸至墙体内部，而是沿较弱的墙柱接缝延展到试件底部，并在底部第一根连接插筋位置处将墙片撕开，这说明该高宽比的试件其整体剪切变形更为显著。

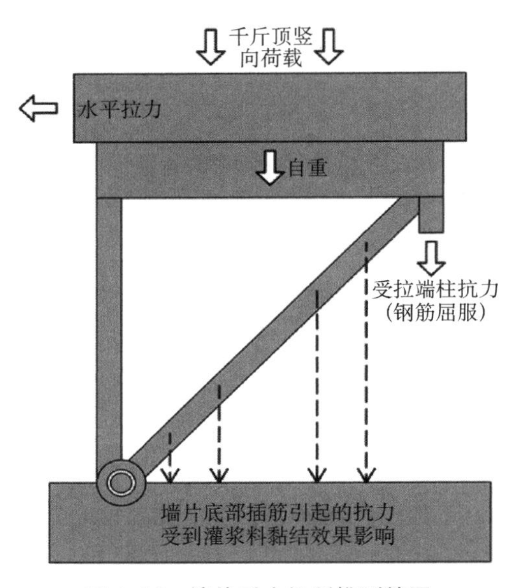

图 4-16　墙片受力机制推测简图

在后续加载过程中，试件的变形模式实际上与框架-填充墙相近，且逐渐转化为桁架受力机制，如图 4-16 所示，即此时两片墙片主要受到沿对角线的轴压力作用，在体系中可作为斜撑考量。从正面观察到的墙片左上角接缝部位的倒 L 形裂缝验证了这一猜想。基于这一猜想，假定墙片底部插筋抗力全部被利用时，试件的承载力可达 473.62 kN，而试验值相当于底部插筋抗力利用率为 46%的情形。不过，考虑到靠近受拉侧第一根墙底插筋已经连带灌孔灌浆料全部脱出，灌浆料与墙片混凝土之间的摩擦力难以提供较大的抗力，再加上钢筋材料有可能进一步超强等因素，墙片底部插筋抗力的利用率仍有进一步降低的可能性。在实际结构设计时，若一道墙中墙片数量较多，可能会在接缝部位（或墙板竖向开孔削弱部位）出现竖向通长开裂错动的现象，从而形成合理的桁架受力机制，建议通过数值模拟进一步对该分析加以验证。

对比动力荷载加载速率，试件 11、试件 18 和试件 19 的力-位移曲线对比如图 4-17 所示。可以看到，三条曲线在初始加载阶段吻合良好，此时，试件中各部位尚未出现显著开缝，整体性较好。在屈服位移 17 mm 左右时，单调加载曲线与低周往复加载曲线开始出现差异，试件 19 和试件 18 的力-位移曲线明显高于试件 11 的位移曲线（约高出 35%），这主要与加载速率有关。低周往复加载的试件顶部位移加载速率控制在 0.5～1 mm/s，而单调加载的速率则为 0.02～0.04 mm/s。加载速率的提升会导致试件中接缝材料和混凝土中的微裂缝

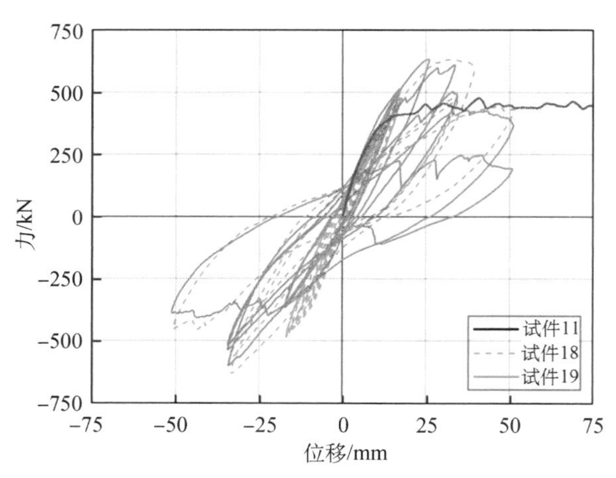

图 4-17　试件 11、试件 18 和试件 19 的力-位移曲线对比

无法充分发展，从而使试件的短时刚度得以提升，承载能力增大。随着低周往复加载的进行，试件的损伤不断累积，其破坏模式与单调加载的破坏模式，承载力逐渐下降至单调加载水平；同时，由于多次往复加载导致试件底部的混凝土大量破碎剥落，进而导致试件的承载力进一步降低，最终远低于单调加载水平。这说明，在动力荷载作用下，预应力空心墙板的承载力能够得到短时提升，但是，在地震往复作用下结构构件的延性会有所下降，因此在进行结构设计时，应特别注意。

试件 18 与试件 19 的加载制度略有不同，试件 19 按 1 mm/s 的速率进行加载，试件 18 则按 0.5 mm/s 的速率进行加载。可以看出，尽管二者加载速率不同，且墙片的破坏状态也存在显著差别，但两个试件的力-位移曲线依然有着很高的一致性，这表明上述试件的主要受力机制并未发生改变。试件 18 的破坏情况明显比试件 19 更为严重，墙片上出现了若干条竖向贯通裂缝，可能的影响因素主要有以下几点：①空心墙板水滴形孔洞尖端应力集中，加载速率降低导致该部位混凝土内部微裂缝发展、破碎，使得墙片更易沿竖向孔道开裂；②中间墙-墙接缝采用了高强灌浆料，而且在实际拼装过程中，试件中间墙-墙接缝宽度偏小，使得内部墙片整体刚度有所提高，可以承受更大的内力，从而导致破坏程度更为严重。

3. 多块墙板拼接水平向低周往复加载试验

1）SP 墙板组

试件 12、试件 13、试件 14 与试件 07（带端柱 SP 墙板准静力单调加载）的力-位移曲线对比如图 4-18 所示。其中，试件 12 墙-墙接缝采用高强灌浆，试件 13 采用普通灌浆，试件 14 则采用砂浆，而这三者的加载制度完全相同。SP 墙板在进行低周往复试验时，其早期承载力不稳定，有可能低于也有可能高于单调加载试验的承载力，这与墙柱接缝的开裂时间点有关：墙柱接缝开裂的时间越晚，峰值承载力就越高。引起墙柱接缝开裂延后的原因可能包括中间接缝材料不同而引起的墙片刚度不同，以及施工质量不稳定等。

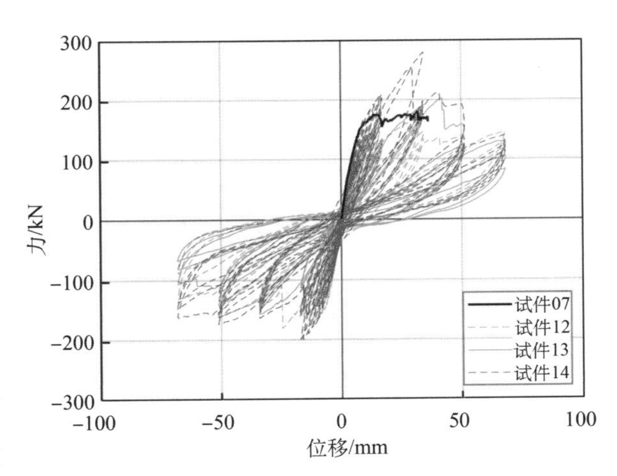

图 4-18　试件 12、试件 13、试件 14 与试件 07 的力-位移曲线对比

就破坏模式而言，试件 12 和试件 13 底部的斜裂缝与试件 07 相似，但是，沿孔洞的竖向撕裂并未在试件 07 中出现。这可能与试件的刚度分布不均有关；试件 12 和试件 13 中间的墙-墙接缝实际上是在孔洞中灌满灌浆料，因此，该部位的刚度远远高于中部通长开孔的试件 07。再结合试件 14 的破坏程度明显低于试件 12 和试件 13，而试件 14 中间墙-墙接缝材料砂浆的强度与刚度低于普通灌浆料和高强灌浆料的情况，可以认为，中间接缝材料的强度/刚度是影响墙片破坏程度的主要因素，也就是说，中间接缝材料的强度或刚度若较低，将会有助于减轻墙片自身的破坏程度。

2）HC 墙板组

试件 15、试件 16、试件 17 与试件 10（带端柱 HC 墙板准静力单调加载）的力-位移曲线对比如图 4-19 所示。试件 15 墙-墙接缝采用高强灌浆，试件 16 采用普通灌浆，试件 17 采用砂浆；就加载速率而言，试件 15 的加载速率为 1 mm/s，试件 16 和试件 17 的加载速率为 0.5 mm/s。就破坏模式而言，在位移幅值达到 60 mm 之前的范围内，三个试件的破坏程度基本一致，墙片主体的完整性较好，仅底部出现了小范围的破坏；试件 16 在 68 mm 级循环第二周时发生严重破坏，有多条通长竖缝。注意到试件 15 在远大于 68 mm 的位移下墙片未出现明显破坏，尽管由于试件 16 往复加载了一次可能存在累积损伤，但是其破坏形式属于脆性破坏，所以更有可能是墙片本身构造或加载速率方面的差所引起的。将试件 19、试件 18 以及试件 15、试件 16 的试验结果进行对比，可以得出：加载速率是影响墙片破坏程度的主要因素，加载得越慢，试件内部微裂缝发展就越充分，墙片的破坏情况也就越严重；而中间墙-墙接缝采用普通灌浆料或是高强灌浆料的影响并不大。同时注意到，通过对试件 12、试件 13 和试件 14 进行对比，可以认为，中间墙-墙接缝若采用较弱的砂浆，能够进一步减轻墙片损伤，不过应当根据具体情况具体分析。试件 16 的正向力-位移曲线显著高于其他两个试件，这与其左侧墙柱接缝开裂较晚有关；同时，试件 16 在 68 mm 级循环发生脆性破坏后，承载力几乎呈直线下降，这是因为墙片内部产生多条竖向通长裂缝，从而使得内部墙片的桁架斜撑机制失效所致，在结构设计中，对此应当特别注意。另外需要注意的是，当结构变形较大时，构造柱的存在或许能够保证房屋不倒塌，但是，当墙片破坏较为严重时，仍会产生较大的残余位移。

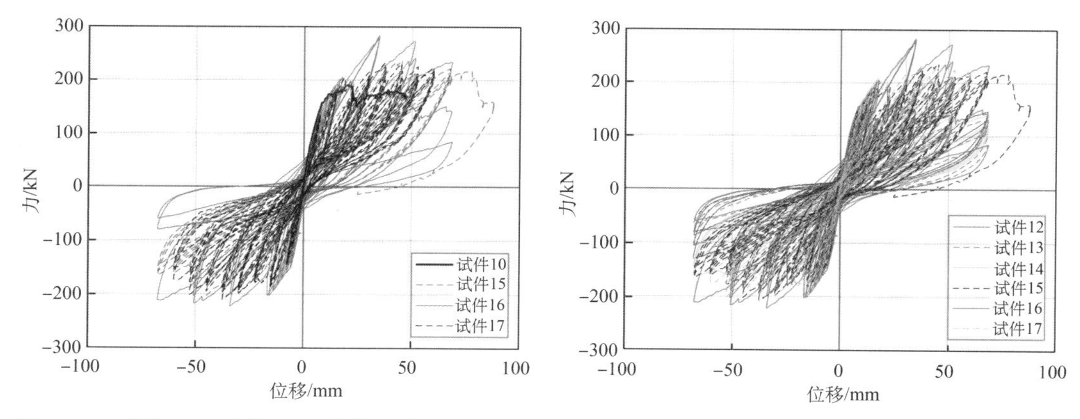

图 4-19　试件 15、试件 16、试件 17 与试件 10 的力-位移曲线对比

图 4-20　试件 12 至试件 17 的力-位移曲线对比

3）墙板板型对比

试件 12 至试件 17 的力-位移曲线对比如图 4-20 所示。由图中可以看到：①小位移时，SP 板和 HC 板的力-位移曲线基本一致，此时，墙板内部尚未开裂，以试件整体的响应为主，其最大承载力也基本处于同一水平；②SP 板的力-位移曲线峰值点比 HC 板更早出现，这一般是由于 SP 板提前开裂，可能的原因包括墙板加工质量存在差异以及水滴形孔尖端应力集中等；③SP 板的延性低于 HC 板，即在往复荷载作用下，SP 板的损伤累积更为显著，承载力下降也更为明显，这同样与墙板加工质量、水滴形孔尖端应力集中等因素有关。同时，应该注意到，无论加载制度如何，也无论中间墙-墙接缝材料的种类如何，三个 SP 墙板试件中间墙-墙接缝全部竖向贯通，而三个 HC 墙板试件中间墙-墙接缝均未开裂，这进一步说明试件的承载力和破坏形式与板型有很大关系，具体的影响因素可能有以下几点：①墙板的加工质量和面内刚度决定了试件的内部相对刚度与内力分配；②墙板边缘的企口形式可能直接影响接缝部位的应力集中情况，也可能是通过影响墙柱接缝、墙-墙接缝的接缝宽度，进而影响试件的开缝顺序与力学性能。

4. 单块墙板面外弯剪试验

在整个面外推覆试验过程中，墙片及其连接节点表现为延性破坏形式。当层间位移角处于 2%以内时，力-位移曲线没有产生下降段，墙片面外承载力稳定在 3.5～5.0 kN，且破坏主要集中于底部接缝部位，并未对墙片本身的完整性造成影响。综上所述，墙片的面外承载力在结构分析中可以忽略，且面外变形对墙片面内承载力产生影响的概率较小；同时，墙片的面外连接较为可靠，有效避免了由于墙片面外坍塌而导致人员伤亡的可能性。

4.2.6 试验结论

通过试验，可以得出以下结论：

(1) 预应力空心墙板作为竖向承重构件，其轴压承载力能够得到保障。HC 板的力学性能要优于 SP 板，其圆形孔洞更有利于应力均匀分布。

(2) 带端柱墙片试件的破坏模式多为剪切破坏或弯剪破坏，这与试件的高宽比相关。增设构造柱对提高结构体系的延性极为关键且必不可少。当结构出现较大变形时，构造柱或许能确保房屋不倒塌，但是若墙片破坏较为严重，仍会产生较大的残余位移。

(3) 空心墙板中设置通长灌孔对承载力的影响并不显著，但可能会影响墙片的开裂状态。墙片底部发展的斜裂缝向上延伸时，有可能沿着较为薄弱的孔道向上撕裂发展。提高墙片内部钢绞线的张拉应力，有助于增强墙片的抗裂性能，减小墙身开裂的可能性。

（4）HC 板的竖向接缝宽度较大，搭配刚度较小的接缝材料有利于改善墙片受力状况，减少墙身裂缝的数量。多块墙板拼接形成较长墙段时，墙段的剪切变形更加明显。结构中各接缝及墙身裂缝的开缝顺序具有随机性。接缝材料的强度与刚度会影响试件的破坏情况，接缝材料强度越高，墙片自身破坏越严重。

（5）在动力荷载作用下，由于微裂缝发展不充分，预应力空心墙板的承载力可在短期内得到提升，但在地震往复作用下，结构构件的延性会降低，这不利于抗倒塌。

4.3 预应力空心墙板分析与设计方法

4.3.1 分析方法

以往的物理试验和数值模拟表明，采用空心墙的结构构件呈现出多种变形模式，主要原因在于填充了黏结材料的接缝发生劈裂。水平节点的劈裂总是先于垂直节点的劈裂，多个全高垂直劈裂或裂缝的产生可能直接改变承载机制。基于此提出了两种承载机制，分别称为剪切-弯曲机制和桁架机制。剪切-弯曲机制可以充分描述空心墙的早期力学行为，空心墙没有或很少出现混凝土裂缝，也没有垂直接缝滑移，以横向弯曲变形为主。桁架机制适用于空心墙仍具有剩余承载能力的状态，在此阶段，墙板上出现了对角裂缝，每块墙板在简化桁架模型中表现为对角支撑。

1. 剪切-弯曲机制

第一类机制是剪切-弯曲机制，此机制下没有或很少有竖向劈裂，从而维持了构件的完整性。墙体的抗弯刚度和抗剪刚度退化不明显。预应力空心墙板底部截面弯矩-曲率关系可按图 4-21 计算。根据竖向裂缝的发生情况来划分计算单元。该分析模型可用于荷载初始阶段结构构件的承载力预测。

底部截面的平衡方程如式（4-1）所示。考虑到空心截面精确的几何形状，建议采用数值积分法计算混凝土的合力。如果采用近似积分，则可采用基于等截面面积的等截面宽度。对于几何方程，在变形较小的情况下，仍然可以接受“截面保持平面”的假设，因此，只要给定中性轴的位置和截面曲率 ϕ，就可以计算材料应变。结合由材料本构模型决定的物理方程，通过迭代推导出弯矩-曲率（M-ϕ）关系。

$$\begin{cases} G = C_{\text{concrete}} + \sum_{j} C_{\text{steel},j} - \sum_{i} T_{\text{steel},i} \\ M = \sum_{i} T_{\text{steel},i} h_i + \sum_{j} C_{\text{steel},j} h_j + C_{\text{concrete}} h_{\text{cr}} \end{cases} \tag{4-1}$$

式中 G—— 轴压力；

M—— 弯矩；

C_{concrete}—— 受压区混凝土压力；

$C_{\text{steel},j}$—— 钢筋 j 的压力；

$T_{\text{steel},i}$—— 钢筋 i 的拉力；

h_i——第 i 根受拉筋到截面中性轴的距离；

h_j——第 j 根受压筋到截面中性轴的距离；

h_{cr}——混凝土合力作用点到截面中性轴的距离。

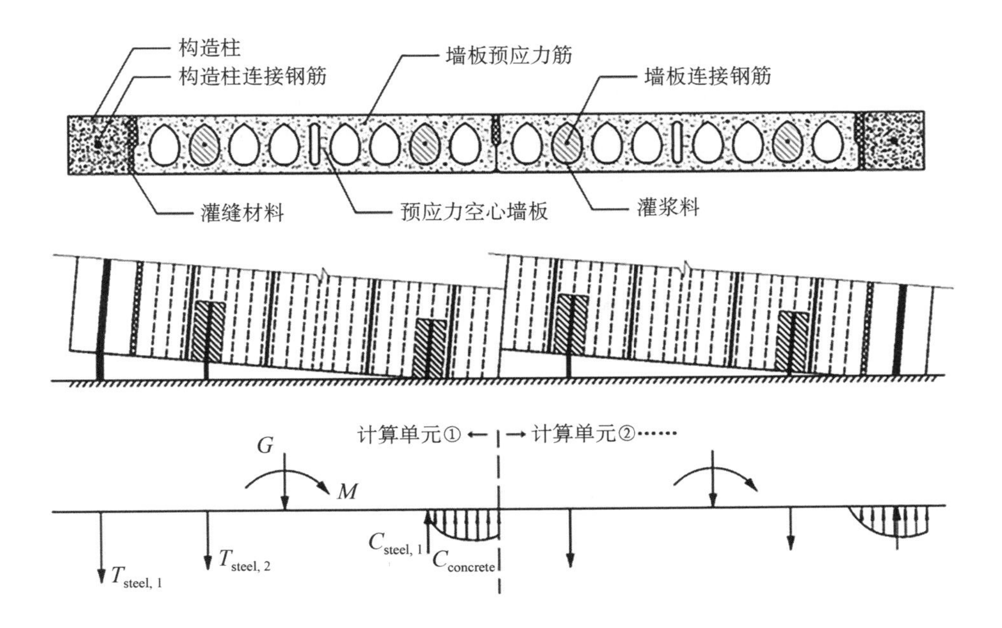

图 4-21 预应力空心墙板底部截面的力平衡

在计算剪切-弯曲机制下弯矩-曲率曲线的基础上，采用 Krolicki 等[27] 提出的方法来推导力-位移曲线。为简化计算单元，采用预应力空心墙的层间力-位移曲线。其中，三个拐点分别为开裂点（F_{cr}，θ_{cr}）、屈服点（F_y，θ_y）和极限点（F_u，θ_u），相应的底部截面应力状态及计算公式见表 4-5。

表 4-5 某计算单元三线性层间力-位移曲线计算

性能点	M-ϕ 曲线上的应力状态	F-θ 曲线上的计算公式
开裂点	混凝土最外层纤维受拉侧的应力为 0 （M_{cr}，ϕ_{cr}）	$F_{cr}=\dfrac{M_{cr}}{L_{SS}}$ $\theta_{cr}=\dfrac{k_T}{H_w}\dfrac{\phi_{cr}L_{SS}^2}{3}$

（续表）

性能点	M-ϕ 曲线上的应力状态	F-θ 曲线上的计算公式
屈服点	受拉侧最外侧预应力筋首次屈服 (M_y, ϕ_y)	$F_y=\frac{M_y}{L_{SS}}$ $\theta_y=\frac{k_T}{H_w}\frac{\phi_y(L_{SS}+L_{SP})^2}{3}$
极限点	受压侧最外层的混凝土纤维达到其极限应变 (M_u, ϕ_u)	$F_u=\frac{M_u}{L_{SS}}$ $\theta_u=\theta_y+\frac{k_T}{H_w}(\phi_u-\phi_y)L_P\left[L_{SS}-\left(\frac{L_P}{2}-L_{SP}\right)\right]$

注：F_{cr} 表示弯曲模型开裂点处层间力；M_{cr} 表示弯曲模型开裂点处单元底部截面的弯矩；L_{SS} 表示计算截面到墙体反弯点的距离；θ_{cr} 表示弯曲模型开裂点处层间位移角；k_T 表示与竖向构件剪跨比计算相关的系数；H_w 表示单元所在楼层层高；ϕ_{cr} 表示弯曲模型开裂点处单元底部截面的曲率；F_y 表示弯曲模型屈服点处层间力；M_y 表示弯曲模型屈服点处单元底部截面的弯矩；θ_y 表示弯曲模型屈服点处层间位移角；ϕ_y 表示弯曲模型屈服点处单元底部截面的曲率；F_u 表示弯曲模型极限点处层间力；θ_u 表示弯曲模型极限点处层间位移角；ϕ_u 表示弯曲模型极限点处单元底部截面的曲率；L_{SP} 表示表征应变渗透效应的塑性铰区附加高度。

塑性铰高度参数计算公式见式（4-2）。

$$
\begin{cases}
L_P=0.08L_{SS}+0.1h_w+L_{SP}\geqslant 2L_{SP}\\
L_{SP}=1.03f_{ye}d_{bl}\\
L_{SS}=\dfrac{H_w}{k_T}
\end{cases}
\tag{4-2}
$$

式中 L_P——塑性铰区高度；

L_{SS}——计算截面到墙体反弯点距离；

L_{SP}——表征应变渗透效应的塑性铰区附加高度；

h_w——空心墙板所选单元截面高度；

H_w——单元所在楼层层高；

f_{ye}——连接钢筋屈服强度设计值；

d_{bl}——连接钢筋直径；

k_T——与竖向构件剪跨比计算相关的系数，刚性楼盖取为 2.0，柔性楼盖取为 1.0。

特别是对于剪力跨比较小的空心墙而言，墙-墙竖向节点早期更容易发生劈裂，剪切-弯曲机制仍占主导地位。在这种情况下，空心墙被划分为多个计算单元，并预先确定垂直接缝，计算单元可视为平行连接。忽略相邻单元之间的相互作用，将各计算单元的力-位移曲线相加，可得到多线性形式的下界力-位移曲线。

2. 桁架机制

第二种机制简化为桁架承载机制。如本章试验部分所述，竖向荷载 G 由自重和上层荷载组成。G 按其分配的垂直承重长度/面积分别分配到顶销节点 G_1、G_2 等；总侧向力 F 假定按相同的模式分布。当受拉侧的构造柱通过连接钢筋提供恒定的拉伸力时，该机制用于确定空心墙在最终状态下的承载能力。因此，可直接计算桁架端部腹板所受拉力 N_1，由式（4-3）计算总侧力。假设若混凝土与灌浆材料界面黏结不再有效，则不再计算墙板连接钢筋的贡献。

$$F=\frac{N_1+G_1}{\tan\theta_1} \tag{4-3}$$

式中，θ_1 为顶销节点 1 至下一底部节点斜向桁架与水平线的夹角，见用于结构变形验算的预应力空心墙段受力简图。

对于采用多个空心墙板的结构构件而言，如试件 11 和试件 12，简化桁架机制可以扩展至拼接墙板整体。扩展后的模型仍然是静定的，总侧力可通过式（4-4）计算。该方法适用于结合不同墙板的空心墙。

$$F=\frac{N_1+G_1}{\tan\theta_1}+\frac{G_2}{\tan\theta_2}+\cdots \tag{4-4}$$

式中，θ_2 为顶销节点 2 至下一底部节点斜向桁架与水平线的夹角。

经过与试验结果对比验证，前文所提出的剪切-弯曲机制和桁架机制对于预应力空心墙的承载力上限和下限分别给出了较好的预测。变形模式的变化主要是由竖向缝的劈裂和滑动或者混凝土墙板的全高竖向劈裂或裂缝的发展引起的。

4.3.2 设计方法

针对预应力空心墙板装配式结构的抗震设计，《预应力空心墙板装配式结构抗震设计指南》给出了两套思路供选用。

第一套思路是适用于工程设计的简化设计方法。当采用该设计方法时，预应力空心墙板装配式结构在进行结构设计过程中，可遵循以下设计流程：

（1）根据业主对于建筑物的外观造型、使用功能等方面的需求来确定建筑方案。

（2）按照建筑方案进行结构墙板布置，这些墙板在建筑中起到围护、隔断作用，同时墙板中的插筋（连接钢筋）布置应满足相关构造要求。

（3）根据墙板方案在结构中设置构造柱，构造柱的设置部位以及间隔距离要满足相关设置要求，同时其截面配筋按构造要求来确定。

（4）在结构方案中设置圈梁，预应力空心墙板顶部必须布置圈梁，且同一楼层的圈梁在水平方向上应当闭合，其截面配筋按构造要求来确定。

（5）布置楼板和屋面板，其叠合层钢筋配置以及节点连接的钢筋锚固均需满足相关构造要求。

(6) 对结构进行抗震性能验算，如有必要，按计算结果对构件布置、截面配筋情况进行调整。

其中，第（6）项结构的抗震性能验算项目，源自《建筑抗震设计标准》（GB/T 50011—2010）（2024 年版）中的两阶段抗震设计方法：多遇地震下的承载力和变形验算，以及罕遇地震下的变形验算；设防地震下的结构性能由构造措施加以保障。《建筑抗震设计标准》（GB/T 50011—2010）（2024 年版）指出，除了有相关规定的特殊结构形式或结构特征外，量大面广的普通建筑结构无须进行罕遇地震下的变形验算。故针对预应力空心墙板装配式结构，其简化设计方法要求对结构在小震作用下的承载力和变形进行验算，并采用构造措施保障结构在中震下的抗震性能，当这两项要求均得到满足后，便无需再对结构在大震下的变形进行验算。

第二套思路则是抗震性能化设计方法，即严格按照预期的结构抗震性能目标进行结构设计。抗震性能化设计一方面可以使结构设计满足业主个性化且往往标准更高的抗震性能需求；另一方面，还能通过更合理的设计降低结构造价，节约成本。就预应力空心墙板装配式结构体系而言，上述两方面的优势均不明显，因此，实际上并没有抗震性能化设计的需求；同时，目前也没有适用于该体系的反向结构设计方法（例如基于位移设计方法等）。但是，考虑到性能化设计方法对于深入理解结构体系的受力性能、抗侧机制意义重大，同时也对未来该类结构体系突破现有框架的发展提供了可能，因此也对该方法的相关性能验算项目予以介绍。抗震性能化设计方法要求在小震、中震、大震三个水准下均对结构进行承载力和变形验算。

关于预应力空心墙板装配式结构的两套抗震设计方法的总结见表 4-6。

表 4-6　预应力空心墙板装配式结构的抗震设计方法

<table>
<tr><th colspan="2">项目</th><th>小震</th><th>中震</th><th>大震</th></tr>
<tr><td colspan="2">层间位移角限值</td><td>1/1 000</td><td>1/300</td><td>1/120</td></tr>
<tr><td colspan="2" rowspan="2">简化设计方法</td><td>构件和节点承载力验算</td><td rowspan="2">构造措施</td><td rowspan="2">不必验算</td></tr>
<tr><td>层间位移角验算</td></tr>
<tr><td rowspan="3">性能化设计方法</td><td rowspan="2">验算指标</td><td>构件和节点承载力验算</td><td>构件和节点承载力验算</td><td>梁柱节点承载力验算</td></tr>
<tr><td>层间位移角验算</td><td>层间位移角验算</td><td>层间位移角验算</td></tr>
<tr><td>结构响应</td><td>弹性</td><td>弹性</td><td>弹塑性</td></tr>
</table>

（续表）

项目		小震	中震	大震	
性能化设计方法	建模方法	混凝土剪力墙模型	混凝土剪力墙模型	精细化有限元模型	集中质量模型
	几何特性	等效截面	等效截面	实际截面	—
	力学特性	全截面刚度	开裂截面折减刚度	弹塑性变形接触非线性	弹塑性层间刚度本构

结构分析设计和承载力计算的要求如下：

(1) 预应力空心墙板装配式结构承载能力极限状态及正常使用极限状态的作用效应分析可采用弹性方法，分析时，截面应按等效截面来计算抗侧刚度。当对预应力空心墙板装配式结构进行抗震性能化设计时，实现抗震性能设计目标的措施宜符合相关标准规定。

(2) 在对预应力空心墙板装配式结构进行内力和位移计算时，可假定叠合楼板楼盖和现浇楼盖在其自身平面内为无限刚性；当楼板局部不连续时，宜假定在其自身平面内为弹性。

(3) 在风荷载标准值或多遇地震作用下，预应力空心墙板装配式结构的楼层层间最大弹性位移与层高之比（$\Delta u/h$）不宜大于 1/1 000。

(4) 在进行抗震计算时，预应力空心墙板装配式结构可采用底部剪力法计算地震作用，并且按照抗侧力构件等效刚度的比例来分配地震作用；当结构进行弹性分析时，阻尼比可取 0.05。

4.3.3 构造措施

预应力空心墙板结构体系属于新型结构体系，应具有合理的构造措施以保证其结构性能，特别是各类连接之间应有明确的定义。预应力空心墙板之间、预应力空心墙板与构造柱之间的竖向接缝宜采用砂浆填充的弱连接，不宜采用灌浆料填充的强连接，如图 4-22 所示。构造柱与圈梁的节点应采用现浇，梁所有纵筋在节点处应有可靠锚固。纵筋可采用焊端锚板或螺栓锚头进行锚固，钢筋应伸入支座 0.4 倍的基本锚固长度，基本锚固长度应符合《混凝土结构设计标准》（GB/T 50010—2010）（2024 年版）[28] 的有关规定。构造柱顶端的所有纵向钢筋应在梁柱节点处有可靠锚固，纵筋应伸至节点顶部。在构造柱与圈梁连接处，构造柱的纵筋应从圈梁纵筋内侧穿过。在约束框架节点内应设置水平箍筋，箍筋的配置应符合与节点相连的同层构造柱端部箍筋加密区的箍筋构造规定。上、下两层的构造柱之间应有可靠的连接，可在下层构造柱设置一根锚固钢筋，使其穿过现浇节点处与上层构造柱采用套筒灌浆的方式进行连接，构造柱与圈梁节点的构造示意图如图 4-23 所示。连接钢筋在下层的锚固长度应满足基本锚固长度，连接钢筋在上层套筒灌浆的长度应符合《装配式混凝土建筑技术标准》（GB/T 51231—2016）[29] 的有关规定。锚固钢筋的设计应按照等强代换的原则进行。

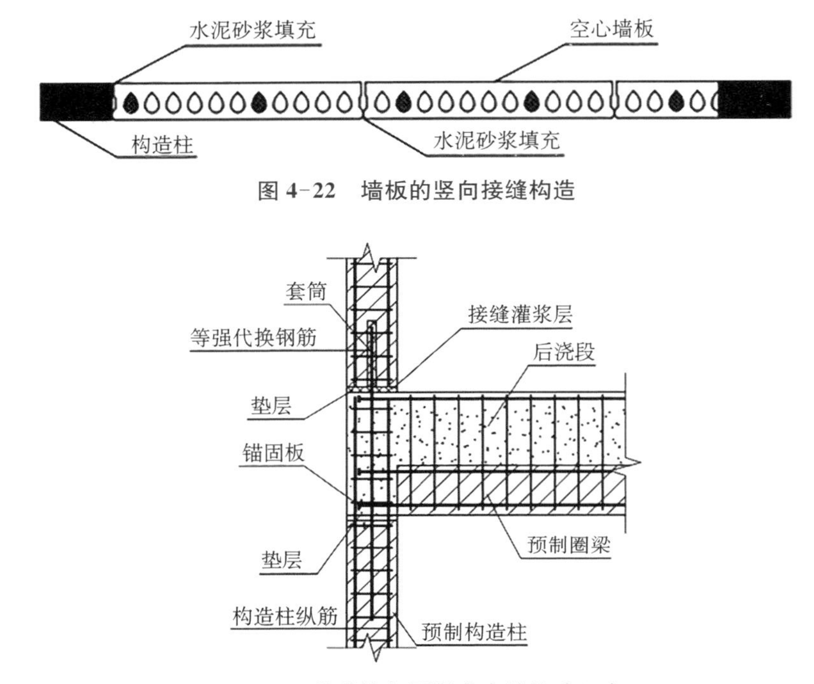

图 4-22　墙板的竖向接缝构造

图 4-23　构造柱与圈梁节点的构造示意

预应力空心板在圈梁上的搁置宽度不应小于 60 mm，且搁置处应有砂浆垫层。预应力空心楼板拼缝处应设置拉锚筋网片。叠合楼板的分布钢筋应在圈梁中可靠锚固，分布钢筋应伸入圈梁支座不小于基本锚固长度。分布钢筋应与纵筋有可靠拉结，并应设置 90°或 135°弯钩，弯钩长度应符合《混凝土结构设计标准》（GB/T 50010—2010）（2024 年版）的有关规定。上、下两层的预应力空心墙板之间应有可靠连接，可在下层空心墙板的孔洞处预埋一根锚固钢筋，使其穿过叠合梁现浇段，穿入上层空心墙板底部孔洞，再通过打孔灌浆方式进行连接，连接钢筋在墙板孔洞处的锚固长度不应小于 15 倍锚固钢筋的直径。下层墙板内可对有锚固钢筋的孔洞进行封堵，上层墙板孔洞可设置灌浆孔对连接钢筋进行灌浆锚固。圈梁与预应力空心板连接的构造示意图如图 4-24 所示。900～1 200 mm 宽度的预应力空心板应设置两根连接钢筋，800 mm 以下宽度的预应力空心板可设置一根连接钢筋。

预应力空心墙板应与基础有可靠连接，可在基础中预留插筋，将其伸入预应力空心墙板孔洞内进行灌浆连接。连接钢筋在基础和墙板孔洞处的锚固长度均不应小于 15 倍锚固钢

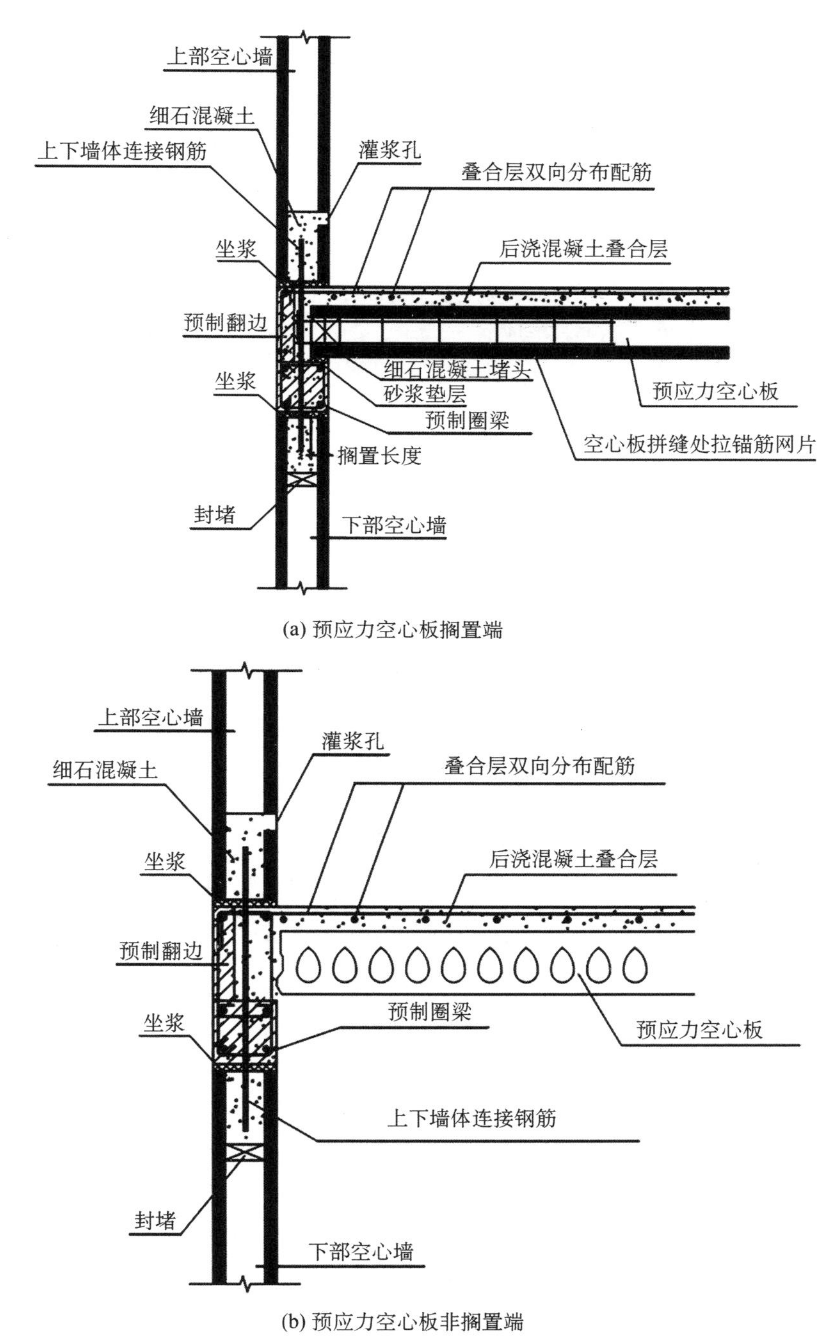

(a) 预应力空心板搁置端

(b) 预应力空心板非搁置端

图 4-24　圈梁与预应力空心板连接的构造示意

筋的直径。900～1 200 mm 宽度的预应力空心板应设置两根连接钢筋，800 mm 以下宽度的预应力空心板可设置一根连接钢筋。导墙与空心板连接的构造示意图如图 4-25 所示。

构造柱应与基础有可靠连接，可在基础中预留插筋，通过套筒灌浆来连接构造柱与基础。连接钢筋在基础中的锚固长度应满足基本锚固长度要求，导墙与构造柱连接的构造示意图如图 4-26 所示，套筒灌浆的长度应符合现行行业标准《装配式混凝土建筑技术标准》（GB/T 51231—2016）的有关规定。

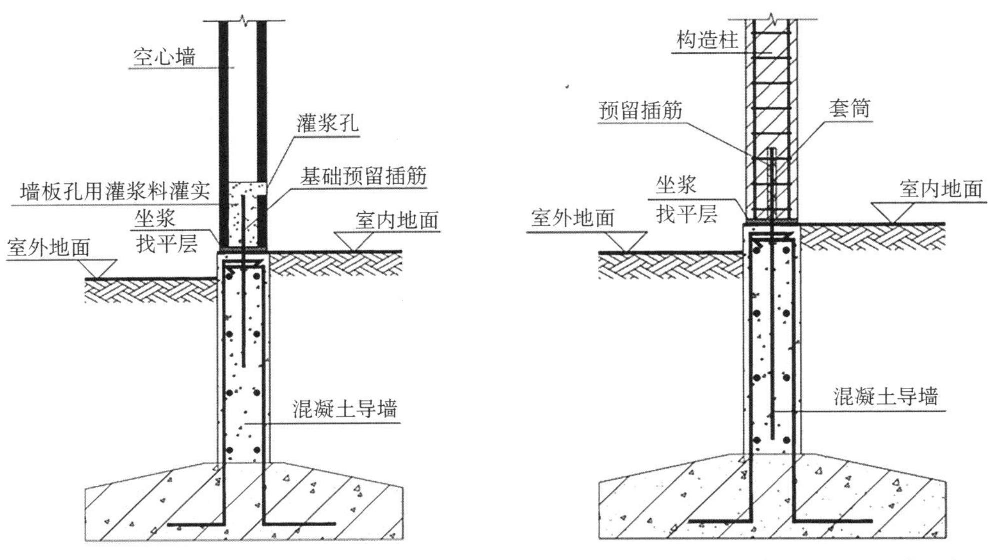

图 4-25　导墙与空心板连接的构造示意　　图 4-26　导墙与构造柱连接的构造示意

预应力空心墙板如遇门窗洞口，窗台处应设置现浇压梁，且压梁应设置纵筋和拉筋。压梁应与预应力空心墙板有可靠连接，可在墙板孔洞处设置插筋以实现与压梁的锚固，插筋在墙板孔洞处应有足够的锚固长度，在压梁上可用直锚或弯锚，窗体压梁的构造示意图如图 4-27 所示，锚固长度应符合现行国家标准《混凝土结构设计标准》（GB/T 50010—2010）（2024 年版）的有关规定。

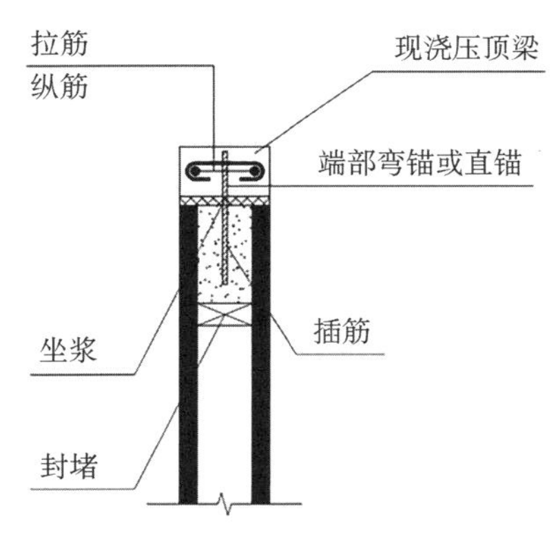

图 4-27　窗体压梁的构造示意

4.4 预应力空心墙板结构振动台试验

4.4.1 试验目的

为进一步研究预应力空心墙板装配式结构在地震作用下的动力响应，以及验证预应力空心墙板装配式结构体系抗震性能设计目标与设计方法的可靠性，特别设计了一个三层足尺预应力空心墙板装配式结构，并开展大型振动台试验。

4.4.2 试验对象

试验于 2023 年 12 月在同济大学嘉定校区地震工程馆开展，试验结构模型（以下简称试验模型）如图 4-28 所示。试验模型为一个三层足尺预应力空心墙板装配式结构，试验模型的平面尺寸为 7.65 m×4.65 m，每层高度为 3.47 m，模型总高度为 10.41 m，门窗洞口的尺寸分别为 2 250 mm×3 000 mm 和 690 mm×3 000 mm。试验模型结构由预制混凝土构造柱、预制混凝土叠合圈梁、预应力空心墙板以及叠合楼板组成。其中，预制混凝土构造柱的截面尺寸为 300 mm×150 mm，高度为 3 m，预应力空心墙板及楼板的厚度均为 150 mm，边槽类型为 B 类，叠合楼板后浇混凝土叠合层厚度为 60 mm，采用 C30 强度等级的混凝土。预制混凝土构造柱及预制混凝土叠合圈梁对预应力空心墙段形

(a) 正视图

(b) 侧视图

图 4-28　试验结构模型

成约束力，双向预应力空心墙板承担水平地震作用。竖向预应力空心墙板在基础及振动台的布置位置如图 4-29 所示，结构长边方向（*X* 方向）对应振动台的东西向（EW 方向），结构短边方向（*Y* 方向）对应振动台的南北向（NS 方向），试验模型标准层平面图如图 4-30 所示。

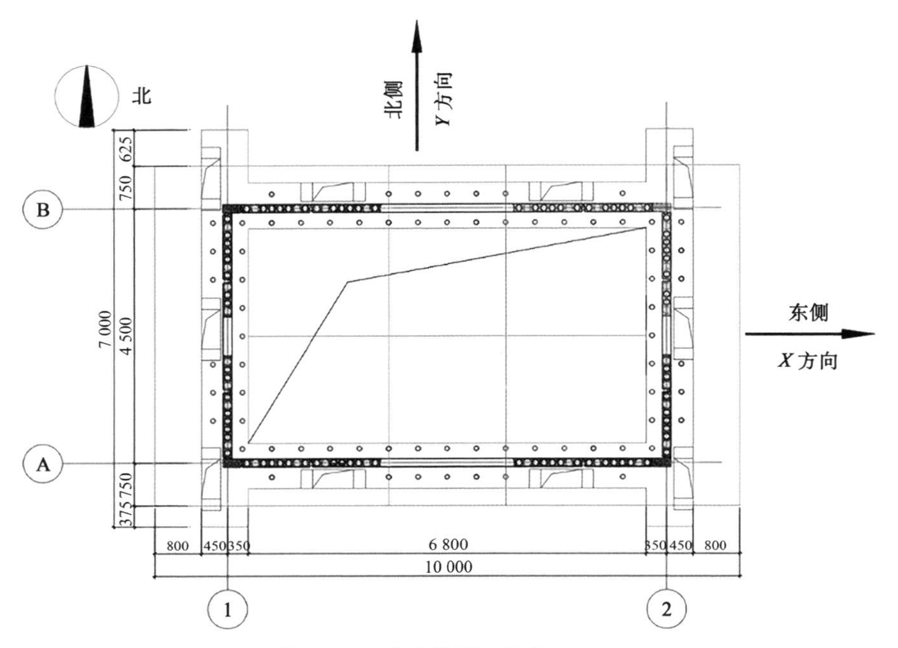

图 4-29　试验模型（单位：mm）

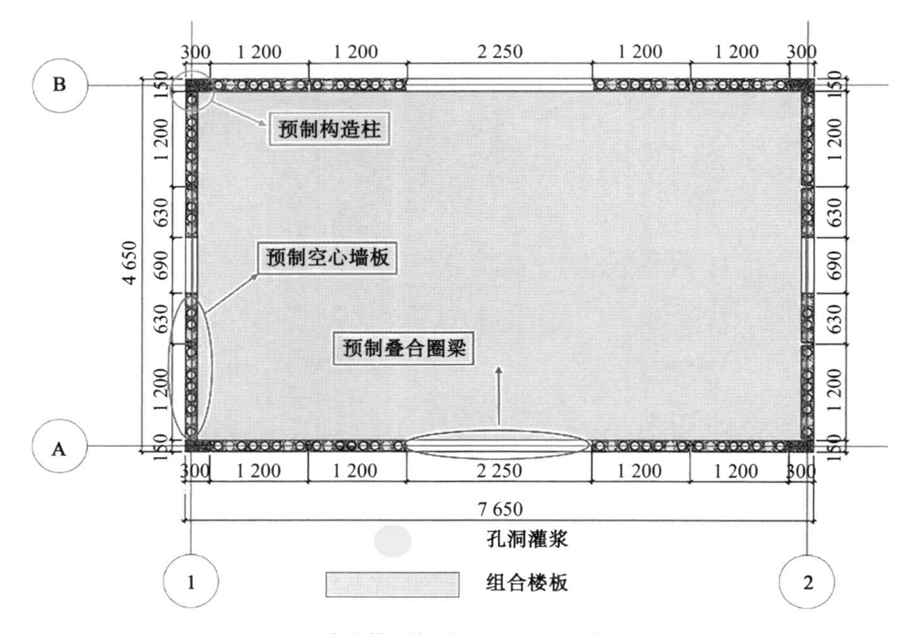

图 4-30　试验模型标准层平面图（单位：mm）

图 4-31 所示为该试验模型采用的两种尺寸的预应力空心墙板，分别为 1.2 m 宽度和 0.63 m 宽度的墙板。尽管该墙板并未设置分布钢筋，但因其具有较大截面及较大预应力因而成为可靠的抗侧力构件。不同尺寸的空心墙板均配置有对称预应力筋，并通过连接

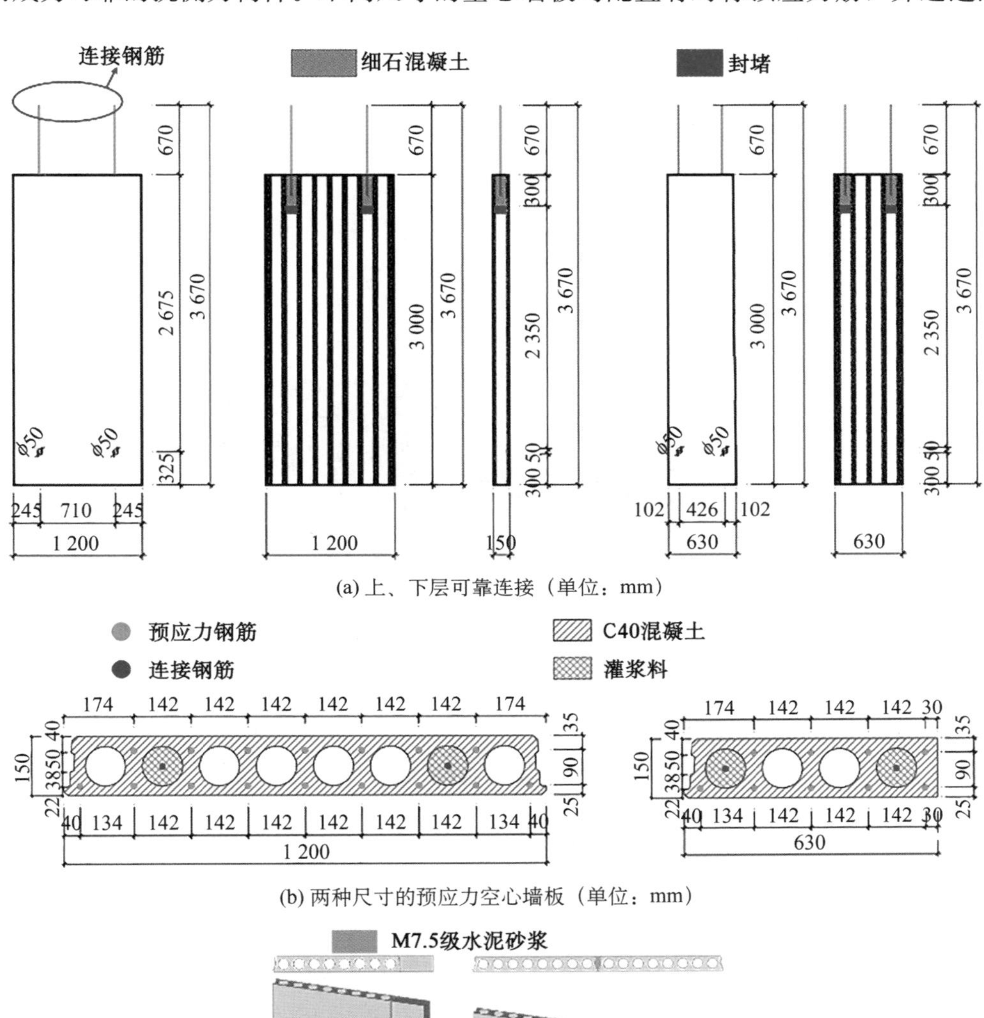

图 4-31　预应力空心墙板构造

钢筋穿过叠合圈梁，同时，通过灌浆填充（M60 级水泥基无收缩灌浆料）实现上、下层墙板的可靠连接。由于墙板设有边槽，因此，墙-墙连接节点采用强度等级为 M7.5 级砌筑砂浆填充，此为弱连接。

叠合楼板由预应力空心楼板和后浇混凝土组成，如图 4-32 所示。预应力空心楼板与预应力空心墙板具有相同的横截面形状。然而，空心楼板没有插入钢筋、灌浆料等。楼板底部设有预应力筋。试验模型采用 1.2 m 和 0.975 m 两种不同宽度的楼板。空心楼板的厚度均为 150 mm，与空心墙板的厚度相匹配。楼板长度为 7.47 m，沿试验模型短向分布。后浇混凝土层厚度为 60 mm。此外，空心楼板顶部配备双向分布且间距为 200 mm、直径为 10 mm 的钢筋。预应力空心楼板搁置端设有钢筋网片，以增强节点处的抗剪能力。

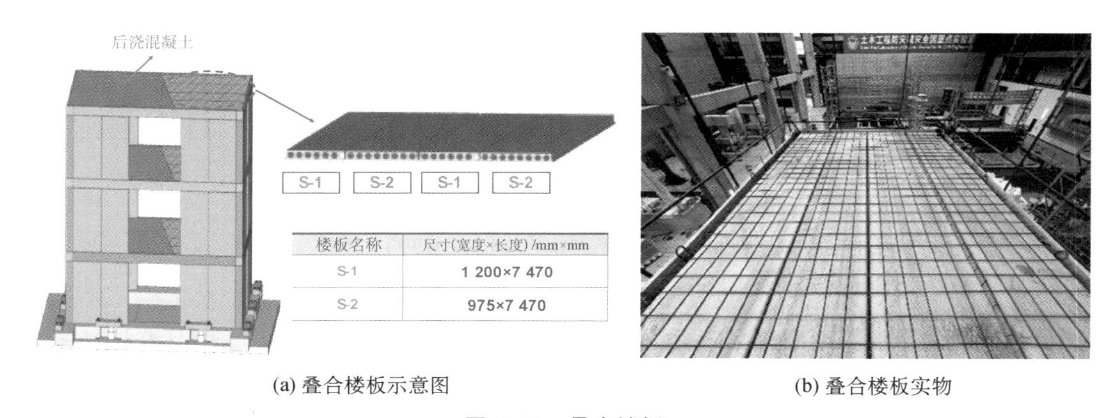

(a) 叠合楼板示意图　　(b) 叠合楼板实物

图 4-32　叠合楼板

为提高装配式预应力空心墙板结构的整体性，在空心墙段两端设置预制构造柱，如图 4-33 所示。构造柱的横截面尺寸为 150 mm×300 mm，长度为 3 m，构造柱柱身箍筋间距为 200 mm，端头箍筋加密，箍筋间距为 100 mm。构造柱与基础通过灌浆套筒实现可靠连接，同时在构造柱柱顶设置连接钢筋，以实现与上层构造柱的可靠连接，连接钢筋的设计遵循等强设计原则，灌浆料采用 C85 级水泥基无收缩灌浆料，需确保灌浆及时、密实且完整。

同时，预制混凝土叠合圈梁也被用于增强该结构体系的整体性。预制圈梁被放置在空心楼板的上表面并在水平方向闭合。如图 4-34 所示，预制圈梁的截面设计为 L 形，这样更有利于混凝土浇筑并减少模板用量。叠合圈梁可根据其是否作为空心楼板支撑可分为两类：第一种类型（RB-1）用作叠合楼板的支撑，长度为 4 350 mm，位于试验模型的横向方向；第二种类型（RB-2）不作为叠合楼板的支撑，长度为 7 050 mm，放置在试验模型的纵向方向。叠合楼板在 RB-1 构件搁置端的长度为 60 mm。

图 4-35 所示为该试验模型的梁柱及梁板节点示意图。梁柱节点是指构造柱与叠合圈

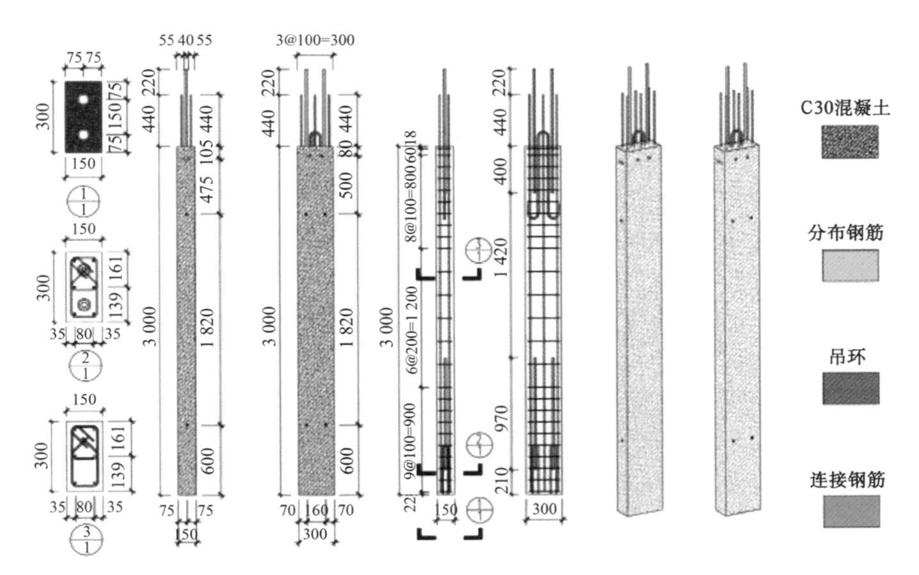

图 4-33 预制构造柱示意（单位：mm）

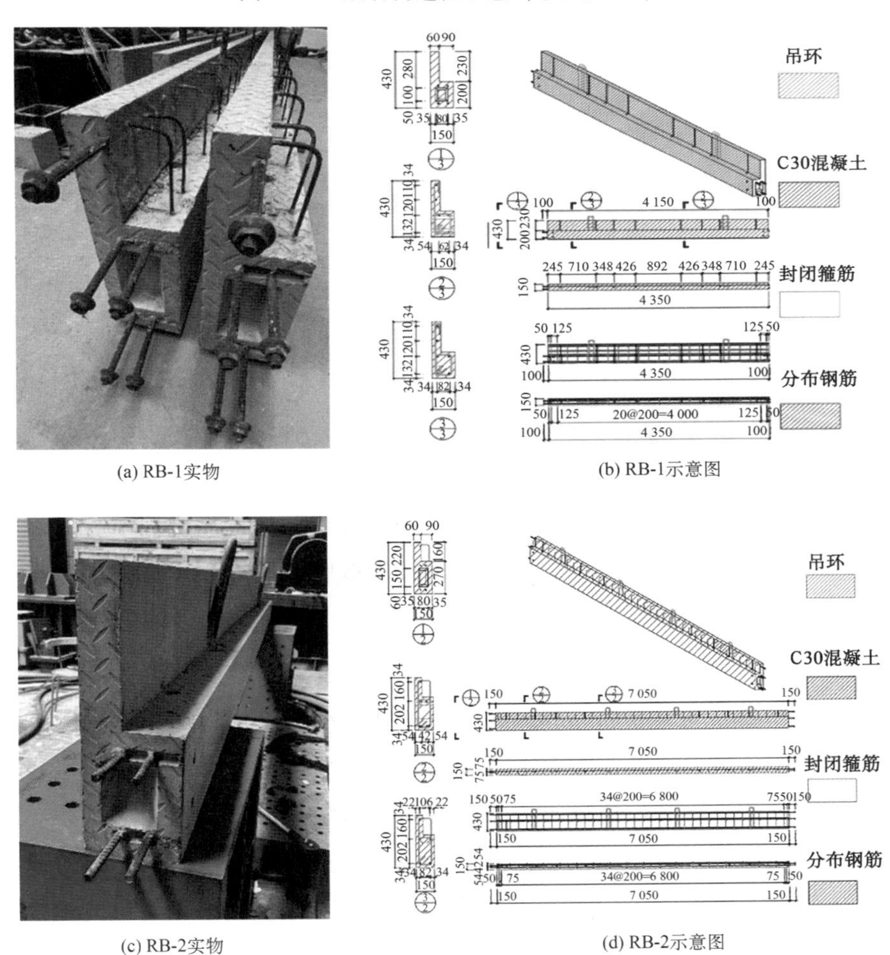

(a) RB-1实物 (b) RB-1示意图

(c) RB-2实物 (d) RB-2示意图

图 4-34 预制圈梁示意（单位：mm）

梁间的混凝土连接节点，预制圈梁分布钢筋均采用螺栓锚头来实现锚固，构造柱顶部的分布钢筋固定在梁柱连接处，并延伸到梁柱节点的顶部。构造柱的分布钢筋放置在叠合圈梁分布钢筋的内侧。梁柱节点设有水平封闭箍筋，其配置与同楼层构造柱末端箍筋保持一致。梁柱节点箍筋间距为 100 mm。梁板节点中，叠合楼板的搁置长度为 60 mm，楼板分布钢筋应在圈梁中实现可靠的锚固，同时设置拉锚筋网片以增强节点的抗剪能力。

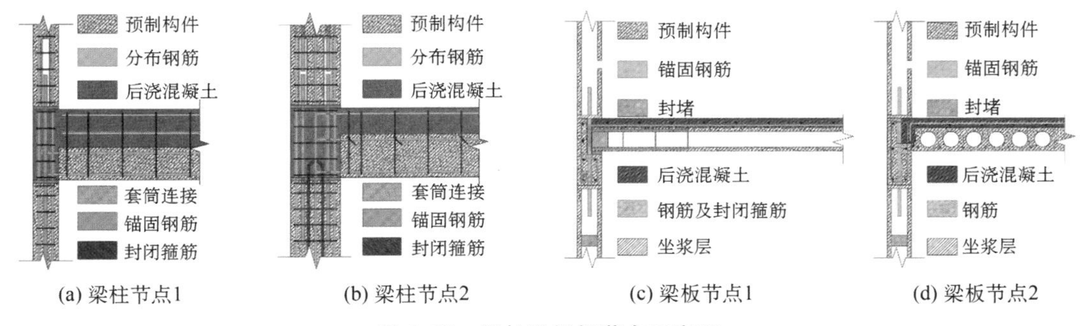

图 4-35　梁柱及梁板节点示意图

4.4.3　试验内容

开展振动台试验时，通过试验模型得到的动力相似关系对拟定的原始地震记录进行修正，随后将其作为模拟地震振动台的台面激励输入。根据抗震设防要求，输入地震波加速度幅值（Peak Ground Acceleration，PGA），并从小到大逐级增加，以实现模拟多遇地震、设防地震以及罕遇地震作用对试验模型的响应。

在试验模型结构经受台面输入的地震激励之后，其频率等特性均会发生变化。因此，在输入不同水准的台面地震激励前，均须通过白噪声对试验模型结构进行扫频，以获得试验模型自振频率等特性的变化情况，并以此确定试验模型结构的刚度变化。试验过程中，采集试验模型结构在不同水准地震作用下多个部位的加速度、位移等数据，同时对构件变形和接缝开裂状况进行观察。根据所采集的试验模型地震作用响应数据以及观察到的试验现象来分析推断试验模型的抗震性能。

根据《建筑抗震设计标准》（GB/T 50010—2010）（2024 年版）的规定，选取 2 条天然波和 1 条人工波进行水平双向加载试验。选择地震动的特性应满足规范中关于谱周期点误差、有效持时、峰值等技术要求。开展结构在多遇地震、设防地震和罕遇地震激励下的模拟地震振动台试验时，在每阶段工况开始前和结束后进行白噪声扫频，以了解装配式预应力空心墙板结构的整体损伤情况。其中，在双向地震作用下，结构地震动记录输入比例为主方向∶次方向＝1∶0.85。试验中，台面振动激励采用两组天然地震动和一组人工地震动，每组地震动的信息见表 4-7，各地震动反应谱如图 4-36 所示。

表 4-7 地震动信息

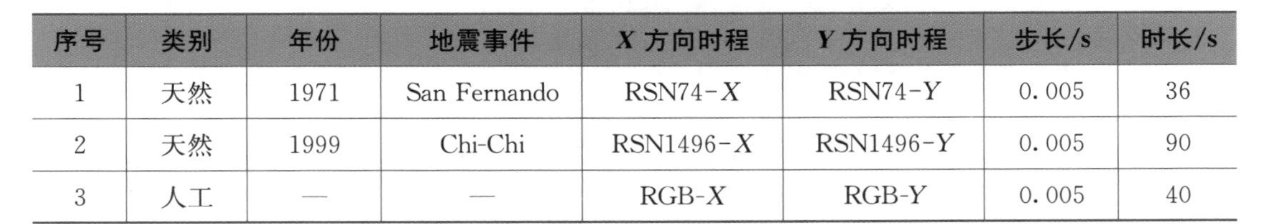

序号	类别	年份	地震事件	*X* 方向时程	*Y* 方向时程	步长/s	时长/s
1	天然	1971	San Fernando	RSN74-*X*	RSN74-*Y*	0.005	36
2	天然	1999	Chi-Chi	RSN1496-*X*	RSN1496-*Y*	0.005	90
3	人工	—	—	RGB-*X*	RGB-*Y*	0.005	40

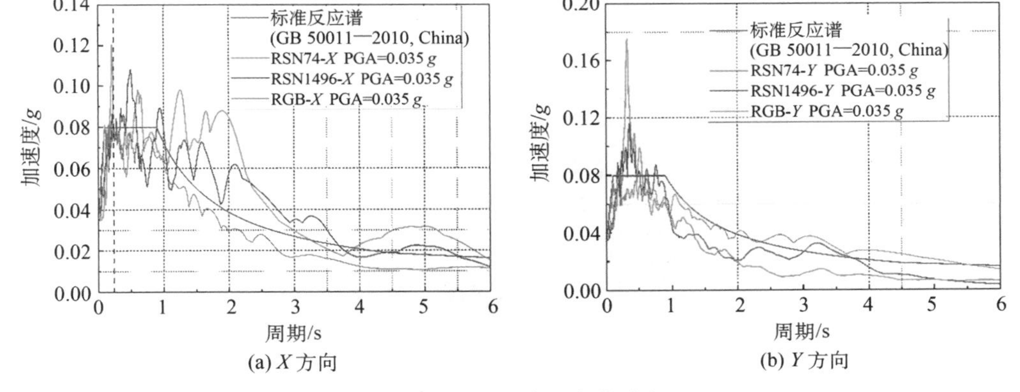

(a) *X* 方向　　(b) *Y* 方向

图 4-36 地震动反应谱对比

4.4.4 试验现象与分析

在 7 度多遇地震激励之后，试验模型表面未发现可见裂缝，表明 7 度多遇地震激励未对结构内部造成损伤。

在 7 度设防地震激励之后，试验模型底层空心墙段竖向通缝表面产生了竖向贯通裂缝，局部接缝处发生剥离现象，同时，空心墙板坐浆水平连接处表面出现水平裂缝。结构中部、顶部、节点连接处以及楼板均未发现结构裂缝。7 度设防地震激励加载后的试验模型现象如图 4-37 所示。

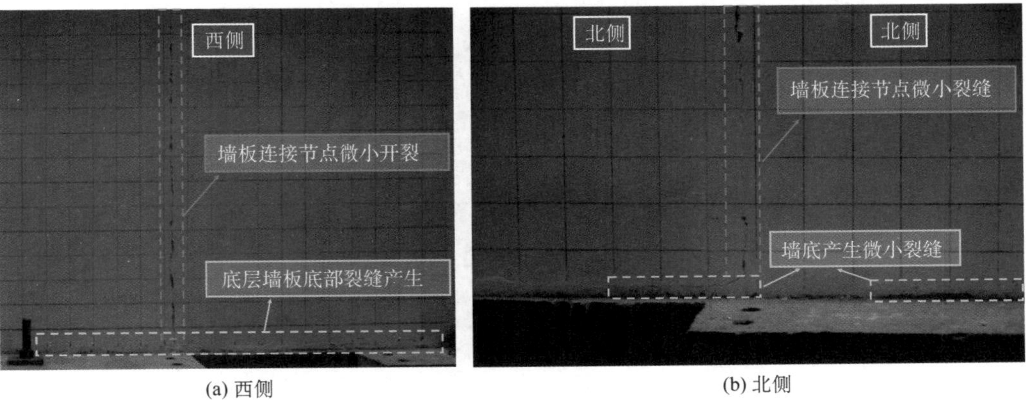

(a) 西侧　　(b) 北侧

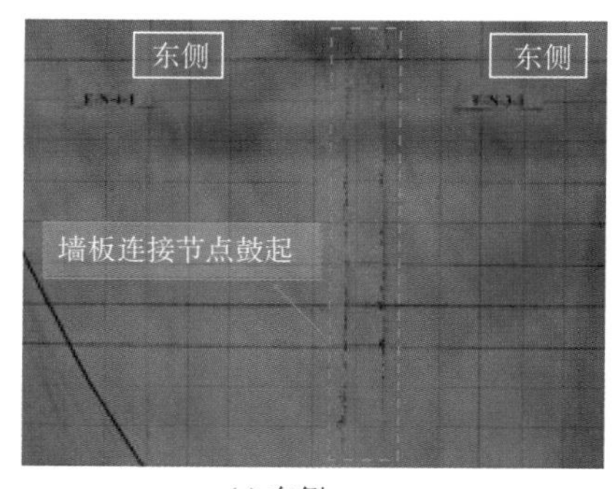

(c) 东侧

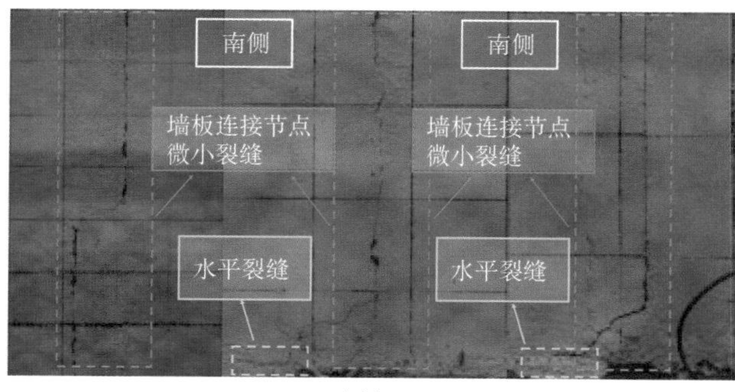

(d) 南侧

(e) 底部

图 4-37　7 度设防地震激励加载后试验模型现象

在 7 度罕遇地震激励之后，试验模型底层空心墙段竖向通缝裂缝继续开展并且出现剥落现象，通缝角部出现压溃现象，部分墙板水平连接处裂缝继续开展并贯通，二层墙板水平连接处产生水平裂缝。图 4-38 所示为 7 度罕遇地震激励加载后试验模型现象。

在 8 度罕遇地震激励之后，试验模型底层空心墙段竖向通缝出现大面积剥落，通缝角部出现压溃现象，部分墙板水平连接处裂缝继续开展并贯通，底层水平连接处填缝砂浆被压碎，二层墙板水平连接处水平裂缝继续开展，出现填缝砂浆压碎现象，三层墙板水平连接处产生裂缝。图 4-39 所示为 8 度罕遇地震激励加载后试验模型现象。

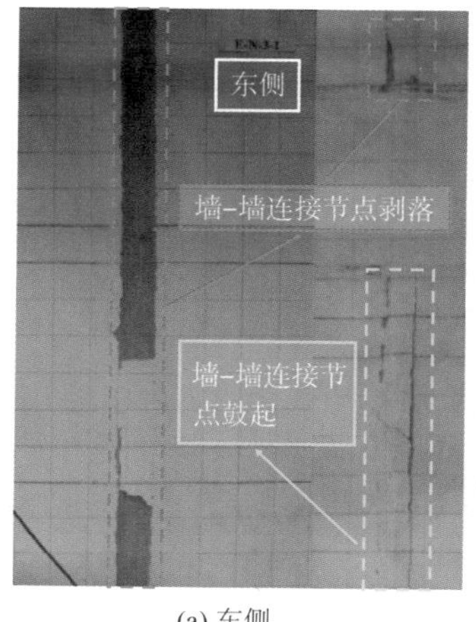

(a) 东侧

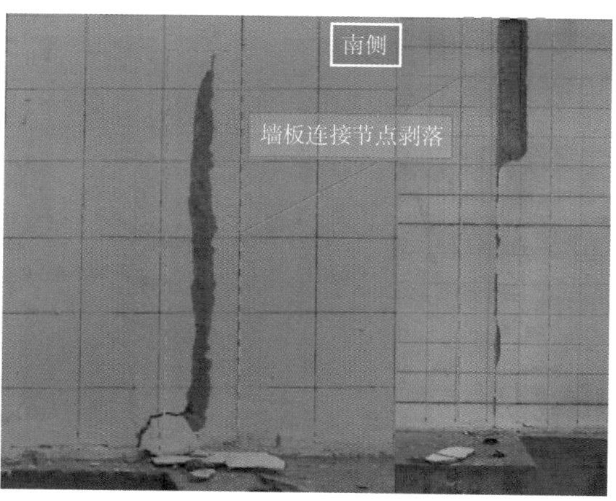

(b) 南侧

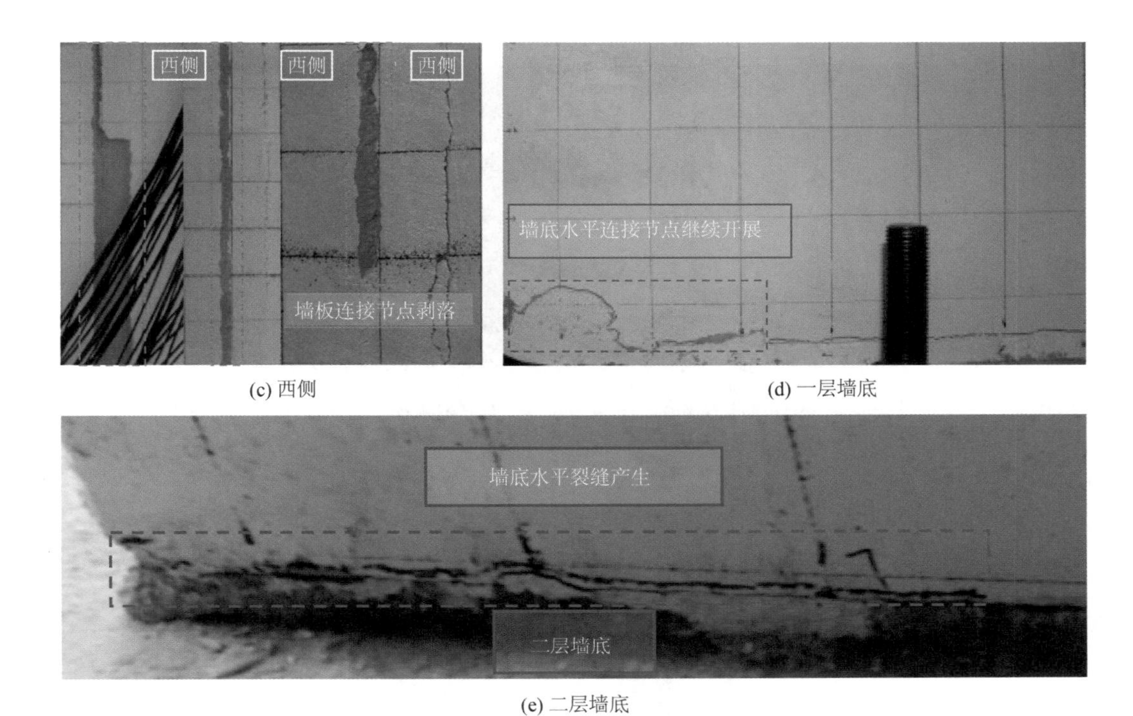

(c) 西侧

(d) 一层墙底

(e) 二层墙底

图 4-38　7 度罕遇地震激励加载后试验模型现象

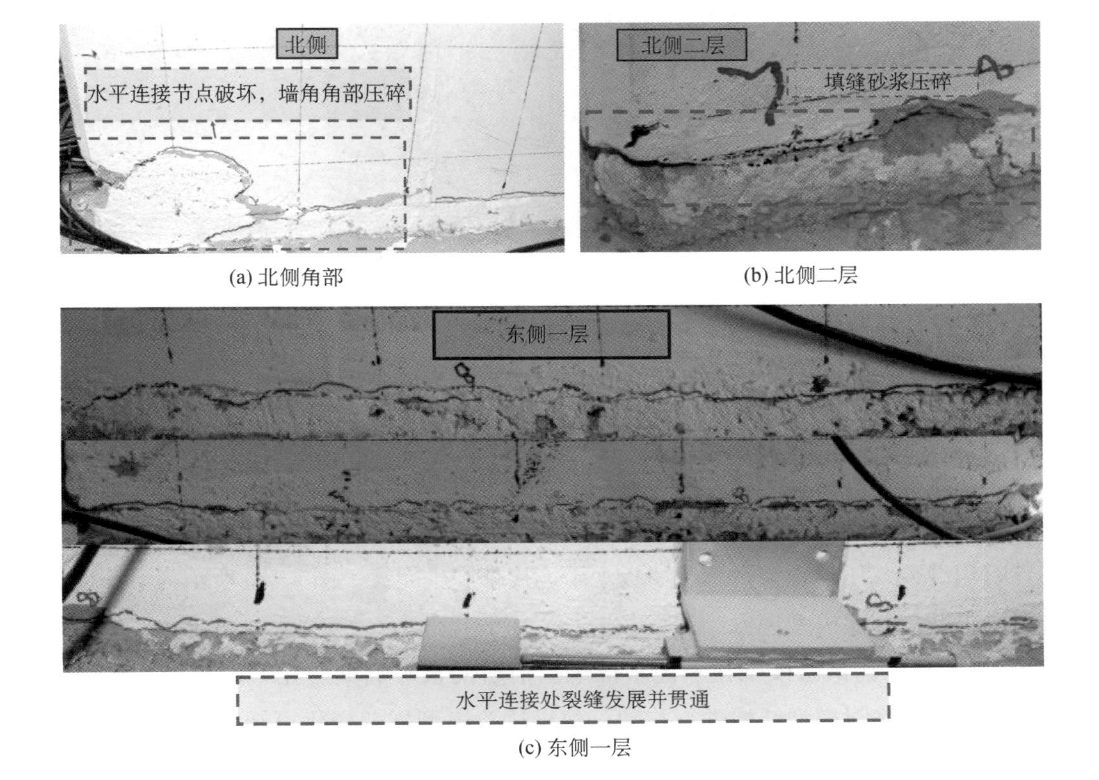

(a) 北侧角部

(b) 北侧二层

(c) 东侧一层

(d) 东侧墙-墙连接节点

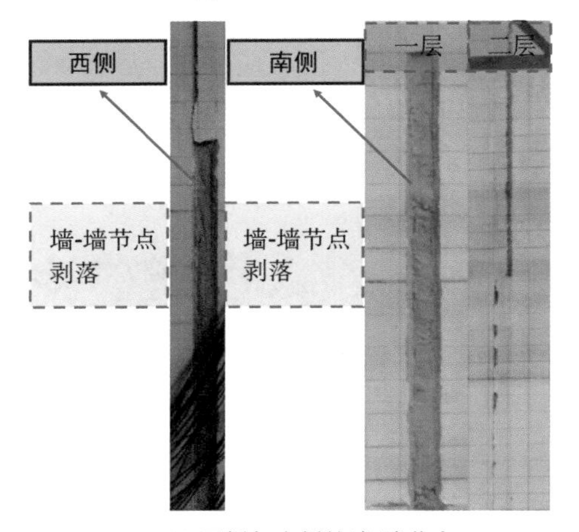

(e) 西侧与南侧的墙-墙节点

图 4-39　8 度罕遇地震后试验模型现象

在 8.5 度罕遇地震激励之后，试验模型底层空心墙段竖向通缝出现大面积剥落现象，二、三层竖向通缝剥落情况随着楼层数增加而减缓，墙角及通缝角部均出现压溃现象，部分墙板水平连接处裂缝继续开展并贯通，底层水平连接处填缝砂浆被压碎，且呈现错位与挤出的状态；二层墙板角部被压碎，水平连接处水平裂缝继续开展并延伸贯通，同时，伴有填缝砂浆压碎现象；三层墙板水平连接处产生裂缝。图 4-40 所示为 8.5 度罕遇地震激励加载后试验模型现象。

图 4-41 所示为试验模型在不同水准地震前后的自振周期。在不同水准地震作用前后，均采用白噪声对模型结构进行扫频，根据试验模型周期变化可知该试验模型结构刚度下降频率。如图 4-41 所示，试验模型加载初期，两方向周期较为接近，在经历过 7 度

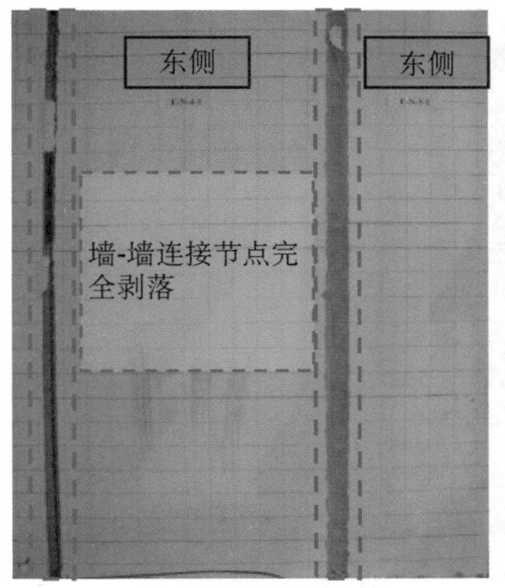

(a) 东侧墙-墙连接节点

(b) 部分墙板水平连接处裂缝

(c) 底层水平连接处

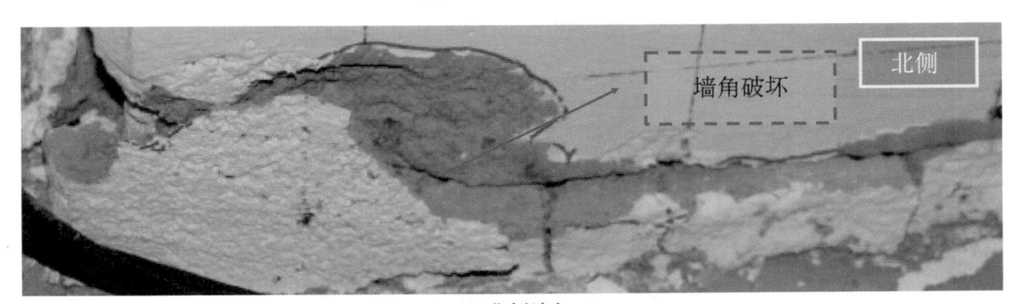

(d) 北侧墙角

(e) 北侧墙-柱连接处

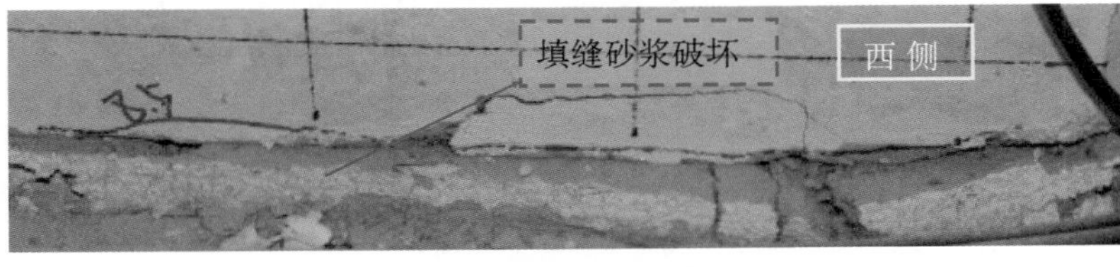

(f) 西侧底层水平连接处

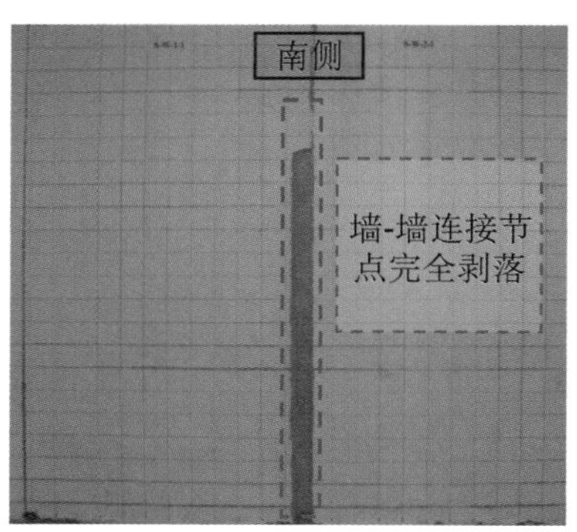

(g) 南侧墙-墙连接节点

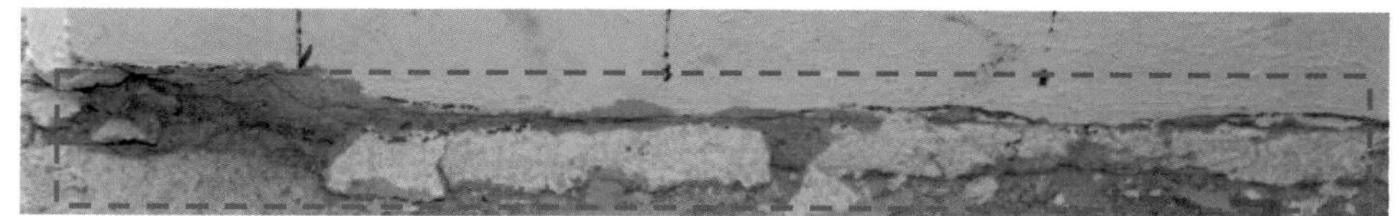

(h) 南侧底层填缝砂浆破坏

图 4-40　8.5 度罕遇地震后试验模型现象

小震及中震后，试验模型两个方向的刚度略有下降，但仍较为接近。这与试验模型两方向所呈现出的试验现象一致。此时，试验模型两个方向的竖向裂缝及水平裂缝开展延伸程度均较小。在 7 度大震后（PGA 为 220 gal①），*Y* 方向刚度下降明显，此时，试验模型东西侧墙-墙连接节点剥落较南北侧严重，连接处角部压碎明显。由于预应力空心墙板划分为若干墙段，各墙段并联受力，因此，试验模型刚度下降明显。在随后的 8 度大震及 8.5 度大震加载下，试验模型墙板水平连接节点遭到严重破坏，二层及三层水平裂缝开展严重，墙板柱脚产生破坏，试验模型的周期增长较快，刚度进一步下降。

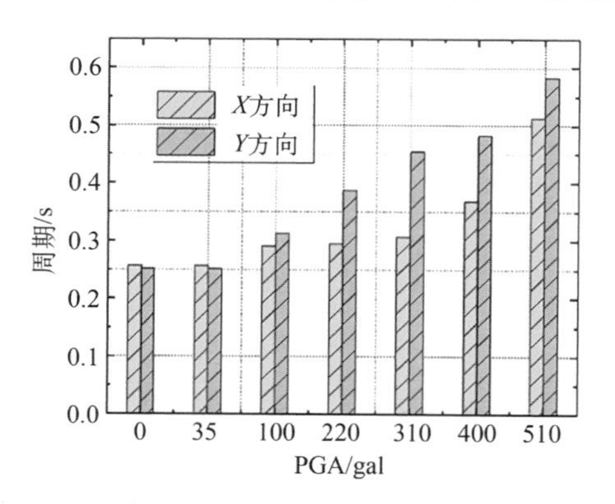

图 4-41　试验模型在各白噪声工况下的自振周期

① 1 gal=0.01 m/s。

图 4-42 所示为试验模型各层层间位移角在某一地震波不同加载级下的包络值，可以看出，层间位移角随着楼层数的增加而减小，该试验模型呈现“剪切型”变形模式。随着加载地震动 PGA 的增大，层间位移角逐渐增大，且同样保持“剪切型”变形模式。该试验模型在 7 度多遇水准下，输入不同地震波后的最大层间位移角为 1/3 141，满足多遇地震作用下结构各楼层内最大的弹性层间位移角不应大于 1/1 000 的要求；在 7 度设防水准下，输入不同地震波后的最大层间位移角为 1/820，满足设防地震作用下结构各楼层内最大的层间位移角不应大于 1/300 的要求；在 7 度罕遇水准下，输入不同地震波后的最大层间位移角为 1/437，满足罕遇地震作用下结构各楼层内最大的弹塑性层间位移角不应大于 1/120 的要求。在 8.5 级罕遇水准下，输入不同地震波后的最大层间位移角为 1/124，这说明该结构体系在经历多次地震作用累积损伤后仍具有一定的刚度，且具有较好的延性。

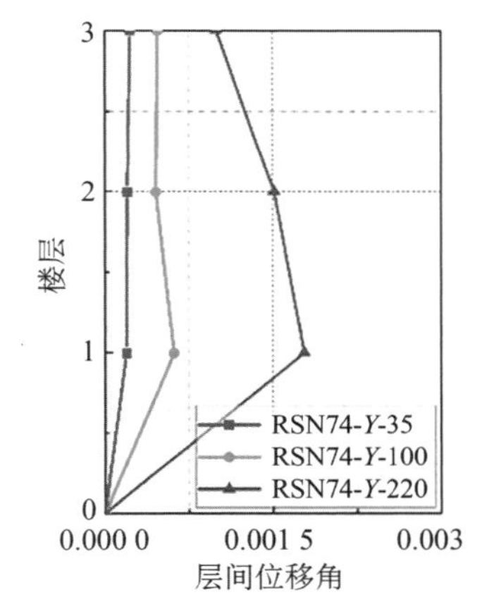

图 4-42　试验模型结构在不同地震水准下的层间位移角包络值

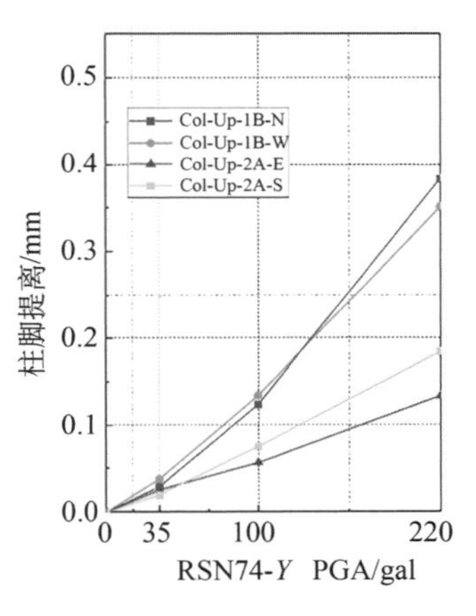

图 4-43　试验模型结构在不同地震动方向下的柱脚提离包络值

图 4-43 所示为试验模型各层柱脚提离在不同地震动方向下的包络值。可以看出，随着 PGA 的增大，不同地震动下柱脚的提离均增大。当台面输入地震激励方向为 X 时，试验模型结构柱脚处 EW 方向的提离大于 NS 方向的提离；当台面输入地震激励方向为 Y 时，试验模型结构柱脚处 EW 方向的提离小于 NS 方向的提离；当台面输入地震激励方向为 XY 时，试验模型结构柱脚处 EW 方向的提离小于 NS 方向的提离。振动台试验过程中柱脚处提离最大为 1.59 mm，由此可认为构造柱柱脚处连接节点并未失效，试验模型保持较高的结构抗震延性。

图 4-44 所示为试验模型各层梁板节点错动在某一地震动加载下的包络值。随着台面输入地震波加速度峰值的提高，不同地震动下梁板节点错动均增大。随着楼层数的增加，不同楼层梁板节点错动减小。在不同水准地震作用下，试验模型一层梁板节点错动最大为 0.26 mm，可认为梁板连接节点并未失效，试验现象中并未发现梁板节点产生错动，

表明空心楼板与圈梁连接安全可靠。

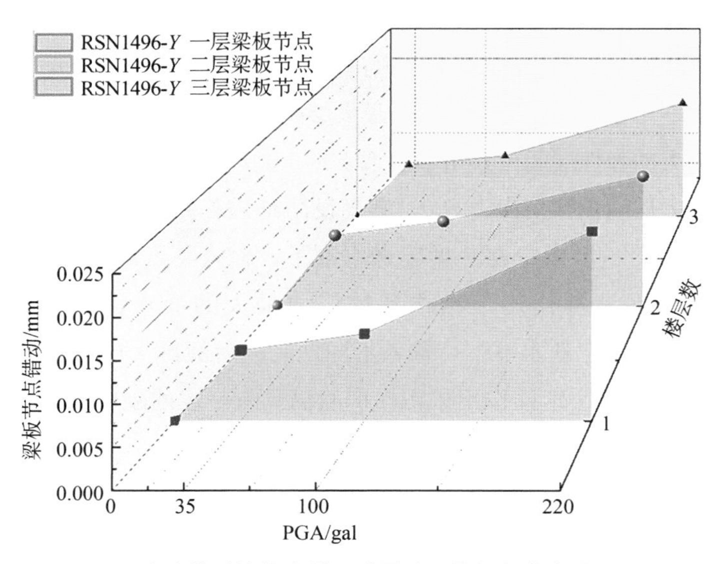

图 4-44 试验模型结构在某一地震动下的梁板节点错动包络值

图 4-45 所示为试验模型各层节点变形在不同加载级下的包络值。随着台面输入地震波加速度峰值的提高，节点变形均增大。随着楼层层数的增加，2B 角部节点水平及竖向变形量均减小；在不同水准地震作用下，节点的水平变形量较竖向变形量偏小；在不同水准地震作用下，角部节点变形量最大为 0.13 mm。由于节点变形量较小，因此可认为梁柱连接节点并未失效，梁柱节点满足中震下保持弹性的要求。

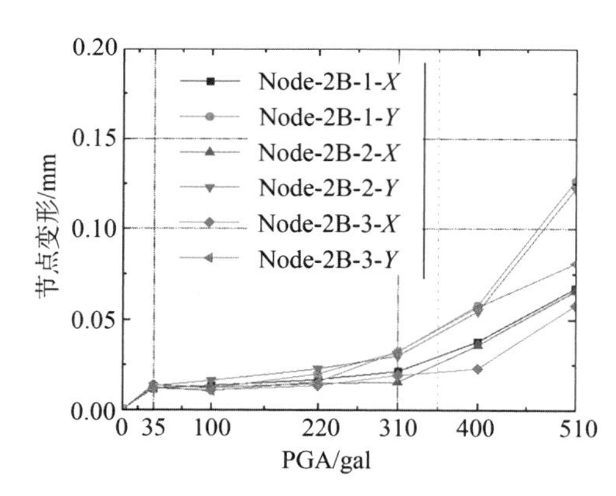

图 4-45 试验模型结构在不同地震动下的梁柱节点变形包络值

图 4-46 所示为试验模型底层构造柱变形在不同加载级下的包络值。随着台面输入地震波加速度峰值的提高，构造柱变形均增大；随着楼层层数的增加，2A 及 1B 角部构造柱变形量均减小。在不同水准地震作用下，角部构造柱变形量最大为 1.86 mm，由于构造柱变形量较小，试验过程中，构造柱仍保持着良好的工作状态。

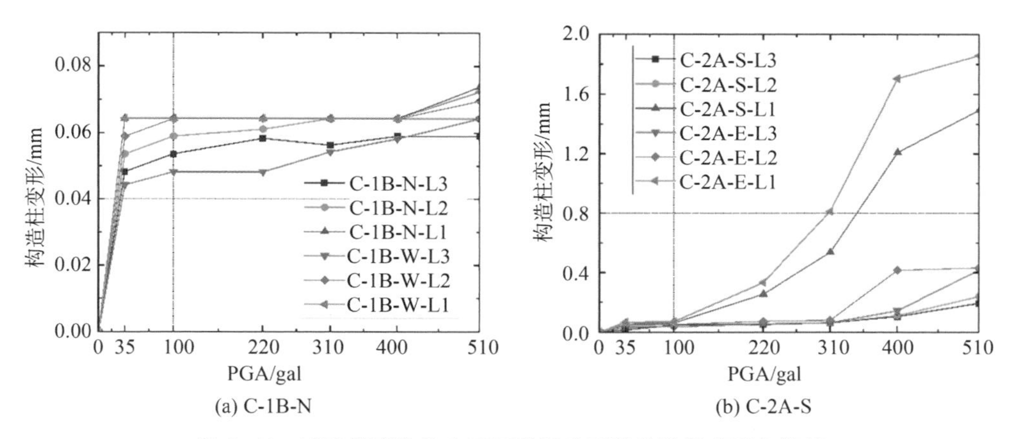

(a) C-1B-N　　(b) C-2A-S

图 4-46　试验模型结构在不同地震动下的构造柱变形包络值

图 4-47 所示为试验模型各层墙-墙及墙-柱连接节点变形在不同加载级下的包络值。随着台面输入地震波加速度峰值的提高，墙板间竖向通缝及墙板与构造柱间竖向通缝变形均增大；随着楼层层数的增加，试验模型 1 轴及 A 轴墙板间竖向通缝及墙板与构造柱间竖向通缝变形量减小，三层墙板间竖向通缝及墙板与构造柱间竖向通缝错动较一、二层出现得迟，这与试验现象保持一致。在 7 度罕遇设防烈度时，墙板间竖向通缝变形最大为 1.04 mm，由于墙板间竖向通缝变形量较小，可认为预应力空心墙板装配式结构抗震性能设计方法中，罕遇地震作用下各墙段中墙-墙竖向通缝全部剥离且不计入接触面挤压和摩擦的设定较为保守。在 8.5 度罕遇设防烈度时，墙板间竖向通缝最大为 4.04 mm，可认为该墙段中墙-墙竖向通缝全部剥离。在 7 度罕遇设防烈度时，墙板与构造柱间竖向通缝最大为 0.34 mm，墙板与构造柱间竖向通缝变形量较小，同时也比墙板间竖向通缝变形量小，因而满足预应力空心墙板装配式结构抗震性能设计方法中罕遇地震作用下墙-柱竖向通缝保守考虑假定未发生剥离的要求。

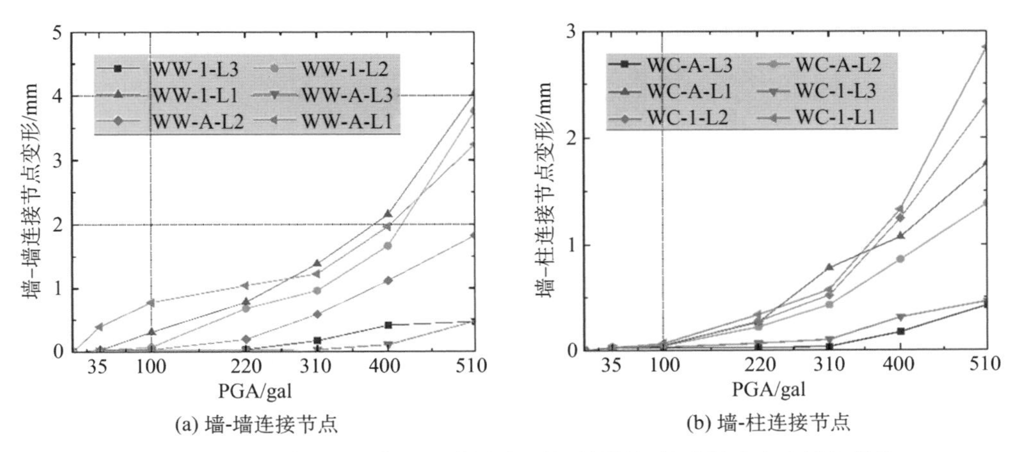

(a) 墙-墙连接节点　　(b) 墙-柱连接节点

图 4-47　试验模型结构在不同地震动下墙-墙及墙-柱连接节点变形包络值

图 4-48—图 4-52 所示分别为试验模型各层墙板平面外变形、墙板平面内滑移、墙角抬起、墙板剪切变形及墙板拉伸变形在不同加载级下的包络值。

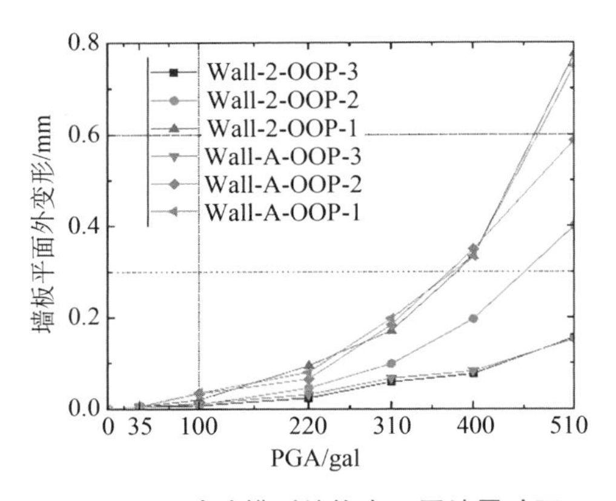

图 4-48 试验模型结构在不同地震动下墙板平面外变形包络值

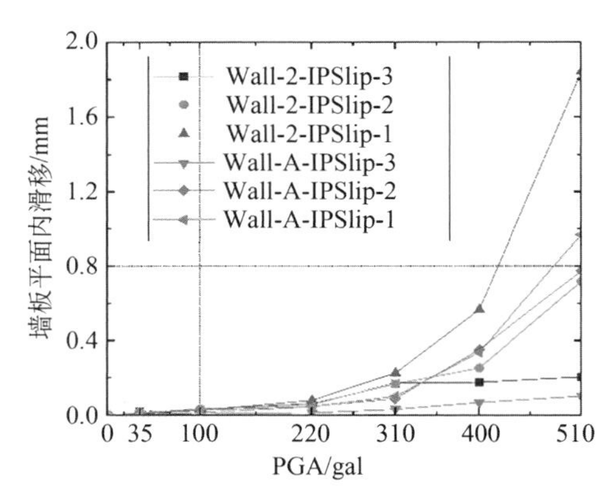

图 4-49 试验模型结构在不同地震动下墙板平面内滑移包络值

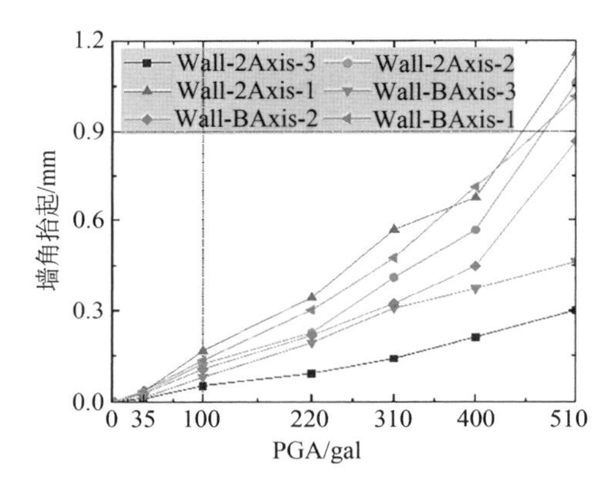

图 4-50 试验模型结构在不同地震动下墙角抬起包络值

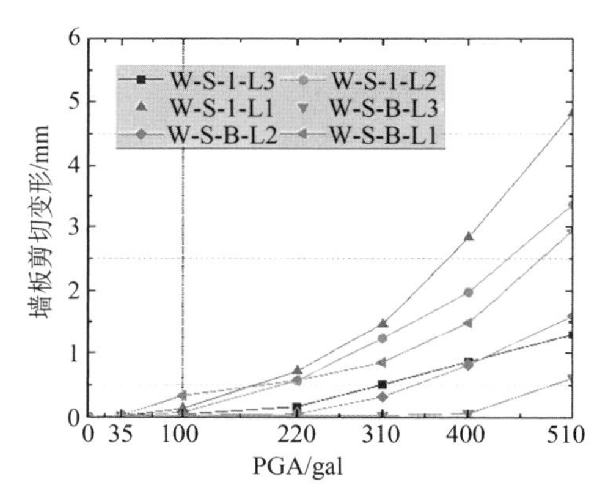

图 4-51 试验模型结构在不同地震动下墙板剪切变形包络值

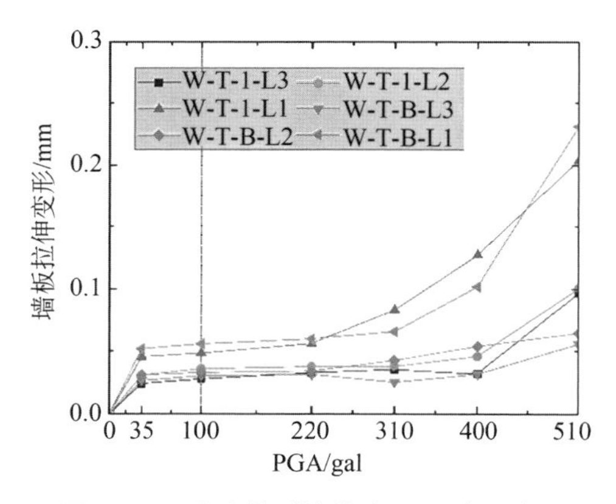

图 4-52 试验模型结构在不同地震动下墙板拉伸变形包络值

随着台面输入地震波加速度峰值的提高，空心墙板平面外变形、平面内滑移、墙角抬起、墙板剪切变形以及拉伸变形均增大；随着楼层层数的增加，试验模型1轴及A轴墙板间墙板平面外变形、平面内滑移、墙角抬起、剪切变形以及拉伸变形减小，二、三层空心墙板平面外变形、平面内滑移、墙角抬起、墙板剪切变形及拉伸变形较一层出现得迟。在7度罕遇烈度时，墙板平面外变形量最大为0.09 mm，8.5度罕遇烈度时，墙板平面外变形量最大为0.78 mm，因预应力空心墙段具有较高的截面高度，平面外刚度大，同时，附加预应力提高了其抗裂性，因此，正常使用阶段一般不会发生过大的平面外挠度和开裂。在7度设防烈度时，墙板平面内滑移量最大为0.08 mm，8.5度罕遇烈度时，墙板平面内滑移量最大为1.84 mm，墙板平面内滑移量较小，因水平接缝张开，墙板连接钢筋参与抗剪，避免了预应力空心墙板底部接缝截面处发生过大剪切滑移。在8.5度罕遇烈度时，墙角抬起量最大为1.16 mm，因水平接缝张开，墙角产生轻微抬起现象，抬起量较小。在8.5度罕遇烈度时，墙板剪切变形最大为4.85 mm，墙板拉伸变形最大为0.23 mm，这说明各楼层的竖向构件（墙板）以剪切变形为主，从而验证了预应力空心墙板装配式结构在地震作用下是以侧向剪切变形为主。

4.4.5 试验结论

为明确预应力空心墙板装配式结构体系在水平地震作用下的动力响应特性、破坏特征及破坏机理，设计并完成了一个三层足尺预应力空心墙板装配式结构大型振动台试验。在该试验中，试验模型共经历了49次不同设计工况下多遇、设防、罕遇烈度地震作用，PGA最大加载至0.51g，层间位移角最大达到1/115，多遇、设防及罕遇地震作用下设计层间位移角分别为1/1 000、1/300和1/120。通过定量分析试验模型中整体及局部各构件、节点的损伤发展全过程，得出如下结论。

（1）随着台面输入地震波加速度峰值的提高，预应力空心墙板装配式结构体系损伤始于墙板间竖向通缝以及墙板与基础梁或圈梁间水平接缝的开裂，进而演变为竖向通缝的局部压溃剥落以及水平接缝的发展贯通，随后局部墙板角部压溃，水平坐浆压溃，呈现错位及挤出的状态，竖向通缝大部分剥离。该结构体系具有较高的结构抗震延性。

（2）试验模型在不同烈度地震作用下局部位移响应均较小，在8.5度罕遇烈度地震作用下，底层柱脚处提离最大仅为1.59 mm，梁板节点最大变形仅为0.26 mm，梁柱节点最大变形量仅为0.13 mm，角部构造柱最大变形量仅为1.86 mm，墙板间竖向通缝最大仅为4.04 mm，墙板剪切变形最大仅为4.85 mm，这表明该结构体系具有刚度大、整体性良好以及抗裂性佳等诸多优势。

（3）试验模型结构层间位移角呈“剪切型”变形模式，在7度多遇地震作用下，最大层间位移角为1/3 141，满足多遇地震作用下结构各楼层内最大的设计弹性层间位移角不应大于 1/1 000 的要求；在 7 度设防水准下，试验模型结构最大层间位移角为 1/820，满足设防地震作用下结构各楼层内最大的层间位移角不应大于 1/300 的要求；在 7 度罕遇水准下，试验模型结构最大层间位移角为 1/437，满足罕遇地震作用下结构各楼层内设计弹塑性层间位移角不应大于 1/120 的要求，从而验证了预应力空心墙板装配式结构抗震性能设计方法的可靠性。

（4）当试验模型遭受本地区抗震设防烈度的多遇地震影响时，可实现主体结构不损坏、预制构件或现浇段混凝土不开裂以及不发生水平接缝或竖向接缝的剥离，主体结构无须修理即可继续使用；当遭受相当于本地区抗震设防烈度的设防地震影响时，可实现主体结构应仅发生轻微损坏，预制构件或现浇段混凝土表面保护层发生开裂、梁-柱节点保持弹性受力状态，同时也可实现预应力空心墙板顶部或底部位置的水平接缝发生轻度剥离；当遭受高于本地区抗震设防烈度的罕遇地震影响时，能够确保结构中各混凝土现浇节点或灌浆连接节点不会失效，预应力空心墙板不会发生平面外整体脱落，预应力空心楼板或屋面板不会发生局部或整体坍塌，不会导致危及生命的严重破坏情况发生。

4.5 小结

同济大学、上海城建建设实业集团已针对该类预应力空心墙板装配式结构体系开展了静力试验研究。通过对 19 个足尺墙片试件进行单调加载或低周往复加载试验，深入分析了预应力空心墙板的轴压、面内弯剪、面外弯剪以及节点连接等性能，进而验证了该类新型结构体系设计与建造的可行性。

在地震作用下，预应力空心墙板装配式结构体系中的预应力空心墙段处于复杂的压、弯、剪耦合受力状态。虽然，预应力空心墙段具有较高的轴压承载力，但是楼层剪切变形引起的附加弯矩在墙段截面上形成附加轴压应力，而墙段受到空心孔洞的削弱，截面剪力流主要集中分布在洞口两侧的最小截面宽度处，在剪应力的作用下，混凝土的抗压强度显著降低，这有可能导致混凝土压溃，进而造成墙段失效。因此，一方面，应当限制结构层数，避免在结构底层预应力空心墙段产生较大的轴压应力，层数建议不超过 6 层，且总高度建议不超过 21 m；另一方面，应当控制地震作用引起的楼层剪切变形和墙段截面剪力，故不建议在高烈度区使用该类结构体系，若确有必要使用时，建议采取诸如使用较高标号的墙段混凝土等补强措施。

预应力空心墙板装配式结构将预应力空心墙板当作主要结构构件，用以承担竖向重力荷载与水平地震作用。此结构不再以“等同现浇”作为结构设计原则，而是对墙段和周边约束构件的连接采用较弱的节点形式，并且借助预制的构造柱和圈梁来提升结构体系的整体性以及抗震延性变形能力。目前，该结构体系的适用范围局限于普通的多层民用建筑。在这种情况下，预应力空心墙板装配式结构体系的竖向和水平向承载能力一般并不会得到充分利用，故仍有进一步发挥的空间。本书通过开展一个三层足尺预应力空心墙板装配式结构大型振动台试验，明确了该类结构体系在水平地震作用下的动力响应特性、破坏特征及破坏机理，同时验证了预应力空心墙板装配式结构抗震性能设计方法的可靠性。

参考文献

[1] 张微敬，杨雷刚，钱稼茹，等. 大剪跨比预制空心板剪力墙抗震性能试验研究［J］. 土木工程学报，2019，52（6）：1-13.

[2] 钱稼茹，崔瑶，张薇，等. 装配式空心板剪力墙结构叠合连梁抗震性能试验研究［J］. 建筑结构学报，2020，41（1）：51-60.

[3] 熊红星. 交叉斜向配筋空心剪力墙力学性能研究［D］. 郑州：郑州大学，2014.

[4] 许淑芳，冯瑞玉，张兴虎，等. 空心钢筋混凝土剪力墙抗震性能试验研究［J］. 西安建筑科技大学学报（自然科学版），2002，34（2）：133-136.

[5] 许淑芳，范仲暄，张兴虎，等. 平面内偏心受压空心钢筋混凝土剪力墙的试验研究［J］. 西安建筑科技大学学报（自然科学版），2002，34（4）：346-348，361.

[6] 许淑芳，李守恒，张兴虎，等. 平面外偏心受压空心钢筋混凝土剪力墙受力性能试验研究［J］. 西安建筑科技大学学报（自然科学版），2002，34（3）：249-251.

[7] 索跃宁. 钢筋砼空心剪力墙板及基本构件抗震性能试验研究［D］. 西安：西安建筑科技大学，2004.

[8] 王琼梅. 小高层钢筋混凝土空心剪力墙结构抗震性能试验研究［D］. 西安：西安建筑科技大学，2003.

[9] 张锐. 空心钢筋混凝土剪力墙结构抗震性能试验研究［D］. 西安：西安建筑科技大学，2003.

[10] 许淑芳，冯瑞玉，张兴虎，等. 带缝空心钢筋混凝土剪力墙的抗震性能试验研究［J］. 西安建筑科技大学学报（自然科学版），2002，34（2）：112-115，164.

[11] 金怀印，李文广，许淑芳. 带缝空心 RC 剪力墙结构动力特性试验研究及仿真分析［J］. 建筑结构，2009，39（1）：38-40，112.

[12] 金怀印，李文广，许淑芳. 带缝空心 RC 剪力墙结构变形与耗能性能研究［J］. 地震工程与工程振动，2009，29（1）：97-102.

[13] 张微敬，钱稼茹，孟涛，等. 预制圆孔板剪力墙轴心抗压试验与分析［J］. 建筑技术，2009，40（11）：1040-1042.

[14] 张微敬，孟涛，钱稼茹，等. 单片预制圆孔板剪力墙抗震性能试验［J］. 建筑结构，2010，40（6）：76-80.

[15] 钱稼茹，张微敬，赵丰东，等. 双片预制圆孔板剪力墙抗震性能试验［J］. 建筑结构，2010，40（6）：71-75，96.

[16] PCI Hollow Core Slab Producers Committee. PCI Manual for the Design of Hollow Core Slabs［M］. 2nd ed. Illinois：Precast/Prestressed Concrete Institute，1998.

[17] Hamid N H. Validation between direct displacement based approach and experimental work using precast hollow core wall panel［J］. Australian Journal of Structural Engineering，2011，12（2）：141-149.

[18] Hamid N H, Mander J B. Lateral seismic performance of multipanel precast hollowcore walls [J]. Journal of Structural Engineering, 2010, 136 (7): 795-804.
[19] Hamid N H. Seismic damage avoidance design of warehouse buildings constructed using precast hollow core panels [D]. New Zealand: University of Canterbury, 2006.
[20] 中华人民共和国住房和城乡建设部，中华人民共和国国家质量监督检验检疫总局. 建筑抗震设计规范（2024 年版）：GB/T 50011—2010 [S]. 北京：中国建筑工业出版社，2010.
[21] Medeiros P, Vasconcelos G, Lourenço P B, et al. Numerical modelling of non-confined and confined masonry walls [J]. Construction and Building Materials, 2013, 41: 968-976.
[22] Marques R, Lourenço P B. Unreinforced and confined masonry buildings in seismic regions: validation of macro-element models and cost analysis [J]. Engineering Structures, 2014, 64: 52-67.
[23] Karantoni F, Pantazopoulou S, Ganas A. Confined masonry as practical seismic construction alternative — the experience from the 2014 Cephalonia Earthquake [J]. Frontiers of Structural and Civil Engineering, 2018, 12 (3): 270-290.
[24] Zhou Y, Wang R, Lu Y. Seismic performance of confined prestressed hollow core wall panels Part I: Experiment [J]. Journal of Building Engineering, 2023, 76: 107356.
[25] 中国建筑标准设计研究院. SP 预应力空心板：05SG408 [M]. 北京：中国计划出版社，2005.
[26] European Committee for Standardization. Precast concrete products-hollow core slabs: EN 1168: 2005+A3: 2011 [S]. London: British Standards Institution, 2011.
[27] Krolicki J, Maffei J, Calvi G M. Shear strength of reinforced concrete walls subjected to cyclic loading [J]. Journal of Earthquake Engineering, 2011, 15 (S1): 30-71.
[28] 中华人民共和国住房和城乡建设部. 混凝土结构设计标准（2024 年版）：GB/T 50010—2010 [S]. 北京：中国建筑工业出版社，2011.
[29] 中华人民共和国住房和城乡建设部. 装配式混凝土建筑技术标准：GB/T 51231—2016 [M]. 北京：中国建筑工业出版社，2017.

5 装配式韧性结构体系

5.1 韧性结构概念

5.1.1 韧性城市

习近平总书记在对汶川地震十周年国际研讨会暨第四届大陆地震国际研讨会致信时强调，防灾减灾、抗灾救灾是人类生存发展的永恒课题。地震是一种常见的自然灾害，相比水灾、台风等灾害，具有突发性、随机性、高破坏性以及造成次生灾害的连锁性等特点，自有确切历史记载以来，世界各城市饱受地震灾害的摧残，大量城市在地震中被毁灭，造成了巨大的人员伤亡和财产损失，如1960年的智利大地震、1976年的中国唐山大地震、2008年的中国汶川大地震以及2023年的土耳其卡赫拉曼马拉什省大地震。

长久以来，国内外研究人员在加强建筑减震隔震能力上进行了诸多工作，但对于地震过后如何恢复城市基本功能和重建城市，并未给出系统的解决方案，仅仅是在大地震发生后由政府牵头制订应急方案，缺少合理科学性的论证。例如，日本在2011年东北地震后对灾民安置不到位以及处理核污水不够及时，造成了更严重的后果。

综合上述需求，城市抗震韧性这一概念被提出。“韧性”一词最早可追溯到1973年加拿大生物学家Holling提出的“生态系统韧性”[1]，其原意是生态系统在受到干扰后，应对人为或自然因素造成的变化，维持或恢复原有功能的能力。2002年，倡导地区可持续发展国际理事会（ICLEI）在联合国可持续发展全球峰会上提出“韧性城市”概念[2]。2013年，洛克菲勒基金会创立了“100个韧性城市”，以帮助更多城市建立抵御21世纪日益增长的物理、社会和经济挑战的能力[3]。2014—2016年，四川德阳、湖北黄石、浙江义乌、浙江海盐先后入选为100个韧性城市[4]。2016年，第三届联合国住房和城市可持续发展大会（简称“人居三”）通过了“新城市议程基多行动计划”和“为所有人建设可持续城市和人类住区基多宣言”（合称《新城市议程》）。城市的生态与韧性是会议的核心内容之一，中文版《新城市议程》中共有15处文字提到了“韧性”[5,6]，足见城市韧性之重要。我国在2020年10月十九届五中全会上首次正式提出了“韧性城市”命题，将建设韧性城市作为“十四五”规划和2035年远景目标[7]。2021年，建设“安全韧性城市”城市风险管理高峰论坛在上海举行，正式发布了《上海城市运行安全发展报告（2019—2020）》，这是继2020年6月《上海城市运行安全发展报告（2016—2018）》后上海发布的第二份城市“体检报告”[8]。

城市抗震韧性作为韧性城市建设目标的分支之一，要求城市在经受罕遇地震后，城市中的建筑结构和基础设施不损坏，在短时间内可恢复全部使用功能。2011年在东京召开的第八届都市地震工程国际会议上，地震工程领域著名专家Stephen A. Mahin形象地描述了他理想中的韧性城市：“一次巨大的地震袭来，人们感到强烈而持久的摇晃，摇晃停止后有人放下手中的咖啡，看着身边的同事，说：‘So what! Let's go back to work.’”[9]早在2003年，Micheal Bruneau便赋予了韧性“4R”的含义，即Robustness（鲁棒性）、Redundancy（冗余性）、Resourcefulness（策略性）和Rapidity（快速性）。韧性曲线示意如图5-1所示，建筑在t_1时刻遭受地震影响，至t_2时刻恢复。

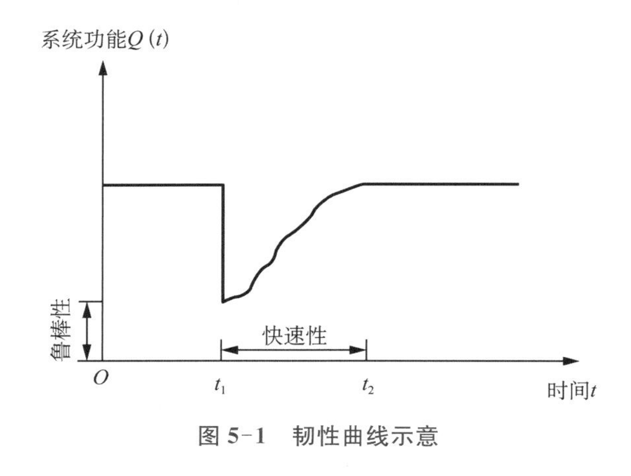

图5-1　韧性曲线示意

5.1.2　韧性结构机制

实现城市抗震韧性的一个重要措施是发展可恢复功能韧性结构[8]，要求结构在震后低损伤且可快速恢复其使用功能，易于建造维护且全寿命成本较低，为实现城市抗震韧性提供有效途径。可恢复功能结构通过摇摆、自复位、可更换和集中耗能等机制，使结构损伤可控，实现结构在一定水平地震作用下低损伤并保持功能较好，震后不经修复或稍加修复即可恢复其使用功能。目前主要有以下几类可恢复机制。

（1）可更换机制：传统的延性设计将损伤均匀分散到各构件以避免损伤集中导致结构破坏；而可更换机制是将损伤集中于结构特定的位置，该位置集中耗能且容易更换，使结构主要构件低损伤或无损伤，实现可更换、易更换和快速更换三个目标[9]。可更换指构件在更换时结构的正常使用功能不受影响，通过将集中耗能构件与主要构件并行布置实现；易更换要求可更换构件处做到模块化设计和多级可更换，以便于更换；快速更换要求维修时间和功能中断时间尽可能短，往往将可更换构件设置在集中位置实现。

（2）自复位机制：残余变形往往是导致结构无法修复、必须拆除的一个重要原因，通过自复位机制可以有效避免。自复位机制借助结构自重或附加自复位装置，如预应力筋、自复位支撑等，使结构在一定地震水平下极大地减小残余变形，震后保持在原有位置并自动恢复至正常使用状态[9,10]。自复位机制可大大缩短修复时间，提高其可恢复能力而使结构免于被拆除。自复位结构通常与摇摆机制、耗能机制相结合，可高效实现自复位和耗能，从而实现结构的可恢复功能。

（3）摇摆机制：传统结构往往将构件刚性连接，地震时，连接处受力较大，有大量裂缝，损伤严重。摇摆机制通过拆分构件、放松连接，使结构的变形模式由常见的弯曲变形或剪切变形等变为整体的刚体摇摆，并解除固结于基础的约束形式，设计约束部分构件，通过结构构件的摇摆将变形由材料非线性转化成几何非线性，将变形集中在摇摆界面上，再通过界面上的耗能构件集中消耗能量或通过自复位机制控制刚体变形的幅度，从而高效实现损伤控制和集中耗能。

（4）集中耗能机制：传统结构往往通过主体结构构件变形耗能，破坏后难以修复。集中耗能机制突破传统结构的耗能方式，将结构的耗能集中到可更换的阻尼器上，并安装在变形较大的连接处。耗能机制往往需要与摇摆机制、可更换机制相结合，以实现结构低损伤。通过附加耗能机制，不仅可以弥补摇摆机制与自复位机制耗能能力不足的缺点，还能通过附加阻尼减小结构的层间位移角，使其具有更好的功能可恢复性。

以上几类机制是韧性结构的基础，它们往往互相结合，不独立使用。可更换机制和耗能机制作为可恢复功能结构的核心，一般与摇摆机制或自复位机制通过不同的构造形式集成于结构中，彼此结合，形成不同形式的可恢复功能结构。

5.1.3 自复位装配式剪力墙体系

传统的装配式混凝土结构因整体性较弱，其抗震性能往往不如现浇结构。剪力墙是预制装配式混凝土结构体系中重要的抗侧构件，具有承载力大、抗侧刚度大的特点，但其延性相较于柱要小，平面外较薄弱。地震作用下，剪力墙的破坏形态可分为弯曲破坏、弯剪破坏、剪切破坏和滑移破坏。设计时，一般避免剪切破坏先于弯曲破坏发生，且弯曲破坏时，应避免混凝土受压破坏先于钢筋屈服发生。剪力墙的配筋设计主要考虑约束边缘构件配筋、墙身分布配筋以及连梁配筋，应满足正截面受弯和斜截面受剪的承载力要求、最小配筋率的要求以及剪力墙配筋的构造要求等。剪力墙两端布置约束边缘构件，加大了混凝土的极限压应变，可显著提高剪力墙的延性，并防止墙体水平剪切滑移。

装配式剪力墙结构最重要的是竖向连接构造，竖向连接一般应满足结构承载力和抗震性能的要求。为保证结构的整体性，连接破坏还应后于构件破坏，且不能出现钢筋失锚破坏等脆性破坏。另外，竖向连接构造应符合整体结构的受力模式及传力途径。总之，竖向连接应使剪力墙连成整体，使整个结构共同作用，避免形成薄弱环节，并保证竖向力和水平力正常传递。常见的连接形式有套筒灌浆、预留孔浆锚搭接和螺栓连接等。

国内外历次地震表明，传统装配式剪力墙结构在大震中破坏严重，往往出现较大裂缝、混凝土剥落或压溃等严重损伤，可恢复性较差，极大地影响了城市的恢复进程。以 2011 年新西兰基督城地震为例，震后大量混凝土剪力墙出现墙底纵筋屈曲或拉断、混凝土压溃、整体平面外失稳等无法修复的破坏，60%以上的混凝土房屋被拆除，严重影响城市重建。

Housner[11] 于 1963 年首先关注到建筑物向上抬升的趋势对结构有保护作用，并据此提出了摇摆机制的耗能机理。后张法预应力混凝土自复位墙体系基于此机理，通过预应力筋将预制墙体和基础拉紧，在地震作用下，墙体在基础接触面上发生界面张合，形成摇摆机制，水平位移集中于墙底界面从而保护墙体本身。另外，预应力筋在墙体摇摆时可提供回复力使结构具有良好的自复位性能。自复位墙有效克服了传统剪力墙的缺点，是一种优越的韧性结构体系[12-15]，且能够很好地与装配式建筑相结合，极大提升了装配式剪力墙的抗震性能。与传统装配式剪力墙相比，自复位墙具有震后损伤可控、残余变形小、可恢复性能佳的优点（图 5-2）。

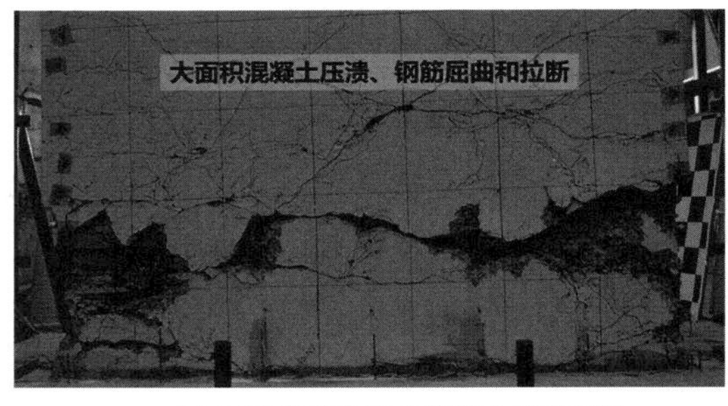

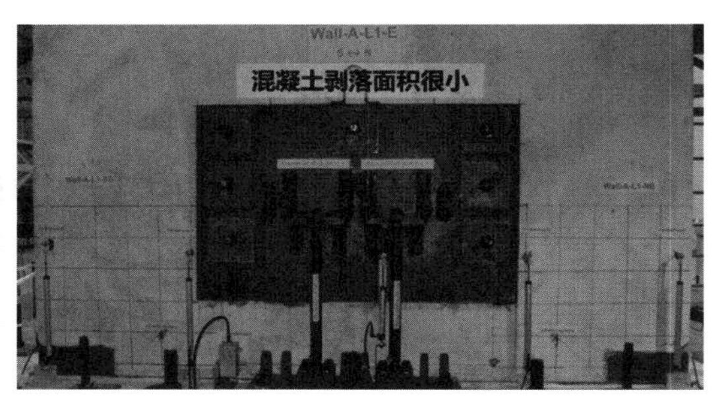

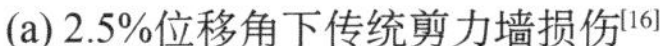
(a) 2.5%位移角下传统剪力墙损伤[16]　　(b) 2.8%位移角下自复位墙损伤[17]

图 5-2　传统剪力墙与自复位墙的损伤对比

截至目前，国内外已提出多种形式的基于摇摆机制的自复位墙，主要有单一自复位墙（Single Self-centering Wall）、混合自复位墙（Hybrid Self-centering Wall）、联肢自复位墙（Coupling Self-centering Wall）和带端柱自复位墙（Self-centering Wall with End Columns）。

1999 年，Kurama 等[18] 系统地研究了无黏结预应力混凝土自复位墙的工作性能，提出了受控摇摆墙模型，其主要构件有预制墙片、无黏结预应力筋、基础和锚具，这是世界上第一种单一自复位墙。根据 Twigden[19] 的试验结果，单一自复位墙在产生较大侧向变形时几乎无破坏，且具有良好的自复位能力，抗震性能良好，但耗能性能不足。

为改善单一自复位墙耗能性能不足的问题，研究者在单一自复位墙底部安装阻尼器来提高其耗能能力，即混合自复位墙。2000 年，Kurama[20] 在单一自复位墙两侧安装黏滞阻尼器，使得结构在地震作用下能够有效耗能。2007 年，Restrepo 等[21] 在墙体与基础之间增加了可更换的软钢阻尼器，墙体在侧向变形时通过软钢的塑性变形耗能。Marriott 等[22] 提出将耗能元件外置，用软钢滞回耗能元件和速度黏滞型耗能元件代替在自复位墙内部锚固的普通耗能钢筋，方便在震后进行更换。

联肢自复位墙一般通过多片墙之间的 U 形钢板连接件耗能，Priestley 等[23] 在 PRESSS 项目中首先采用了该体系，并获得了较好的抗震性能，但该体系将墙体拆分，这也会削弱结构的水平抗力。2015 年，Sritharan 等[24] 提出了一种新型的带端柱的自复位墙体系，该体系在单一自复位墙两端加两根端柱，端柱与墙体由阻尼器连接，这不仅提高了墙体抗弯承载力，还使连接件受力更加平衡，减少了墙体承受的轴向荷载，从而可以保护墙脚。

自复位装配式剪力墙体系已经成功应用于新西兰多个实际工程项目。例如，2008 年建成的 Allan MacDiarmid 大楼坐落于新西兰抗震等级最高的惠灵顿，是新西兰第一栋采用自复位体系的大楼。该楼同时使用了自复位框架和剪力墙，并在梁柱节点、柱底和连梁处安装了金属耗能器，在 2016 年凯库拉 7.8 级地震时损伤极小，无需修复。位于基督城的南十字医院 Southern Cross 也是利用自复位体系非常好的例子，该楼建于 2010 年，在 2011 年的基督城地震中，只有柱子和墙面发生了轻微的混凝土剥落，耗能器稍有变形，其余破坏轻微，医院内部完好无损，震后评估一周后便继续投入使用，实现了“大震小修”的目标。自复位装配式剪力墙体系表现出了优越的抗震性能，在基督城震后重建中越来越流行。例如，2019 年重建完成的基督城城市图书馆采用了自复位混凝土核心筒和钢框架结合的混合结构，分别作为抗侧体系和重力体系，其筒体由四片自复位剪力墙组成，每片剪力墙之间均设置 U 形阻尼器用来提高耗能性能。在我国，同济大学联合上海城建建设实业集团在 2020 年建成两栋应用自复位墙体系和自复位墙-框架体系的建筑，实现了自复位剪力墙结构体系在我国的首次应用。

5.2 自复位墙受力机理与设计方法

5.2.1 受力机理

自复位墙通过预应力筋连接墙体和底部基础，水平荷载作用初期类似固接，抗侧刚度由墙体本身提供；随着变形增大，墙体底部界面张开，抗侧刚度由预应力筋提供，结构刚度大幅下降；往复荷载作用下墙体在界面上发生摇摆，卸载后，预应力筋使其回到初始位置。自复位墙的力学模型是抗震设计的重要依据，国内外学者对其做了大量研究并提出了简化的力-位移曲线方法，如图 5-3 所示。Aaleti 等[25] 通过将混凝土受压区高度简化成三折线模型，建立了简化的力-位移曲线，可较准确地模拟试验结果，据此设计和评估自复位墙的抗震性能。自复位墙的破坏可分为以下四个阶段[26]。

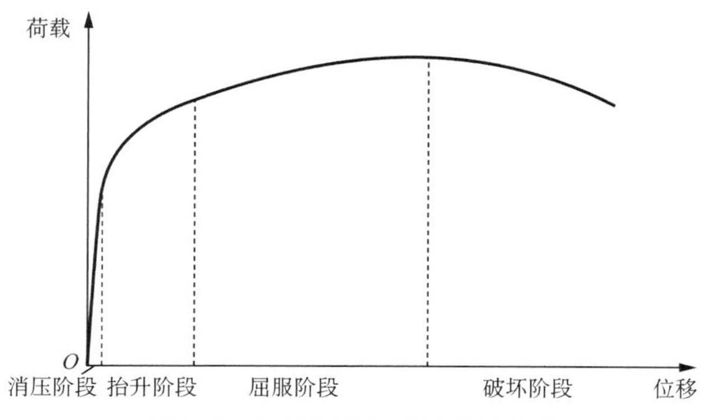

图 5-3　自复位墙力-位移曲线示意

（1）消压阶段：墙与基础间的界面首次张开前，墙体位移可按普通剪力墙求解，钢筋预应力、墙体自重等竖向荷载引起的截面边缘混凝土压应力可被底部弯矩引起的拉应力抵消，界面张开后，结构开始进入非线性。

（2）抬升阶段：此阶段，墙体开始转动，墙体一侧抬起后，另一侧与基础接触的部分为混凝土受压区。该阶段假定墙体产生刚体转动，位移可直接通过转角求解，并忽略墙体的弯曲变形。

（3）屈服阶段：此阶段，墙体水平抗侧刚度开始显著降低，阻尼器屈服，混凝土材料进入强非线性，结构变形较大。

（4）破坏阶段：此阶段，底部约束混凝土压溃，墙体承载力下降。

如图 5-4（a）所示，理想状态下单一自复位墙的滞回曲线可简化为双线形，无耗能性能。在特定位置安装阻尼器形成混合自复位墙后，滞回曲线可呈旗帜形，即同时具有良好的耗能性能和自复位性能，如图 5-4（c）所示。

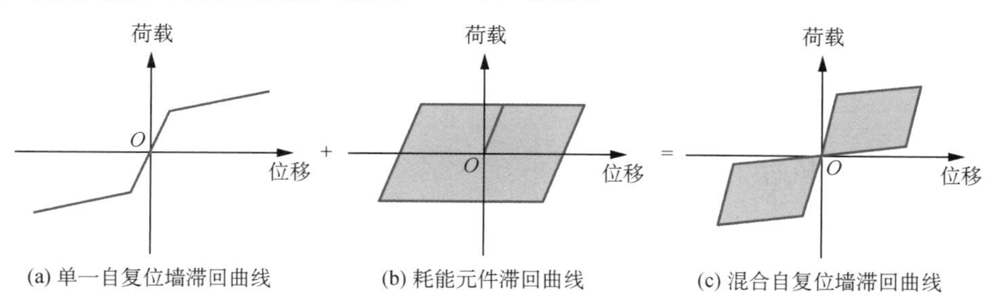

图 5-4　自复位墙及耗能元件滞回曲线

5.2.2 设防目标

我国现行《建筑抗震设计标准》(GB/T 50011—2010)(2024年版)[27]采用“三水准两阶段”的设计方法。三水准即“小震不坏、中震可修、大震不倒”的设防目标。两阶段指：①承载力验算。根据第一水准的地震动参数计算结构的弹性地震作用标准值和相应的地震作用效应，并采用分项系数设计表达式验算结构构件的截面抗震承载力，既满足了第一水准下结构必要的承载力可靠度，又满足了第二水准下损坏可修复的目标。②弹塑性变形验算。对地震时易倒塌的结构、有明显薄弱层的不规则结构以及有专门要求的建筑，还须验算结构薄弱部位的弹塑性层间变形，并在实际设计中采取相应抗震构造措施，以实现第三水准不倒塌的设防要求。

最新研究[28]建议自复位墙宜采用“小震、中震不坏，大震可修，巨震不倒塌”的四水准性能目标，其具体性能目标见表5-1，分为“完全可使用”“更换后使用”“修复后使用”“生命安全”四个层次。其中，“完全可使用”是指结构变形始终在弹性范围内，残余变形不需要修复，阻尼器不需要更换，结构整体功能完好，不需要修复即可投入使用；“更换后使用”是指结构变形始终在弹性范围内，结构整体功能完好，残余变形不需要修复，阻尼器更换后，不需要修复即可投入使用；“修复后使用”是指结构受到一定损伤，结构整体功能受到一定影响，残余变形在可修复范围内，或花费合理的时间和费用能够修复；“生命安全”是指结构有较为严重的破坏，结构功能受到较大影响，而结构保持承重能力，因此能够保证人员安全。四水准设防的性能指标参数及限值见表5-2。

表5-1 抗震性能目标[28]

结构体系	第一水准	第二水准	第三水准	第四水准
传统结构	完全可使用	修复后使用	生命安全	—
可恢复功能结构	完全可使用	完全可使用	更换后使用/修复后使用	生命安全

表5-2 自复位剪力墙结构性能指标

参数设置	水准类别	第一水准	第二水准	第三水准	第四水准
层间位移角限值	三水准	0.10%	—	0.83%	—
	四水准	0.10%	—	—	2%
最小底部剪力限值	三水准	5.2.5	—	—	—
	四水准	5.2.5	—	—	结构二阶效应

（续表）

参数设置	水准类别	第一水准	第二水准	第三水准	第四水准
残余位移角限值	三水准	—	—	—	—
	四水准	—	0.20%	0.50%	—

注：其中 5.2.5 指《建筑抗震设计标准》第 5.2.5 条。

5.2.3 基于位移的设计方法

目前，大多数自复位墙的设计采用直接基于位移的设计方法。该方法先根据结构的变形模式及目标位移，将结构等效为单自由度体系，计算单自由度体系的目标位移；再根据理想弹塑性结构等效阻尼与延性的关系，确定结构等效黏滞阻尼比；随后根据该阻尼比设计位移反应谱，确定结构的等效周期和等效刚度；最后，通过单自由度体系的目标位移与等效刚度得到设计地震作用。这种设计方法不再假设结构处于弹性状态，考虑到目标位移下结构存在塑性铰，因此采用割线刚度和非弹性的第一振型表征结构最大响应，如图 5-5 所示。

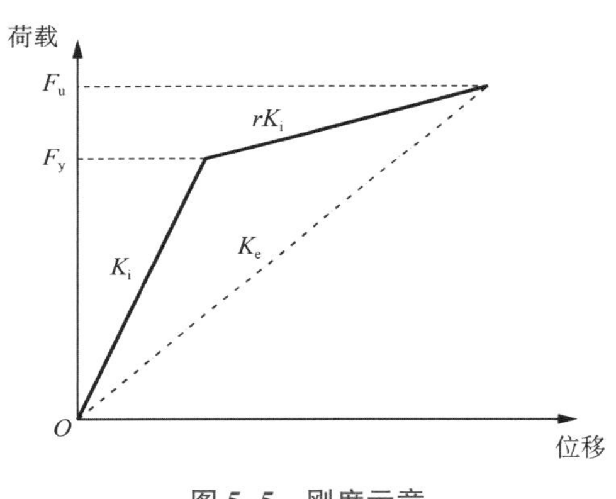

图 5-5　刚度示意

通过基于位移的设计方法设计自复位剪力墙的步骤如下[29, 30]。

（1）确定目标位移角 θ_d。

根据四水准下层间位移角的性能目标[28]，可取 $\theta_d=2\%$在第四水准下进行设计。

（2）将结构等效为单自由度体系。

由于自复位墙的位移绝大部分由底部转动贡献，因此采用式（5-1）计算第 i 层目标位移 Δ_i，再由 Δ_i 计算单自由度体系目标位移 Δ_d、有效质量 m_e、有效高度 H_e，如式（5-2）—式（5-4）所示。

$$\Delta_i=\theta_d H_i \tag{5-1}$$

$$\Delta_d=\frac{\sum m_i\Delta_i^2}{\sum m_i\Delta_i}=\theta_d\frac{\sum m_i H_i^2}{\sum m_i H_i} \tag{5-2}$$

$$m_{\mathrm{e}}=\frac{\sum m_i\Delta_i}{\Delta_{\mathrm{d}}}=\frac{(\sum m_iH_i)^2}{\sum m_iH_i^2} \tag{5-3}$$

$$H_{\mathrm{e}}=\frac{\sum m_i\Delta_iH_i}{\sum m_i\Delta_i}=\frac{\sum m_iH_i^2}{\sum m_iH_i} \tag{5-4}$$

式中 m_i—— 第 i 层的质量；

Δ_i—— 第 i 层的目标位移；

H_i—— 第 i 层距基础顶面的高度。

(3) 计算结构延性系数 μ。

参考新西兰混凝土结构设计规范 *Concrete Structures Standard*（NZS 3101：2006）[31]（以下简称《新西兰规范》）附录 B 以及新西兰《PRESSS 设计手册》[30]（以下简称《设计手册》），假定屈服时一阶振型的曲率与高度呈线性关系，通过式（5-5）计算得到结构屈服位移 Δ_{y}。而杨博雅等[32] 建议自复位墙屈服转角 $\theta_{\mathrm{y}}=0.3\%$，按式（5-6）计算结构屈服位移 Δ_{y}。由目标位移 Δ_{d} 和结构屈服位移 Δ_{y} 可得到结构延性系数 μ。

$$\Delta_{\mathrm{y}}=\frac{\varepsilon_{\mathrm{y}}H_{\mathrm{e}}^2}{l_{\mathrm{w}}}\left(1-\frac{H_{\mathrm{e}}}{3H_{\mathrm{n}}}\right) \tag{5-5}$$

$$\Delta_{\mathrm{y}}=\theta_{\mathrm{y}}H_{\mathrm{e}} \tag{5-6}$$

$$\mu=\frac{\Delta_{\mathrm{d}}}{\Delta_{\mathrm{y}}} \tag{5-7}$$

式中 ε_{y}——纵筋屈服应变；

l_{w}——自复位墙长；

H_{n}——结构总高。

(4) 计算结构等效黏滞阻尼比 ξ_{eq}。

对带有耗能装置的自复位墙结构，《新西兰规范》及《设计手册》分别给出了式（5-8）和式（5-9）两种计算等效黏滞阻尼比 ξ_{eq} 的方法。其中，式（5-8）用于简化计算；对不同结构体系，根据大量时程分析的结果，可采用式（5-9）进行精确计算。此外，有学者采用式（5-10）和式（5-11）计算自复位墙结构的等效黏滞阻尼比[33]，其中，式（5-11）根据力矩贡献对两部分阻尼比进行了加权。

$$\xi_{\mathrm{eq}}=5\%+30\%\,\frac{1-\frac{1}{\sqrt{\mu}}}{\lambda+1} \tag{5-8}$$

$$\xi_{\mathrm{eq}}=5\%+\frac{R_{\xi}}{\lambda+1}\,\frac{\mu-1}{\mu\pi} \tag{5-9}$$

$$\xi_{eq}=5\%+23\%\frac{1-\frac{1}{\sqrt{\mu}}}{\lambda+1} \tag{5-10}$$

$$\xi_{eq}=\frac{\lambda}{\lambda+1}\times5\%+\frac{1}{\lambda+1}\times28\%\times0.67 \tag{5-11}$$

式中 λ——弯曲贡献系数，按照$\lambda=(M_{pt}+M_N)/M_S$计算；

M_{pt}，M_N，M_S——预应力筋、竖向荷载、耗能装置引起的底部弯矩，《新西兰规范》要求该值的下限大于1.15，《设计手册》建议取值范围为1.15～1.25；

R_ξ——结构体系的阻尼系数，对剪力墙结构，取0.444。

（5）计算不同阻尼比下的设计位移反应谱。

由于目前自复位墙结构主要应用于中低层结构中，其自振周期一般小于3 s，一般不考虑位移谱在长周期段的收敛，可直接通过加速度谱得到位移反应谱[31]，见式（5-12）。也可采用式（5-13）折减5%阻尼比下的位移反应谱。位移谱折减系数η的取值参考《新西兰规范》，见式（5-14）。

$$\Delta_d(\xi_{eq}=0.05)=\frac{S_a g}{\omega^2} \tag{5-12}$$

$$\Delta_d(T_e,\ 5\%)=\frac{\Delta_d(T_e)}{\eta} \tag{5-13}$$

$$\eta=\left(\frac{7}{2+\xi_{eq}}\right)^{\alpha_{SF}} \tag{5-14}$$

式中 S_a——结构加速度响应幅值；

g——重力加速度；

ω——结构自振圆频率；

α_{SF}——阻尼调整系数，根据《新西兰规范》，场地远离断层时取0.5。

（6）根据设计位移反应谱及目标位移Δ_d确定单自由度体系的等效周期T_e。

（7）计算单自由度体系的等效刚度K_e。

$$K_e=\frac{4\pi^2}{T_e^2}m_e \tag{5-15}$$

（8）计算原结构的基底剪力V_{base}及水平地震力F_i。

$$V_{base}=K_e\Delta_d \tag{5-16}$$

$$F_i=\frac{m_i\Delta_i}{\sum m_i\Delta_i}V_{base} \tag{5-17}$$

(9) 采用峰值位移下构件的刚度分析原结构水平地震作用下的响应。

自复位墙结构四水准下基于位移的设计方法[28]将基于位移的抗震设计方法与四水准设防目标结合，并在第四水准下确定目标位移角和等效黏滞阻尼比，在第二水准下检验最小基底剪力及位移限制的要求，其设计流程如图 5-6 所示。采用式（5-9）计算结构等效黏滞阻尼比，并取延性系数为 3.0。计算结果表明，该方法能够满足周颖等[28]提出的四水准下的性能目标要求，第一水准、第二水准下结构尚未屈服，阻尼器在第二水准下开始屈服，可在第三水准下更换阻尼器，并建议同时考虑第三水准、第四水准下的最不利情况。

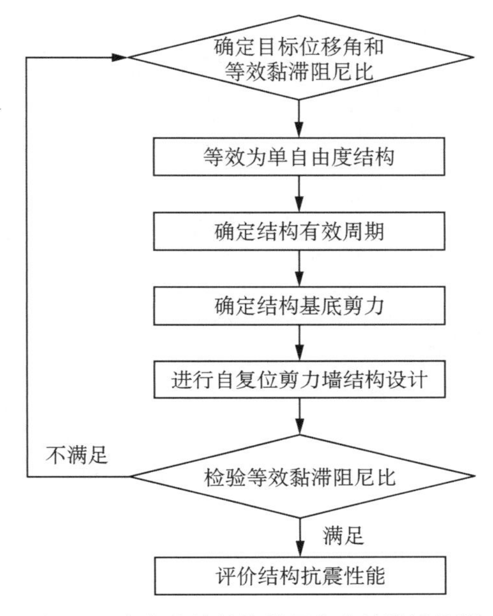

图 5-6　自复位墙结构基于位移的设计流程

5.3　自复位墙结构体系振动台试验

自复位墙构件层面性能极佳，但到目前为止，暂无大型动力试验证明其具有体系层面的低损伤特性。为检验自复位墙结构体系层面的低损伤特性，本节设计了一个二层自复位墙-框架结构，对其中的自复位墙、梁柱节点、墙梁节点、墙-基础连接、柱-基础连接和墙-板连接做了特殊设计来控制结构体系层面的损伤，并对该结构进行了足尺振动台试验，以论证自复位墙结构体系层面的可修复性。

5.3.1　试验房屋

试验原型结构为二层钢筋混凝土自复位墙结构，房屋平面尺寸为 8.95 m×5.4 m，总高 8 m，每层高 4 m，连同附加质量总重约 135 t，如图 5-7 所示。房屋结构体系主要由抵抗水平地震力的自复位墙和承受重力荷载的外框架组成。如图 5-8 所示，x 方向的自复位墙和框架形成一个框架-自复位墙结构整体，y 方向的自复位墙与框架结构脱开，不承担楼层的重力荷载。一层楼盖采用双 T 板与现浇叠合层的构造方式，两块双 T 板搁置在 y 方向的梁上，在 x 方向单向传力，叠合层为 80 mm 混凝土现浇带；二层楼盖采用压型钢板组合楼板体系，压型钢板沿短边方向布置，现浇 130 mm 厚混凝土，跨中设置钢梁以减小组合楼板的跨度。

图 5-7　试验房屋[34]

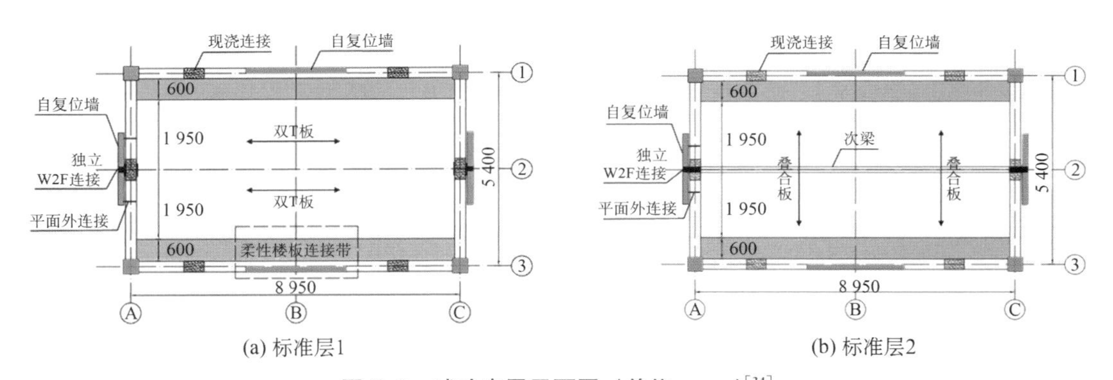

图 5-8　试验房屋平面图（单位：mm）[34]

试验房屋假定在新西兰抗震烈度最高的城市惠灵顿，按办公用途建筑进行设计，采用基于位移的抗震设计方法。根据新西兰抗震规范 NZS 1170.5，惠灵顿 500 年一遇的中震相当于我国《建筑抗震设计标准》中的 9 度地区罕遇地震。试验中，地震输入方向为双向输入。

因自复位墙结构低损伤的特性，通过张拉预应力筋和更换耗能器，对房屋在 500 年一遇的中震下进行了1%、2%和3%三种位移角设计。当设计目标位移角为1%时，通过在墙底和梁柱节点变换金属阻尼器（小型BRB）、铅阻尼器（HF2V）以及黏滞阻尼器三种阻尼器，设计成三种装有不同阻尼器组合的体系；当设计目标位移角为2%时，只在墙底安装小型BRB，但将y方向的两片自复位墙中的钢筋的预应力分别放大和缩小，使之刚度和承载力不对称，对结构进行扭转试验；当设计目标位移角为3%时，不安装任何阻尼器，模拟结构在阻尼器失效时的性能。试验总共设计了7种设计工况，详见表5-3。

表5-3 试验房屋设计工况

<table>
<tr><th rowspan="2">设计工况</th><th rowspan="2">设计位移角</th><th colspan="2">阻尼器</th><th colspan="2">预应力筋</th></tr>
<tr><th>墙底</th><th>梁节点</th><th>墙1/3</th><th>墙A/C</th></tr>
<tr><td>D1a</td><td rowspan="3">1%</td><td>小型BRB</td><td>小型BRB</td><td rowspan="3">1Φ25
初始预应力680 MPa</td><td rowspan="3">2Φ25
初始预应力453 MPa</td></tr>
<tr><td>D1b</td><td>黏滞阻尼器</td><td>HF2V</td></tr>
<tr><td>D1c</td><td>小型BRB</td><td>HF2V</td></tr>
<tr><td>D2</td><td rowspan="3">2%</td><td rowspan="3">小型BRB</td><td rowspan="3">无</td><td rowspan="4">2Φ25
初始预应力421 MPa</td><td rowspan="4">2Φ32
初始预应力
443 MPa（D2，D3）
A 222 MPa，
C 333 MPa（D2 Ta）</td></tr>
<tr><td>D2 Ta</td></tr>
<tr><td>D2 Tb</td></tr>
<tr><td>D3</td><td>3%</td><td colspan="2">无</td></tr>
</table>

5.3.2 体系可恢复设计

为保证试验房屋体系层面的可修复性，对自复位墙本身及构件连接进行了特殊设计，从而解决体系中构件变形不协调的问题。

1. 自复位墙

摇摆机制下墙角处局部压应力较大，如果设计考虑不足，可能出现墙角核心区混凝土压溃破坏。另外，墙体两端基础处的灌浆层受到摇摆撞击作用，浆层易碎，局部小破坏将影响体系整体性能。试验中对自复位墙的墙底进行了两种不同的设计来比较其性能。

墙角混凝土应变采用Aaleti等[26]提出的简易方法计算，约束箍筋根据大震位移角下计算得到的应变，采用Mander混凝土约束模型[35]进行设计，以保证墙角在大震下不发生混凝土压溃，达到“大震小修”的目标，x方向和y方向的墙底箍筋如图5-9所示。除了约束箍筋，墙底采用了特殊的保护措施来减缓混凝土剥落和压溃。

2. 重力柱

传统混凝土柱在地震时形成塑性铰，破坏严重。试验中，将柱设计成重力柱，使底

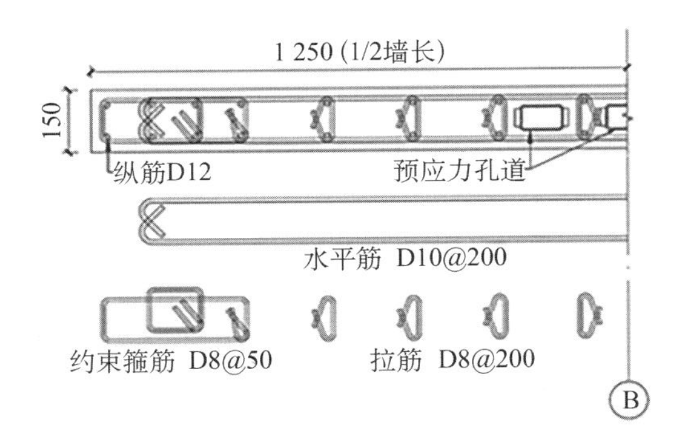

(a) 墙1和墙3

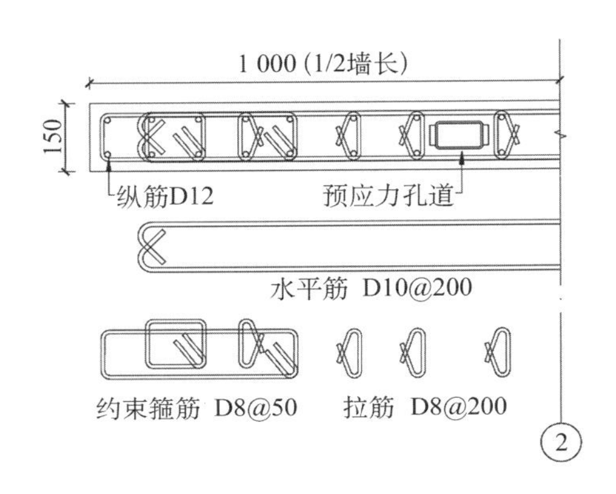

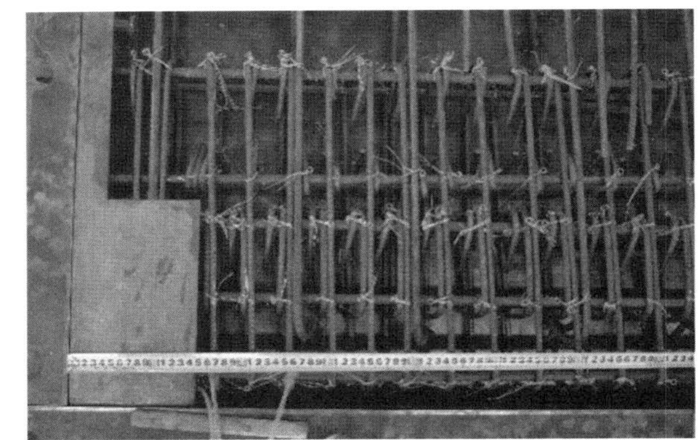

(b) 墙A和墙C

图 5-9　自复位墙底细节（单位：mm）[34]

层柱不受弯矩和剪力，并将柱与基础断开，可假定其为铰接，用小直径预应力筋将柱和基础连接，以防止柱在地震中受拉抬升。具体施工细节和自复位墙底类似，将柱底包边加强，并在柱下灌浆使其均匀受力，地震中，柱底形成摇摆机制，保护柱子本身。

3. 梁柱节点

传统混凝土梁在形成塑性铰时，混凝土开裂，钢筋屈服或拉断，可造成梁伸长，伸长率可能高达 3.5%梁高[14]。对于装配式结构，楼板的搁置长度会因为梁伸长而大大减小，在地震的动力效应下，使楼板形成大裂缝甚至导致楼板倒塌。

自复位墙体系一般采用装配式结构，如节点处理不当，其楼板也存在类似问题，即使自复位墙本身可修复，也无法实现体系层面可恢复性。试验通过开槽梁解决该问题，开槽梁具体形式如图 5-10 所示，将柱边梁端下部开一个槽，梁端上部 25%梁高的混凝土与柱相连，形成梁铰，在梁铰处设置斜向抗剪钢筋用以抵抗梁端部剪力。节点在地震作用下只传递剪力而不传递弯矩，可以大幅度转动而不出现塑性铰破坏，不仅使梁两端本身的破坏大大减小，还避免了地震中梁伸长的情况，保证了楼板搁置长度，提高了装配式结构的整体性。开槽梁可与阻尼器配合使用，当梁底设置阻尼器时，节点可传递弯矩，但因铰接机制，耗能只集中在阻尼器，仍可较好地保护梁端。试验中所有墙梁和梁柱节点均采用开槽梁节点形式。

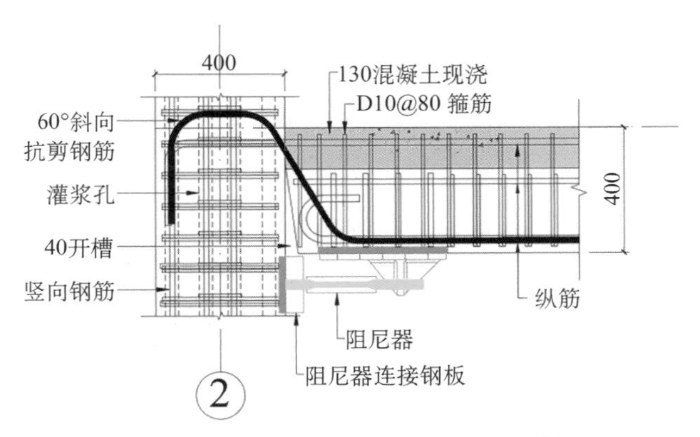

图 5-10 开槽梁节点（单位：mm）[34]

4. 墙-板连接

地震时，自复位墙在基础上摇摆，沿高度方向的变形与楼板变形不协调，导致在自复位墙附近处的楼板应力集中，损伤严重。试验通过两种新型墙-板连接方式解决这类问题。试验在 x 方向采用柔性墙-板连接。如图 5-11 所示为一层柔性墙-板，在自复位墙与双 T 板之间设置 600 mm 宽、80 mm 厚的柔性连接带，其平面内刚度足以将楼板地震力传递给自复位墙，而平面外楼板刚度远小于双 T 板，当发生较大变形时，不至于产生很大的力导致楼板破坏严重。二层为波浪形压型组合钢板，x 方向的刚度远小于 y 方向的刚度，x 方向墙体抬升时对楼板产生的力较小。

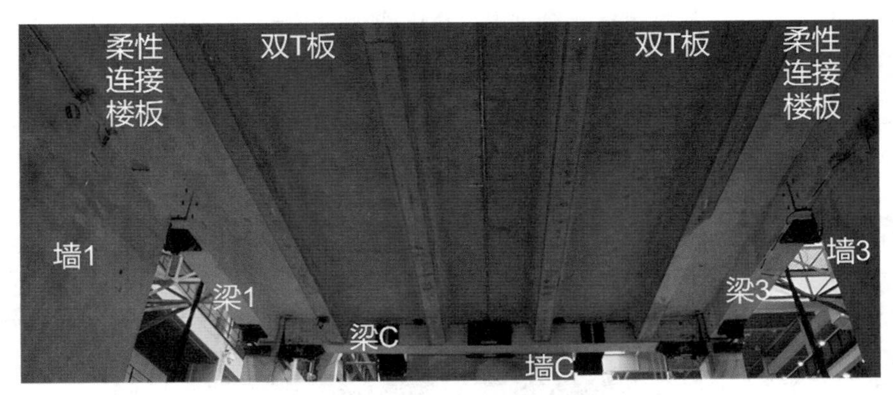

图 5-11 柔性墙-板连接[34]

试验在 y 方向采用隔离式墙-板连接，将墙与板上、下隔离，在楼板处可靠锚固一传力装置——钢牛舌，自复位墙设置一槽孔，将钢牛舌放入槽中，槽四周由钢板保护。在水平方向，钢牛舌可将楼板的地震力传递给墙，使墙能够抵抗水平力；而在垂直方向，钢牛舌可上下移动，消除自复位墙抬升产生的变形不协调，保护楼板。为了使钢牛舌与墙体之间的传力可靠并上下滑动自如，在钢牛舌和槽两边的钢板之间放置高强高硬塑料板，试验中，采用超高分子聚乙烯板和特氟龙板两种塑料板。一层和二层的隔离式连接如图 5-12 所示，二者的区别在于一层的钢牛舌通过摩擦力锚固在梁上来传递地震力，二层的钢牛舌通过埋置在二层梁中来传递地震力。

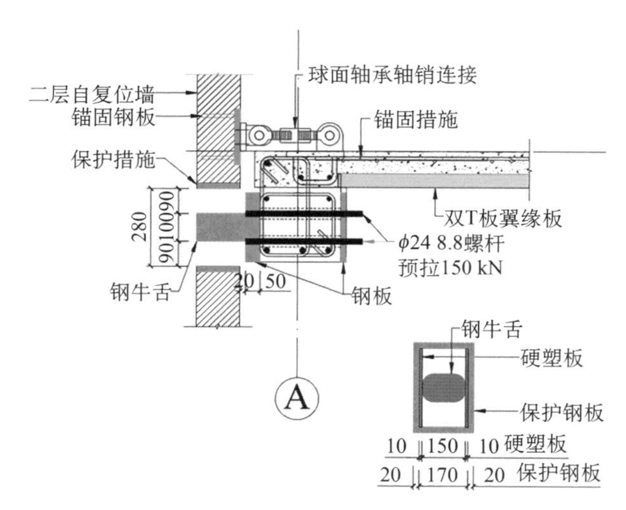

图 5-12　隔离式墙-板连接（单位：mm）[34]

5.3.3　模型施工

1. 构件预制、运输和储存

试验楼的预制构件总共包括 4 个地基、6 块墙板、8 根柱、8 根 L 形梁、4 根纵梁和 2 块双层板。大部分的预制构件都是在上海城建建设实业集团预制厂生产，只有 2 块双层板和复合楼板是分别在新西兰奥克兰的 Stahlto 和 ComFlor 生产，并运送到实验室的。所有预制构件的施工都使用了钢模。试验中，墙板预制、开槽梁预制如图 5-13 所示。

(a) 墙板预制

(b) 开槽梁预制

图 5-13　预制构件施工

2. 构件装配

本试验结构构件由上海城建建设实业集团嘉兴装配基地制作，在同济大学土木工程防灾减灾全国重点实验室的多功能振动台上组装而成，采用了与新西兰建筑施工类似的施工工艺。图 5-14 展示了装配施工的整体概念和装配过程中的几个关键阶段。

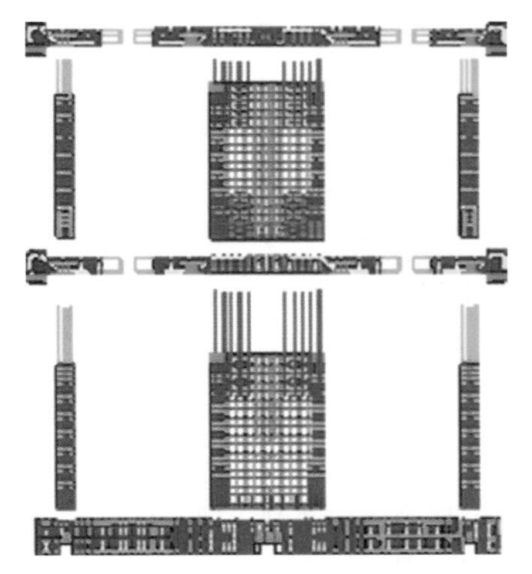

(a) 组装示意

(b) 最终成型

(c) 带槽梁的安装

(d) 双层板的安装

(e) 组合楼板的安装

(f) 楼板混凝土浇筑

图 5-14　装配施工图

3. 模型结构材料

预制构件和现浇混凝土接缝的设计抗压强度（f_c'）为 40 MPa，采用 C50 混凝土混合料施工。楼板顶层的设计抗压强度为 30 MPa，采用 C40 混凝土混合料施工。预制构件之间的灌浆连接（如板与板之间、柱与柱之间的连接）使用 C80 灌浆料，并且 C120 灌浆料与 6 mm 的钢纤维混合用于墙体和柱底部。根据材性试验结果可以看出，测量的混凝土强度都超过了相应标号的混凝土强度，且一般来说，预制构件的混凝土强度超出 30%～50%，现浇混凝土的强度超出 12%～20%。无黏结后张拉自复位墙使用了两种类型的后张拉钢筋，分别是 PSB1080 - 25（PT25，直径 25 mm）和 PSB1080 - 32（PT32，直径 32 mm），它们的名义屈服强度 f_{py} 为 1 080 MPa，极限强度 f_{pu} 为 1 230 MPa。柱中使用 PSB785 - 15 后张拉筋（PT15，直径 15 mm，f_{py}=785 MPa）。结构中使用的钢筋包括 HPB300（光圆钢筋，f_y=300 MPa）、HRB400E（带肋钢筋，f_y=400 MPa）和 HRB500E（带肋钢筋，f_y=500 MPa）。

4. 传感器布置

本次试验的量测内容主要包括：结构的动力特性，结构各层的加速度响应，结构各层的整体位移响应，墙脚、柱脚和梁柱节点的局部位移响应，混凝土剪力墙内预应力钢绞线的内力响应和模型中剪力墙脚和柱中的应变响应。据此，本试验一共设置了 4 种传感器，分别是加速度计、拉线式位移计、力传感器和应变片。

试验结构上安装了密集的传感器阵列，共有 360 个数据通道，可以同时兼顾监测试验结构整体的反应以及局部部件的反应。试验一共使用了 42 个加速度计、255 个位移计、22 个力传感器和 43 个应变片。加速度计被放置在地基和每个楼层上，以记录不同楼层三个方向的加速度；位移计主要测量各构件的位移，如柱的抬升、墙体的滑移等；应变片主要用于获得梁柱节点处钢筋的应变。

在测试过程中，总共使用了 14 台摄像机对测试结构的整体反应和局部反应进行记录。图 5-15 总结了测试期间记录的摄像机视图，包括结构构件、开槽梁柱/墙体连接、墙底部和墙体与楼板连接以及全局视角。

总览1

总览2

总览3

总览4

总览5

梁柱节点

梁墙节点1

梁墙节点2

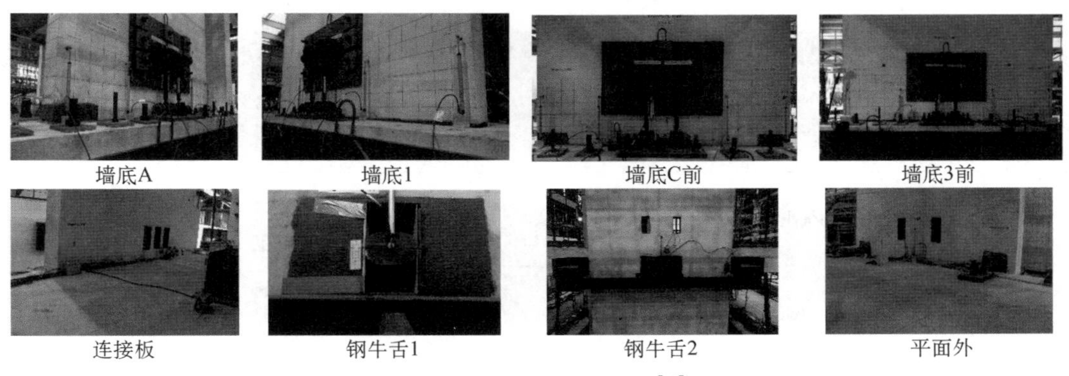

图 5-15 摄像机视图布置[34]

5.3.4 加载工况

1. 选取地震波

地震加速度波形的特性常用加速度峰值、频谱特性和持续时间来描述。输入不同性质的地震加速度波形，结构的时程反应差别很大。设计和选择台面输入的加速度时程曲线时，应考虑试验结构的周期、建筑场地的类别、地震烈度和震中距的影响。加速度曲线可直接选用强震记录的地震数据曲线，也可选用按结构场地类别的反应谱特性拟合的人工地震波。

试验所用地震动按照 NZS 1170.5[36] 选波方法选取，在 $T_i \sim T_e$ 范围内寻找 k_1，使得式（5-18）取得最小值，且 k_1 的取值范围应在 0.33～3。如遇双向地震动输入工况，则双向地震动均乘以主方向的 k_1 值。

$$MSE=\sqrt{\frac{\sum_{i=1}^{n}\lg\left[\frac{k_i SA^{\text{record}}(T_i)}{SA^{\text{target}}(T_i)}\right]^2}{n}} \tag{5-18}$$

试验地震工况考虑了三个地震水准，分别为小震（SLS）、中震（DBE）和大震（MCE），其中，小震又考虑了两个不同的水准，即 SLS 25%和 SLS 50%。各地震水准下使用的地震波见表 5-4。Imperial Valley 地震记录在 SLS 地震水准中使用，Kobe Nishi、Loma Prieta 和 Chile 地震记录在 DBE、MCE 地震水准中使用。其中，Kobe Nishi 在地震工况中被命名为 FF，代表远场地震动；Loma Prieta 在地震工况中被命名为 NF 和 S1，代表近场地震动；Chile 在地震工况中被命名为 L，代表长周期地震动。

表 5-4　所选地震动信息

地震动名称（记录站台，年份）	主方向 PGA（未调幅）	烈度	地震工况中的缩写
Imperial Valley（Parachute test site，1979）	0.21	SLS 25%	—
		SLS 50%	—
Kobe Nishi（Akashi，1995）	0.48	DBE	100%-FF
		MCE	180%-FF
Loma Prieta（Saratoga Aloha Ave，1989）	0.51	DBE	100%-NF
		MCE	180%-FF
Chile（LACH，2010）	0.34	DBE	100%-L
		MCE	180%-L

2. 地震工况

对于进入非线性的模型结构来说，振动台试验是个不可逆过程。因此，如何选择地震动，以及如何确定地震动的输入顺序，对振动台试验成功与否尤为重要。试验时，根据相似关系对输入的地震波进行时间压缩，根据各种工况下的加速度峰值对输入的地震波峰值进行相应的调整，从而产生不同工况所需要的加速度时程曲线。

本节共对 27 个试验地震工况下的试验结果进行分析，试验加载工况见表 5-5。其中，D2-180%-S1-xy 工况由于结构倾覆力矩达到了振动台的承载力限值而在地震动输入 10 s 时停止。结构在布置情况为 D1a 时经历了 SLS、DBE 地震水准下的地震动输入，在布置情况为 D1c、D1b 时经历了 DBE 地震水准下的地震动输入，在布置情况为 D2 时经历了 DBE、MCE 地震水准下的地震动输入。Imperial Valley 地震动用于在 SLS 水准下的单向输入以及双向输入地震工况。Kobe Nishi（FF）地震动用于在 DBE、MCE 水准下的单向输入以及双向输入地震工况。Loma Prieta（NF）地震动用于在 DBE、MCE 水准下的双向输入地震工况。Chile（L）地震动仅用于 D2 结构布置情况下在 DBE、MCE 水准下的单向输入以及双向输入地震工况。在双向输入地震工况中，以结构短边方向即 NS 向作为双向地震动的主分量输入方向。输入地震动记录的 PGA 值见表 5-5，PGA 值源于 A1 柱底部的加速度记录。

表 5-5　振动台试验加载工况

工况	工况名	地震动输入方向	主方向 PGA/g	地震动烈度	设计情况
白噪声工况 W-1				SLS 25%	D1a
1	D1a-25%-x2	EW	0.21		
2	D1a-25%-y	NS	0.28		
3	D1a-25%-xy	双向	0.36		
白噪声工况 W-2					

（续表）

工况	工况名	地震动输入方向	主方向 PGA/g	地震动烈度	设计情况
白噪声工况 W-3				SLS 50%	D1a
4	D1a-50%-x	EW	0.37		
5	D1a-50%-y	NS	0.61		
6	D1a-50%-xy	双向	0.57		
白噪声工况 W-5					
白噪声工况 W-6				DBE	
7	D1a-100%-FF-x2	EW	0.48		
8	D1a-100%-FF-y	NS	0.72		
9	D1a-100%-FF-xy	双向	0.51		
10	D1a-100%-NF-xy3	双向	0.72		
白噪声工况 W-7					
白噪声工况 W-8					D1c
11	D1c-100%-FF-x2	EW	0.57		
12	D1c-100%-FF-y	NS	0.60		
13	D1c-100%-FF-xy	双向	0.54		
14	D1c-100%-NF-xy	双向	0.80		
白噪声工况 W-9					
白噪声工况 W-10					D1b
15	D1b-100%-FF-x2	EW	0.51		
16	D1b-100%-FF-y	NS	0.61		
17	D1b-100%-FF-xy	双向	0.63		
18	D1b-100%-NF-xy	双向	0.73		
白噪声工况 W-11					
白噪声工况 W-12					D2
19	D2-100%-FF-x2	EW	0.59		
20	D2-100%-FF-y2	NS	0.59		
21	D2-100%-FF-xy	双向	0.62		
22	D2-100%-NF-xy	双向	0.77		
白噪声工况 W-13					
白噪声工况 W-14				MCE	
23	D2-180%-S1-xy	双向	1.00		

（续表）

工况	工况名	地震动输入方向	主方向 PGA/g	地震动烈度	设计情况
24	D2-180%-FF-x2	EW	0.97		
25	D2-180%-FF-y	NS	0.99		
26	D2-100%-L-xy	双向	0.61	MCE	D2
27	D2-180%-L-x3	EW	1.01		
白噪声工况 W-15					

5.3.5 模型整体损伤

通过结构周期、残余位移角和剩余承载力分析，对结构的整体损伤进行评估。

1. 结构周期

图 5-16 列出了历次地震前后第一振型下试验房屋两个方向的周期变化规律。对于 x 方向，试验房屋周期在整个试验过程中保持非常稳定。试验开始前，周期为 0.21 s，在 D1a 小震后无变化，在 D1a 中震后周期变为 0.24 s；此后房屋经过 D1b 和 D1c 的中震以及 D2 工况的中震和大震，更换阻尼器后周期下降到 0.22 s，这说明 D1a 中周期增大很大程度上是由于阻尼器的变形和松动所致，房屋主体结构在 D2 大震前的实际损伤非常小，更换阻尼器可使房屋周期明显下降；房屋在经过 D2T 中震和 D3 大震后，周期上升至 0.26 s，比初始周期上升了 24%。日本 D-defence 的四层自复位墙房屋在中震后周期上升了 88%，而其位移角也不过增大了 2.1%，只有本试验 3.1%位移角的 2/3。本试验房屋经过特殊的低损伤设计，整体房屋损伤控制较好。

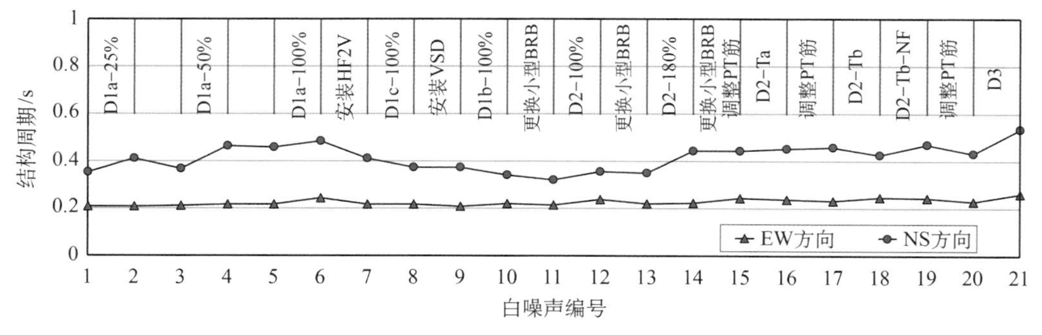

图 5-16 房屋结构周期变化

对于 y 方向，由于隔离式墙-板连接中钢牛舌、硬塑板和墙体保护钢板间存在微小间隙，且试验过程中硬塑板被不断挤压，试验房屋的周期波动较大。试验开始前，周期为 0.35 s，在 D1a 小震后周期为 0.41 s，在 D1a 中震后周期为 0.48 s。在经过 D1b 和 D1c 并更换了小型 BRB 阻尼器和硬塑片后，房屋经历了 D2 中震，周期下降到 0.36 s，与初始周期基本持平，这说明房屋主体结构本身损伤小，隔离式墙板连接中的硬塑板的损伤和间隙是导致周期波动较大的主要原因。D3 地震后，周期上升到 0.53 s，比初始周期增加了 51%。试验观察结果表明，y 方向的损伤比 x 方向小，如及时更换硬塑片，房屋周期将较平稳。

2. 残余位移角

图 5-17 列出了历次地震下试验房屋在两个方向的残余位移角。由图可知，房屋的残余位移角随着地震烈度的增大和设计工况位移角的增大逐渐变大，但在各地震下均小于 0.04%，因此可忽略。

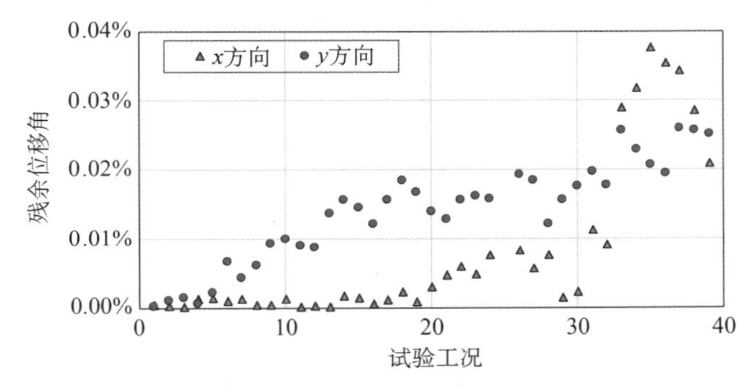

图 5-17 残余位移角变化

3. 剩余承载力

历次地震下房屋在 x 方向达到的最大基底弯矩和每种工况下的设计弯矩如图 5-18 所示。扭转工况通过缩放自复位墙钢筋预应力使房屋产生承载力和刚度不对称，因此不讨论其设计承载力。由图 5-18 可知，除了 SLS 25%和 SLS 50%的小震，其余所有地震下不同设计工况的试验房屋基底弯矩都超出了设计弯矩，这说明房屋在地震后仍有足够的承载力来抵抗地震荷载，即具有很好的剩余承载力。在部分设计工况中，例如试验 8～试验 10 的 D1a-100%，房屋在不更换阻尼器的情况下经历多次地震后，承载力略有下

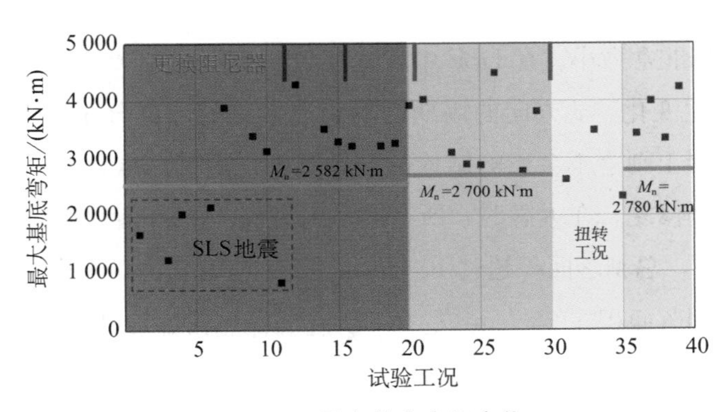

图 5-18 最大基底弯矩变化

降，但更换阻尼器后，可使承载力立即提高到原有水平甚至更高，这证明试验房屋具有很好的可恢复性。试验房屋在经历 D2 中震和大震之后，在 D3 的中震和大震中，其基底弯矩仍可比设计承载力高出 50%，因此，其主体结构中的损伤对剩余承载力基本没有影响。

5.3.6 模型局部损伤

1. 构件和节点损伤

自复位墙损伤主要集中在墙底，包括墙角混凝土剥落和压溃、灌浆层击碎、保护装置变形。另外，地震中还会出现墙体整体滑移和预应力损失，自复位墙一般损伤情况如图 5-19 所示。在试验过程中，对以上损伤类型做了全程的定量记录。

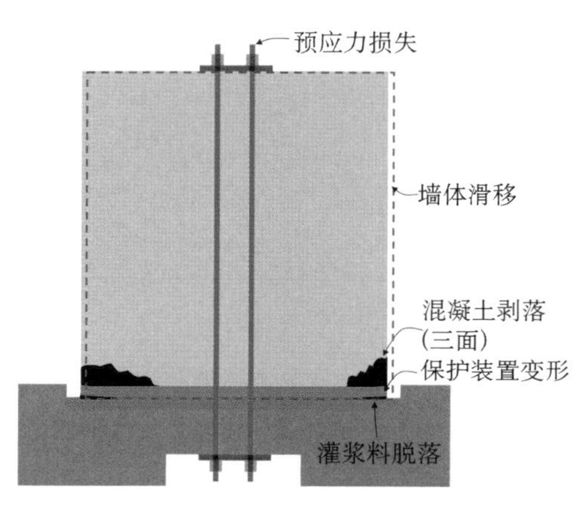

图 5-19　自复位墙损伤示意

试验在每组地震动后对混凝土墙角三个面的剥落程度进行定量记录，包括长度、高度和深度。当剥落面为非矩形时，将其等效为同等面积矩形的长度和高度，深度取剥落最深处。试验中的墙底损伤情况如图 5-20 所示。由试验可知，在 SLS 25%和 SLS 50%小震时，所有墙的墙底无混凝土剥落，无需修复。在 DBE 中震时，墙角处混凝土开始剥落，三面剥落总面积基本在 100 cm^2 以内，每面剥落面积在 30 cm^2（5 cm×6 cm）左右，且深度在 5 mm 以内，损伤非常微小。在 DBE 中震试验 D1a-100%和 D2-100%前后，x 方向的房屋周期基本没有发生变化，y 方向的周期因隔离连接处的超高分子塑料片更换反而变小，这说明该量级的混凝土剥落不会影响结构的初始刚度，因其深度很浅，除美观因素外，无需对其损伤进行结构修复。在大震时，所有墙体的混凝土剥落面积均有所增大，墙 1 和墙 3 剥落面积上升较快，总剥落面积超过 400 cm^2，墙 A 和墙 C 由于采用了重型保护措施，剥落面积上升较缓，剥落面积在 200 cm^2 左右，所有墙体剥落深度达到 20 mm 左右。大震前后的试验房屋周期在 x 方向和 y 方向分别比原结构增大了 24%和 52%，由于侧向刚度主要由墙提供，可以说明该量级的损伤已影响到墙的初始刚度，需要进行表层的结构小修。从墙体剥落的角度来看，自复位墙在体系层面可达到“小震不坏、中震不修、大震小修”的设防目标。

(a) 墙1和墙3

(b) 墙A和墙C

图 5-20　墙底损伤情况

重力柱在摇摆作用下，有保护措施的柱底基本无损伤。D3 工况在大震后且柱底有保护措施的情况下只有少量混凝土表面有 5 mm 的剥落，而之前的历次包括 D2 工况的大震中，所有重力柱的任何部位均无开裂、剥落等现象，基本无损伤，如图 5-21 所示。

图 5-21　柱 A1 底部北面损伤

开槽梁的损伤主要集中在梁侧面和梁上端，当转角增大使梁上端受拉时，在梁侧面出现从槽顶到梁上边缘的裂缝，在梁上端柱子与梁交界处出现沿梁宽通长的裂缝；当转角使梁上端受压时，梁侧面和上端出现混凝土剥落。另外，地震中由于梁只依靠弯起抗剪钢筋抗剪，可能会发生竖向剪切位移；梁铰处抗扭，梁还可能会整体扭转。开槽梁一般损伤情况如图 5-22 所示。

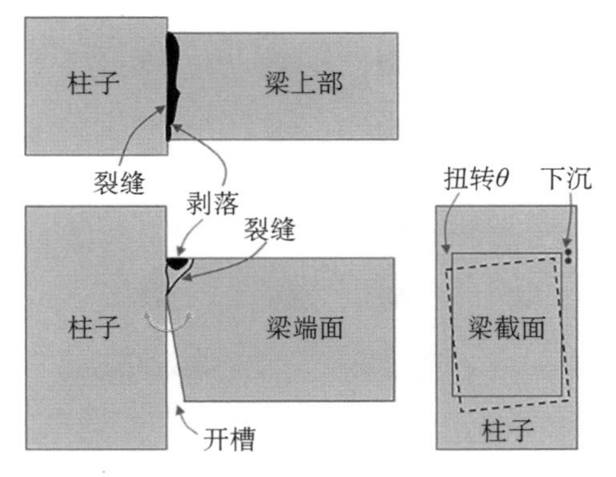

图 5-22　开槽梁节点损伤示意

总体上，开槽梁损伤极小（图 5-23），在 D3 大震下，裂缝均小于 0.2 mm，剥落面积仅限于混凝土表面 10 mm 的保护层厚度之内，并且剥落后不可见钢筋外露，无核心混凝土压溃，可将剥落的混凝土清理后再灌浆修复，十分方便。开槽梁节点的转角需达到 3%左右才会有少量剥落，转角达到 5%才会有面积大于 100 cm^2 的剥落发生，相比于普通钢筋混凝土，损伤微小。对于普通梁，当塑性铰区域的转角达到 3%时，混凝土已出现大面积剥落，纵筋已明显屈曲；当转角达到 5%时，钢筋已被拉断，承载力下降。另外，梁截面的剪切变形基本在 0.5 mm 以内，扭转在 0.5%左右。

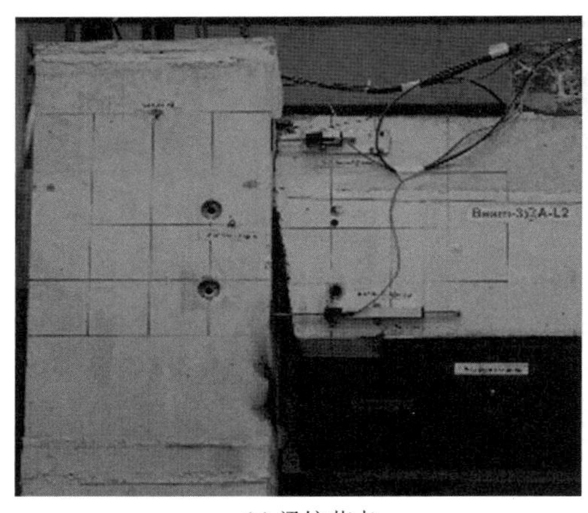

(a) 梁柱节点

(b) 梁顶

图 5-23　二层开槽梁 3@A 损伤照片

楼板的损伤主要以裂缝为主，较为轻微，无楼面混凝土剥落，无预制楼板在梁搁置处滑移损伤。图 5-24 给出了一层楼板的裂缝图，图中每层楼面特定位置的裂缝宽度随地震的变化趋势如图 5-25 所示。一层楼面因变形集中，裂缝主要集中在 80 mm 厚的柔性连接带上，D1a 小震后，裂缝只出现在墙体和楼板的交界处，宽度小于 0.2 mm；D1a 中

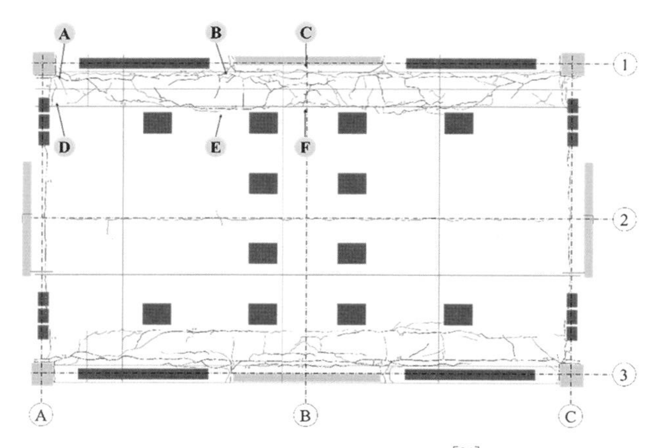

图 5-24　一层楼板裂缝图[34]

震后，沿墙体和梁长边方向楼板边缘开裂，宽度小于 0.4 mm；D2 和 D3 大震后，裂缝布满整个柔性楼板，此时，房屋的位移角已超过 3%，但最大裂缝宽度只有 1.2 mm，无混凝土剥落。

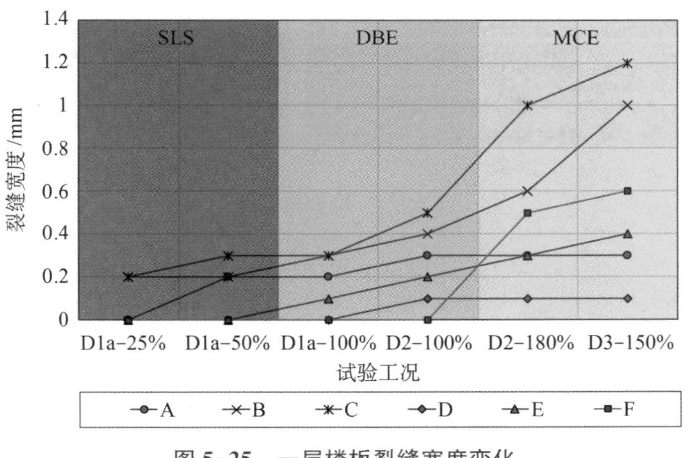

图 5-25 一层楼板裂缝宽度变化

隔离墙-板连接的破坏情况如图 5-26 所示。当钢牛舌传递地震力给墙体时，钢牛舌和保护钢板之间的硬塑板发生挤压，导致硬塑板变形或压裂。但其余部位无任何损伤，钢牛舌无滑移或弯曲变形，保护钢板也无任何损伤。每一次地震后，只需将变形或压裂的硬塑板予以替换即可进行下一次试验。

(a) 隔离连接震后情况　(b) 硬塑板损伤

图 5-26 隔离墙-板连接破坏情况

2. 阻尼器损伤

三种阻尼器在试验中的损伤状态如图 5-27 所示，速度型黏滞阻尼器和速度位移型铅阻尼器在试验中并未发现损伤，震后可重复使用。对于小型 BRB，历次地震下，从表面看并无损伤痕迹，但内置的十字形耗能钢棒在 D2 大震后被拉压成麻花状，这说明套筒防屈曲的效果很好；其余地震后，并无发现内置钢板屈曲拉断的现象。

(a) 小型BRB

(b) 速度位移型铅阻尼器

(c) 速度型黏滞阻尼器

图 5-27 阻尼器损伤

5.3.7 模型损伤小结

表 5-6 总结了试验房屋在各设计工况小震、中震、大震后的结构损伤情况，并给出了对应的修复措施。由表可知，残余位移角在各个地震阶段基本可忽略不计；周期在整个试验过程中稳定，即使 y 方向有较大波动，也可通过简单更换硬塑片来提高周期；结构的承载力在历次地震后均大于设计承载力。因此，从结构整体损伤指标来看，房屋修复需求很小。

表 5-6 结构损伤小结

结构损伤				D1a-25%	D1a-100%	D2-100%	D2-180%	D3-150%
整体	残余位移角/%		x	0	0	0.01	0	0.02
			y	0	0.01	0.02	0.02	0.03
	房屋周期/s		x	1	1.17	1.13	1.06	1.24
			y	1.17	1.38	1.01	1.26	1.52
	剩余承载力			$>M_n$				
局部	墙体	剥落面积/cm²		0	0	115	339	433
		滑移量/mm		0.05	0.29	0.62	0.56	0.64
		预应力损失/%		0	0	0	0	31.80
	柱	柱底剥落面积/cm²		0	0	0	0	20
	梁	剥落面积/cm²		0	0	0	28	333
		剪切变形/mm		0.01	0.02	0.21	0.27	0.39
		扭转变形/rad		0.000	0.000	0.001	0.001	0.006
	楼板	裂缝宽度/mm		0.2	0.4	0.5	1	1.2
		搁置位移/mm		0.01	0.09	0.27	0.59	1.11
		硬塑板		无	无	压缩	压裂	压裂
	阻尼器	小型 BRB		无	无	变形	压屈	—

（续表）

结构损伤	D1a-25%	D1a-100%	D2-100%	D2-180%	D3-150%
修复措施	无	无	墙表面抹灰；更换硬塑板；更换阻尼器	墙保护层修复；楼板裂缝修复；更换硬塑板；更换阻尼器	墙保护层修复；楼板裂缝修复；张拉预应力；梁保护层修复；更换硬塑板

注：局部损伤中的构件为损伤最大的构件。

由表5-6中的结构局部损伤可知，D1a小震和中震后，各个构件和节点基本无损伤，无需修复；在D2中震后，墙体有少量剥落，硬塑板稍有压缩变扁，小型BRB有变形，此时主体结构无需修复，只需更换阻尼器和硬塑板。在D2和D3大震后，墙底和梁节点的保护层均有剥落现象，需进行灌浆料填满以保持构件耐久性；绝大多数楼板裂缝在0.4 mm左右，与温度裂缝接近，无需修复，最大楼板裂缝在1 mm左右，可用环氧树脂填补，但此类裂缝数量非常有限，仅存在于楼板局部；硬塑板被压裂，小型BRB被压曲，应更换阻尼器和硬塑板。

总体上看，试验房屋在D1a设计工况时，可达到“小震、中震不修”的目标；在D2设计工况时，可达到“中震微修、大震小修”的目标；在D3设计工况时，亦可达“大震小修”的目标。按照我国抗震规范，框架-剪力墙结构在罕遇地震下的位移角限值为1/100，而试验房屋在设计工况D1a、D2、D3时的中震位移角分别为1%、2%和3%，大大超过位移角限值，特别是工况D3，试验模拟的是阻尼器全部破坏后的抗震性能，在实际情况中，目标位移角远小于3%。如果按照规范位移角限值设计试验房屋，自复位墙和开槽梁组合的体系可以实现“小震、中震不修，大震微修”的目标。

5.3.8 试验结论

（1）自复位墙-开槽梁框架组合体系在地震下的损伤主要包括自复位墙底混凝土保护层剥落，墙底滑移，预应力损失，开槽梁侧面和上端混凝土开裂、剥落，楼面开裂，阻尼器变形和压屈等形式，以上损伤在历次地震中均很小，试验房屋表现出极好的抗震性能和可修复性能。

（2）房屋周期在整个试验过程中保持稳定。在x方向，D2和D3大震后的房屋周期只比初始周期增大6%和24%；在y方向，隔离式墙-板连接中的硬塑板损伤和本身存在的间隙是导致周期波动较大的主要原因，但简单更换硬塑板可使房屋周期迅速与初始周期持平，可修复性好。

（3）房屋残余位移角随着设计位移角的增大和地震烈度的增大而增大，但在历次地震后，均小于0.04%，体系自复位性能极佳。

(4) 不同设计工况的试验房屋在历次地震下其基底弯矩都大于设计弯矩，试验房屋在中震、大震后承载力下降不明显，仍有足够的承载力抵抗后期地震，即具有很好的剩余承载力，结构整体性完好。

(5) 当试验房屋在中震下的设计位移角为1%时，结构可实现“小震、中震不修”的目标；中震下设计位移角为2%时，可实现“中震微修、大震小修”的目标；中震下设计位移角为3%时，结构仍可实现“大震小修”的目标。自复位墙和开槽梁的结合可使整个结构体系在不同设计位移角下实现“大震小修”甚至“大震不修”的目标。

5.4 工程应用

混凝土自复位结构因其优越的抗震性能和可恢复性能，已有多个实际工程在地震高烈度区落地。美国在可恢复功能工程应用方面起步较早。加州旧金山市的13层公共事业委员会大楼在建造初期采用的方案是带黏滞阻尼器的抗弯钢框架，然而，该方案的建造费用比预算高出了6 200万美元。之后，TIPPING结构设计事务所采用后张拉预应力核心筒结构体系，允许结构整体在地震作用下发生摇摆，以减轻地震引起的破坏，相比于原先的钢结构设计方案，在造价上节约了将近1 000万美元。

新西兰作为世界上地震多发的国家之一，在可恢复功能结构研究和工程应用方面做了很多工作，代表性工程有维多利亚大学Alan MacDiarmid建筑、基督城Southern Cross医院、基督城Kilmore Street建筑等。图5-28所示为位于新西兰惠灵顿维多利亚大学的Alan MacDiarmid建筑[37]，该建筑为5层预制混凝土结构，其中框架和剪力墙均采用无黏结后张拉预应力技术，使得整体结构在震后具有自复位能力。框架部分在梁柱节点和柱底处设置了阻尼器用于耗能，而剪力墙之间采用钢连梁连接，在地震中作为耗能构件，该建筑为新西兰第一幢采用该体系的建筑。图5-29所示为新西兰基督城Kilmore Street建筑的摇摆钢结构[38]，抗侧力体系采用摇摆支撑钢框架，同时提供额外阻尼器耗能。同济大学与上海城建建设实业集团合作，首次在国内实现了自复位墙的应用，采用自复位-框架和自复位墙体系，详见本书第7章海盐装配式基地倒班房项目。

图 5-28 Alan MacDiarmid 建筑[37]

图 5-29 Kilmore Street 建筑[38]

参考文献

[1] Holling C S. Resilience and Stability of Ecological Systems [J]. Annual Review of Ecology and Systematics，1973，4（1）：1-23.

[2] 唐皇凤，王锐. 韧性城市建设：我国城市公共安全治理现代化的优选之路 [J]. 内蒙古社会科学（汉文版），2019，40（1）：46-54.

[3] The Rockefeller Foundation. 100 Resilient Cities [EB/OL]. [2024-03-01]. https://www.rockefellerfoundation.org/100-resilient-cities/.

[4] 中国四城市入选全球 100 韧性城市项目 [N]. 中国青年报，2017-02-27（12）.

[5] United Nations. The New Urban Agenda-Habitat Ⅲ [EB/OL]. [2024-03-01]. https://www.habitat3.org/the-new-urban-agenda/.

[6] 联合国住房和城市可持续发展大会（人居三）[EB/OL]. [2024-03-01]. https://www.un.org/zh/conferences/habitat/quito2016.

[7] 新华社. 中共中央关于制定国民经济和社会发展第十四个五年规划和二〇三五年远景目标的建议 [R/OL]. [2024-03-01]. https://www.gov.cn/zhengce/2020-11/03/content_5556991.htm.

[8] 建设“安全韧性城市”2021 城市风险高峰论坛举行 [EB/OL]. [2024-03-01]. https://baijiahao.baidu.com/s?id=1703596781123373485&wfr=spider&for=pc.

[9] 曲哲. 结构札记 [M]. 北京：中国建筑工业出版社，2014.

[10] Bruneau M，Reinhorn A. Exploring the concept of seismic resilience for acute care facilities [J]. Earthquake Spectra，2007，23（1）：41-62.

[11] Housner G W. The behavior of inverted pendulum structures during earthquakes [J]. Bulletion of the Seismological Society of America，1963，53（2）：403-417.

[12] 邱灿星，杜修力. 自复位结构的研究进展和应用现状 [J]. 土木工程学报，2021，54（11）：11-26.

[13] Kurama Y C，Sritharan S，Fleischman R B，et al. Seismic-resistant precast concrete structures：State of the art [J]. Journal of Structural Engineering，2018，144（4）：3118001.1-3118001.18.

[14] 周威，刘洋，郑文忠. 自复位混凝土剪力墙抗震性能研究进展与展望 [J]. 哈尔滨工业大学学报，2018，50（12）：1-13.

[15] 周颖，顾安琪，鲁懿虬，等. 大型装配式自复位剪力墙结构振动台试验研究 [J]. 土木工程学报，2020，53（10）：62-71.

[16] Lu Y, Gultom R J, Ma Q Q, et al. Experimental validation of minimum vertical reinforcement requirements for ductile concrete walls [J]. ACI Structural Journal, 2018, 115 (4): 1115-1130.
[17] Henry R S, Zhou Y, Lu Y, et al. Shake-table test of a two-storey low-damage concrete wall building [J]. Earthquake Engineering & Structural Dynamics, 2021, 50 (12): 3160-3183.
[18] Kurama Y C, Sause R, Pessiki S, et al. Lateral load behavior and seismic design of unbonded post-tensioned precast concrete walls [J]. ACI Structural Journal, 1999, 96 (4): 622-632.
[19] Twigden K M. Dynamic response of unbonded post-tensioned concrete walls for seismic resilient structures [D]. Auckland: University of Auckland, 2016.
[20] Kurama Y C. Seismic design of unbonded post-tensioned precast concrete walls with supplemental viscous damping [J]. ACI Structural Journal, 2000, 97 (4): 648-658.
[21] Restrepo J I, Rahman A. Seismic performance of self-centering structural walls incorporating energy dissipators [J]. Journal of Structural Engineering, 2007, 133 (11): 1560-1570.
[22] Marriott D, Pampanin S, Bull D, et al. Dynamic testing of precast, post-tensioned rocking wall systems with alternative dissipating solutions [J]. Bulletin of the New Zealand Society for Earthquake Engineering, 2008, 41 (2): 90-103.
[23] Priestley M J N, Sritharan S, Conley J R, et al. Preliminary results and conclusions from the PRESSS Five-Story Precast Concrete Test Building [J]. PCI Journal, 1999, 44 (6): 42-67.
[24] Sritharan S, Aaleti S, Henry R S, et al. Precast concrete wall with end columns (PreWEC) for earthquake resistant design [J]. Earthquake Engineering & Structural Dynamics, 2015, 44 (12): 2075-2092.
[25] Aaleti S, Sritharan S. A simplified analysis method for characterizing unbonded post-tensioned precast wall systems [J]. Engineering Structures, 2009, 31 (12): 2966-2975.
[26] 杨博雅，吕西林. 预应力预制混凝土剪力墙截面设计方法 [J]. 建筑结构学报，2018，39 (2): 79-87.
[27] 中国建筑标准设计研究院，中国建筑科学研究院. 建筑抗震设计标准（2024 年版）：GB/T 50011—2010 [S]. 北京：中国建筑工业出版社，2010.
[28] 周颖，顾安琪. 自复位剪力墙结构四水准抗震设防下基于位移抗震设计方法 [J]. 建筑结构学报，2019，40 (3): 118-126.
[29] Priestley M J N, Grant D N, Blandon C A. Direct displacement-based seismic design [C]. Taupo: New Zealand society for earthquake engineering conference, 2005.
[30] Pampanin S, Marriott D, Palermo A. PRESSS design handbook [M]. Auckland: New Zealand Concrete Society, 2010.
[31] Committee P C D. Concrete structures standard: NZS 3101 1 and 2: 2006 [S]. New Zealand: 2008.
[32] 杨博雅，吕西林. 预应力预制混凝土剪力墙结构直接基于位移的抗震设计方法及应用 [J]. 工程力学，2018，35 (2): 59-66+75.
[33] Twigden K M, Henry R S. Shake table testing of unbonded post-tensioned concrete walls with and without additional energy dissipation [J]. Soil Dynamics and Earthquake Engineering, 2019, 119: 375-389.
[34] Lu Y, Henry R S, Zhou Y, et al. ILEE-QuakeCoRE shake table test of a 2-storey low-damage concrete wall building [DB]. DesignSafe-CI, 2021.
[35] Mander J B, Priestley M J N, Park R. Theoretical stress-strain model for confined concrete [J]. Journal of Structural Engineering, 1988, 114 (8): 1804-1826.
[36] Structural design actions: Part 5: Earthquake actions: NZS 1170. 5: 2004 [S]. New Zealand: 2016.
[37] New Zealand Institute of Architects. 2010 Wellington Architecture Awards Winner: Alan

MacDiarmid Building [EB/OL]. [2024-03-01]. https://www.nzia.co.nz/awards/national/award-detail/4411.

[38] Latham D, Reay A, Pampanin S. Kilmore street medical centre: Application of a post-tensioned steel rocking system [C]. Proc, Steel Innovations Conference, 2013.

6 被动式节能技术

6.1 被动式节能技术概况

6.1.1 被动式节能概念

被动式节能技术是指应用于被动式建筑（Passive Houses）的一系列节能技术。它区别于主动式节能技术，利用建筑自身构件综合设计，最大程度地减少设备的使用，满足建筑物理环境要求，实现建筑的节能、节材、环保等节能减排目标。被动式建筑并非排斥使用主动技术，而是优先使用被动技术，少量使用主动技术，其核心思想是将建筑对能源和资源的日常需求控制在最低限度，强调“外围优先（Fabric First）”原则。被动式建筑的设计理念在于利用可再生能源和少量不可再生能源即可实现建筑的良好运行，这与欧盟在2010年修订的《建筑能效2010指令》（EPBD2010）[1]中对2021年后欧洲新建建筑的“近零能耗建筑（Nearly Zero-Energy Buildings）”要求相同，对绿色建筑有较高要求。其优点在于降低建筑能耗、运行和维护成本；协调能量回收装置输入新风，保持室内空气清洁，同时使用过滤器过滤空气中的灰尘等杂质；对建筑内的温湿度进行调控，使居住环境四季宜人；还可隔绝噪声；等等。

被动式建筑作为节能建筑的一种类型，能以低能耗和合理的成本规划，提供最佳的室内环境。为达到较低的能耗，被动式建筑减少使用传统的主动采暖方式和空调模式，转而运用一系列被动方法来控制建筑内环境适宜居住。例如，加强建筑围护体系的保温性能，以气密为目标设计建筑的围护与门窗体系，对于易传热的门窗材料，提升其热工性能，对于围护结构进行无热桥处理。借助能量回收系统引入新风，以保持室内空气清洁，并且使用低负荷的制冷采暖方式。通过这些举措，实现舒适的冬夏室内环境，从而将建筑对采暖和空调的需求降至最低。

在不同气候的区域中，被动式建筑的设计思路有所不同。我国疆域辽阔，涵盖多种气候区域，《民用建筑设计统一标准》（GB 50352—2019）[2] 对我国建筑热工区作出划分，有严寒地区、寒冷地区、温和地区、夏热冬冷地区、夏热冬暖地区共五种热工区划（表 6-1）。为使被动式建筑内部温度恒定且宜居，不同的外部气候条件下的被动式建筑设计须因地制宜，例如：在严寒或寒冷地区，应增大阳光射入量；在温和或夏热冬冷地区，可增大房檐的遮阳效果，减少进入室内的热量；在夏季较为炎热潮湿的地区，则需通风系统持续供入新风，当环境温度高于一定数值后，则需使用耗能制冷设备进行制冷。

表 6-1　不同建筑区划及对应指标[2]

建筑气候区划名称		热工区划名称	建筑气候区划主要指标
Ⅰ	ⅠA ⅠB ⅠC ⅠD	严寒地区	1 月平均气温≤−10℃ 7 月平均气温≤25℃ 7 月平均相对湿度≥50%
Ⅱ	ⅡA ⅡB	寒冷地区	1 月平均气温−10～0℃ 7 月平均气温 18～28℃
Ⅲ	ⅢA ⅢB ⅢC	夏热冬冷地区	1 月平均气温 0～10℃ 7 月平均气温 25～30℃
Ⅳ	ⅣA ⅣB	夏热冬暖地区	1 月平均气温>10℃ 7 月平均气温 25～29℃
Ⅴ	ⅤA ⅤB	温和地区	1 月平均气温 0～13℃ 7 月平均气温 18～25℃
Ⅵ	ⅥA ⅥB	严寒地区	1 月平均气温−22～0℃ 7 月平均气温<18℃
	ⅥC	寒冷地区	
Ⅶ	ⅦA ⅦB ⅦC	严寒地区	1 月平均气温−20～−5℃ 7 月平均气温≥18℃ 7 月平均相对湿度<50%
	ⅦD	寒冷地区	

故对于同种气候条件下的被动式建筑，可采用多种技术方案实现被动式节能，对不同技术方案的节能效果进行定量评价，便成为取舍各技术方案的一种方法。目前，对建筑能耗的定量计算方法有简化能耗估算方法、正演模拟方法和逆向模拟方法等。简化能耗估算方法计算速度较快，但准确度低；正演模拟方法适用于对新建建筑进行能耗分析；逆向模拟方法主要用于分析既有建筑的能耗情况。

当前，被动式建筑面临着相关规范与标准不完备、建造流程不完善等问题。例如，构件生产厂家数量稀少，难以满足市场需求；被动式建筑所需的额外设备会在建筑结构构件上形成多余预设管道，而这些管道对建筑结构产生的影响尚需进一步探索。因此，亟须相关人员对被动式节能技术措施展开研究并加以改进，以实现真正的被动式建筑。

6.1.2 装配式被动式建筑理念

被动式建筑作为节能建筑发展的一种新探索，受到了国内外建筑行业的广泛关注。装配式建筑是目前广泛推广的绿色建筑形式之一，响应了我国绿色建筑在施工阶段的节能要求，对装配式建筑领域的研究和应用已成为目前建筑行业中的热点问题。被动式建筑以较高的节能率、舒适的居住品质，在政策助推下发展迅速。然而，目前被动式建筑的建设方式以传统的湿作业建造为主，此类做法与绿色建筑全寿命周期内施工过程中的节能要求相矛盾。

2016 年，“装配式建筑”一词在中央会议与文件中被正式提出[3]。装配式建筑经过多年发展，其建造方式与被动式建筑设计理念相结合，共同助力绿色节能建筑发展。被动式建筑和装配式建筑均代表绿色与节能，装配式建筑技术与被动式建筑融合使用。因此，在具体建造方式上，装配式可以作为被动式建筑的生产和建造方式，将被动式技术应用在装配式构件的制作中，例如，将光伏构件放置在建筑外立面上，将新风系统融入构件安装流程中，实现装配式技术与被动式技术的结合，实现技术间的优势互补。目前，我国已经有多个项目采用装配被动式技术，如：上海城建建设实业集团 2009 年在南翔李店角的被动式建筑“试点房”（图 6-1）；上海城建建设实业集团 2016 年入选住房和城乡建设部装配式建筑科技示范项目的佘山 21 丘 1 号楼和 2 号楼工程（图 6-2）。

使用装配式技术的被动式建筑在外立面造型上有着更多灵活的选择，在对建筑外立面进行充分设计后，可优化太阳辐射分布状况，提高建筑的蓄热能力。例如，在寒冷气候区域，对朝南的建筑外墙进行特殊设计，可增加太阳辐射的吸收量，为建筑设计创造更多的可能性。此外，在新风系统方面，装配式建筑可以精确地预留管道缝位置，在保证结构安全的同时，确保密封性。通过标准化生产，依据严格的规范要求和技术标准，实现质量的优化，防止施工误差。

图 6-1　2009 年南翔李店角被动式建筑“试点房”

图 6-2　佘山 21 丘 1 号楼和 2 号楼工程

6.2 被动式节能技术发展

6.2.1 被动式节能技术三个发展阶段

被动式建筑节能秉持着两大核心思想：其一，以高舒适和低能耗为目标，从建筑环境层面出发，尽可能减少建筑物的能耗，同时保证使用者在其中的舒适体验。通过科学合理的建筑设计和材料选择等，最大限度地减少能源的消耗。并且注重隔热保温、通风透光等措施，使建筑不增加过多设施设备，也能在各种气候条件下保持适宜的温度和通风状况。其二，被动式建筑节能还应注重建筑的人性化和可持续性发展。建筑不应一味地增加各种设施设备，而需充分考虑人们的实际需求，通过精心规划建筑空间，营造良好的室内外环境，以实现舒适的使用体验。这种理念强调了建筑与自然的和谐共处，关注环境保护和资源可持续利用，力求实现建筑与自然资源的平衡与共生。

被动式建筑的发展象征着人、建筑和气候三者之间关系的演化，大致可分为以下三个阶段。

1. 产生阶段

在石器时代，人类主要依靠洞穴躲避野兽与风雨。进入农耕时代，人类走出洞穴，利用竹、木、土等材料建造房屋，为自身提供舒适的居住环境。此后，在各地逐渐形成了具有地方特色的建筑风格，同时也出现了其他用途的建筑，如医院、学校等。该时期内也出现了一些被动式建筑的雏形，如因纽特人使用冰砖制作的房屋、印第安人的蒙特苏马堡垒、中国传统的干栏式房屋及泥土房等。这些建筑的材料取自自然，最终又回归自然，对自然环境的影响微乎其微，其原因在于当时的科学技术发展水平有限，人类生活在很大程度上受制于自然，由此形成了朴素且被动的建筑技术，这便是被动式建筑的产生阶段。

2. 发展阶段

随着科学技术的发展，自工业革命起，人类以破坏自然环境为代价，毫无节制地向大自然索取资源，换取经济的快速发展与人口的大量增长。尽管自然界拥有一定的自我修复能力，但人类活动还是对其造成了不可修复的影响，吴良镛院士对这一阶段建筑发展的特征作出了高度概括：

> 20世纪既是人类从未经历过的伟大而进步的时代，又是史无前例的患难与迷惘的时代。20世纪以其独特的方式丰富了建筑史：大规模的技术和艺术革新造就了丰富的建筑设计作品；在两次世界大战后医治战争创伤及重建中，建筑师的卓越作用意义深远。然而，无可否认的是，许多建筑环境难尽人意；人类对自然，以及对文化遗产的破坏已经危及其自身的生存；始料未及的“建设性破坏”屡见不鲜；“许多明天的城市正由今天的贫民所建造。”——人类宪章[4]

1834年，英国的雅可比·帕金斯成功试制出了以乙醚为工质且依靠人力转动、可以连续工作的制冷机。此后，随着对制冷技术的持续研究，建筑制冷系统被广泛使用。然而，这是以高能源消耗为代价换取的室内舒适。

3. 成熟阶段

20世纪80年代后，美国因地区能源价格降低、社会财富不断增长，对被动式太阳能建筑的需求降低。然而，欧洲地区对于绿色能源建筑的需求增加，20世纪80年代，德国在低能耗建筑的基础上建立了被动式建筑的概念。1988年，瑞典隆德大学（Lund University）的阿达姆森（Bo Adamson）教授和德国的菲斯特（Wolfgang Feist）博士首先提出这一概念。1991年，德国在达姆施塔特建成了第一座被动式建筑。迄今为止，该批建筑仍未偏离设计目标，以所设计的初始运行规则完成其建筑功能，这标志着被动式建筑进入了成熟阶段[5]。

6.2.2 国外发展状况

1996年，菲斯特博士在德国达姆施塔特创建了被动式建筑研究所，该所目前是被动式建筑研究最权威的机构之一。德国标准对被动式建筑的定义为采暖需求不超过

15（kW·h）/（m^2·a)、一次能源总消耗量不超过120（kW·h）/（m^2·a）的房屋。2005年后，世界能源价格大幅增长，具有成熟设计流程且能满足低能耗需求的被动式建筑受到广泛重视，欧洲多个国家以及美国纷纷建立了被动式建筑的研究机构，并且要求自2020年12月31日起，新建建筑需达到近零能耗标准，2018年12月31日后政府部门拥有或使用的建筑要达到近零能耗标准。截至目前，欧洲已建成的被动式建筑或原有建筑改造成的被动式建筑的总量已达上万座，并且被动式建筑的理念已经不再只局限于住宅建筑范畴，在一些大型公共建筑中，也逐渐开始采用被动式建筑的标准进行建设。根据欧洲被动式超低能耗建筑促进项目的定义，被动式超低能耗建筑是指不通过传统的采暖方式和主动的空调形式来实现舒适的冬季和夏季室内环境的建筑。对于亚洲诸国，韩国已在探索将被动式建筑理念融入高层住宅的研发，要求在2025年时，所有新建建筑应为零能耗建筑。日本则是将类似期限设定为2030年。被动式建筑是目前欧洲流行的“节能建筑”的研究和发展方向。相对于偏重新材料、新能源利用的传统节能理念，被动式建筑技术注重对建筑本身能耗需求的分析和优化。

6.2.3 国内发展状况

目前，被动式建筑的理念和技术已开始受到我国建筑行业的关注和重视，上海乃至全国均在尝试推广被动式建筑技术。2010年2月，上海世博园内建成了中国第一栋经过认证的被动式建筑——“汉堡之家”。

在我国住房和城乡建设部与德国联邦交通、建设及城市发展部的协作下，住房和城乡建设部科技发展促进中心与德国能源署在建筑节能领域进行了技术交流、培训与合作。借助德国先进的建筑节能技术，我国已建成多个被动式绿色建筑示范工程，并已有多项标准颁布实施。例如，2009年武汉市建筑节能办公室等编制了《武汉城市圈低能耗居住建筑设计标准》（DB42/T 559—2009）[6]，后经2013年、2022年两次修订为《低能耗居住建筑节能设计标准》（DB42/T 559—2022）[7]；2015年，河北省住房和城乡建设厅等编制了《被动式低能耗居住建筑节能设计标准》（DB13（J）/T 177—2015）[8]；2016年，山东省建筑科学研究院等编制了《被动式超低能耗居住建筑节能设计标准》（DB37/T 5074—2016）[9]；上海在2019年开始推广超低能耗建筑，鼓励和引导各方按照《上海市超低能耗建筑技术导则》（沪建建材〔2019〕157号）[10] 开展试点，并积极组织开展宣传交流活动。

我国住房和城乡建设部在2015年11月发布了《被动式超低能耗绿色建筑技术导则（居住建筑）》，借鉴国外被动式建筑和近零能耗建筑的经验，结合我国已有工程实践，明确了我国被动式超低能耗绿色建筑的定义：适应气候特征和自然条件，通过保温隔热性能和气密性能更高的围护结构，采用高效新风热回收技术，最大程度地降低建筑供暖供冷需求，并充分利用可再生能源，以更少的能源消耗提供舒适室内环境并能满足绿色建筑基本要求的建筑[11]。2019 年，我国出台了《近零能耗建筑技术标准》（GB/T 51350—2019）[12]，这是我国第一部引导性建筑节能国家标准。该标准首次对近零能耗建筑、超低能耗建筑、零能耗建筑等作出了定义（表 6-2），同时对近零能耗、超低能耗的居住建筑和公共建筑能效指标作出了规定（表 6-3）。相关规范的发展显示了我国在被动式建筑研究领域内从模仿到应用的发展过程，同时基于我国国土范围广阔的特点，根据地区气候不同制定相应的被动式建筑规范，体现出我国规范体系兼收并蓄、因地制宜的特点。

表 6-2 《近零能耗建筑技术标准》中绿色建筑类型及对应定义

绿色建筑类型	标准定义
近零能耗建筑 Nearly Zero Energy Building	适应气候特征和场地条件，通过被动式建筑设计最大幅度降低建筑供暖、空调、照明需求，通过主动技术措施最大幅度提高能源设备与系统效率，充分利用可再生能源，以最少的能源消耗提供舒适室内环境，且其室内环境参数和能效指标符合本标准规定的建筑，其建筑能耗水平应较国家标准《公共建筑节能设计标准》（GB 50189—2015）和行业标准《严寒和寒冷地区居住建筑节能设计标准》（JGJ 26—2010）、《夏热冬冷地区居住建筑节能设计标准》（JGJ 134—2016）、《夏热冬暖地区居住建筑节能设计标准》（JGJ 75—2012）降低 60%～75%以上
超低能耗建筑 Ultra Low Energy Building	超低能耗建筑是近零能耗建筑的初级表现形式，其室内环境参数与近零能耗建筑相同，能效指标略低于近零能耗建筑，其建筑能耗水平应较国家标准《公共建筑节能设计标准》（GB 50189—2015）和行业标准《严寒和寒冷地区居住建筑节能设计标准》（JGJ 26—2010）、《夏热冬冷地区居住建筑节能设计标准》（JGJ 134—2016）、《夏热冬暖地区居住建筑节能设计标准》（JGJ 75—2012）降低 50%以上
零能耗建筑 Zero Energy Building	零能耗建筑是近零能耗建筑的高级表现形式，其室内环境参数与近零能耗建筑相同，充分利用建筑本体和周边的可再生能源资源，使可再生能源年产能大于或等于建筑全年全部用能的建筑

表 6-3 《近零能耗建筑技术标准》中不同类型建筑能效指标

<table>
<tr><th rowspan="3">建筑类型</th><th rowspan="3" colspan="2">能效指标</th><th colspan="10">绿色建筑类型</th></tr>
<tr><th colspan="5">近零能耗建筑</th><th colspan="5">超低能耗建筑</th></tr>
<tr><th>严寒地区</th><th>寒冷地区</th><th>夏热冬冷地区</th><th>温和地区</th><th>夏热冬暖地区</th><th>严寒地区</th><th>寒冷地区</th><th>夏热冬冷地区</th><th>温和地区</th><th>夏热冬暖地区</th></tr>
<tr><td rowspan="3">居住建筑</td><td colspan="2">建筑能耗综合值</td><td colspan="5">≤55（kW·h）/（m^2·a）或≤6.8 kgce/（m^2·a）</td><td colspan="5">≤65（kW·h）/（m^2·a）或≤8.0 kgce/（m^2·a）</td></tr>
<tr><td rowspan="2">建筑本体性能指标</td><td>供暖年耗热量/（kW·h·m^{-2}·a^{-1}）</td><td>≤18</td><td>≤15</td><td colspan="2">≤8</td><td>≤5</td><td>≤30</td><td>≤20</td><td colspan="2">≤10</td><td>≤5</td></tr>
<tr><td>供冷年耗冷量/（kW·h·m^{-2}·a^{-1}）</td><td colspan="5">$\leqslant 3+1.5\times WDH_{20}+2.0\times DDH_{28}$</td><td colspan="5">$\leqslant 3.5+2.0\times WDH_{20}+2.2\times DDH_{28}$</td></tr>
</table>

（续表）

建筑类型	能效指标		绿色建筑类型									
			近零能耗建筑					超低能耗建筑				
			严寒地区	寒冷地区	夏热冬冷地区	温和地区	夏热冬暖地区	严寒地区	寒冷地区	夏热冬冷地区	温和地区	夏热冬暖地区
居住建筑	建筑本体性能指标	建筑气密性（换气次数 N_{50}）	≤0.6		≤1.0			≤0.6		≤1.0		
	可再生能源利用率		≥10%					—				
公共建筑/非住宅类居住建筑	建筑综合节能率		≥60%					≥50%				
	建筑本体性能指标	建筑本体节能率	≥30%		≥20%			≥25%		≥20%		
		建筑气密性（换气次数 N_{50}）	≤1.0		—			≤1.0		—		
	可再生能源利用率		≥10%					—				

注：1. 建筑本体性能指标中的照明、生活热水、电梯系统能耗通过建筑能耗综合值进行约束，不作分项限值要求。

2. 本表适用于居住建筑中的住宅类建筑，面积的计算基准为套内使用面积。

3. WDH_{20}（Wet-bulb degree hours 20）为一年中室外湿球温度高于20℃时刻的湿球温度与20℃差值的逐时累计值（单位：kKh，千度小时）。

4. DDH_{28}（Dry-bulb degree hours 28）为一年中室外干球温度高于28℃时刻的干球温度与28℃差值的逐时累计值（单位：kKh，千度小时）。

6.3 被动式节能技术措施

被动式建筑设计理念的核心思想在于最大限度地减少建筑内部与外部的热量交换量，保障能量使用效率最大化，其技术措施可以归纳为五个方面，即高保温性能围护结构技术、高性能门窗系统技术、高气密性技术、无热桥处理技术以及高效能量回收新风系统等低负荷采暖和制冷技术，如图6-3所示。

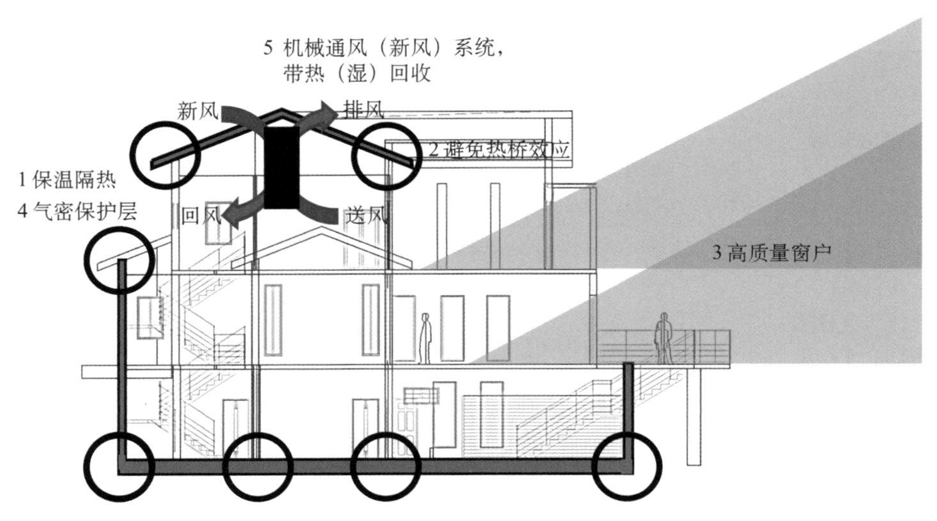

图 6-3　被动式建筑设计的五个重要技术措施

6.3.1　高保温性能围护结构技术

建筑围护体系主要由外墙、屋面和外门窗组成，其作为隔绝建筑内外环境的主要部件，加强围护体系的保温性能是被动式建筑设计和建造中最为重要的技术措施。围护体系的设计厚度一般根据建筑朝向、建筑外表设计颜色、建筑所在地区气候及建筑总体成本等因素决定，通常在 200～300 mm 范围内。

我国不同区域及气候区所规定的被动式超低能耗建筑外墙、屋面传热系数不尽相同，见表 6-4 和表 6-5。

表 6-4　《近零能耗建筑技术标准》中不同类型建筑非透光围护结构平均传热系数

建筑类型	围护结构部位	传热系数 K/［W·（m^2·K）$^{-1}$］				
		严寒地区	寒冷地区	夏热冬冷地区	夏热冬暖地区	温和地区
居住建筑	屋面	0.10～0.15	0.10～0.20	0.15～0.35	0.25～0.40	0.20～0.40
	外墙	0.10～0.15	0.15～0.20	0.15～0.40	0.30～0.80	0.20～0.80
	地面及外挑楼板	0.15～0.30	0.20～0.40	—	—	—
公共建筑	屋面	0.10～0.20	0.10～0.30	0.15～0.35	0.30～0.60	0.20～0.60
	外墙	0.10～0.25	0.10～0.30	0.15～0.40	0.30～0.80	0.20～0.80
	地面及外挑楼板	0.20～0.30	0.25～0.40	—	—	—

表 6-5 《近零能耗建筑技术标准》中分隔有无供暖空间的非透光围护结构平均传热系数

围护结构部位	传热系数 $K/[W\cdot(m^2\cdot K)^{-1}]$	
	严寒地区	寒冷地区
楼板	0.20～0.30	0.30～0.50
隔墙	1.00～1.20	1.20～1.50

对于严寒和寒冷地区，其气候特点为寒冷季节较长且气温低，需要大量能源用于供暖，因此在设计时需要降低围护结构传热系数；对于夏热冬冷和夏热冬暖地区，需要在夏秋季节降低室温，若围护结构传热系数较低，室内热量更难向外传送，增大供冷能耗。

目前，低能耗装配式建筑外墙有三类设计方案[13]，分别是预制混凝土保温墙板、模块化太阳能墙板和模块化可调节表皮，如图 6-4 所示。其中，预制混凝土保温墙板又可分为夹心保温、外保温和自保温（预制加气混凝土板、泡沫混凝土板、植物纤维混凝土板）三类。在实际应用中，需根据建筑气候条件、结构设计要求与建筑节能目标等选用

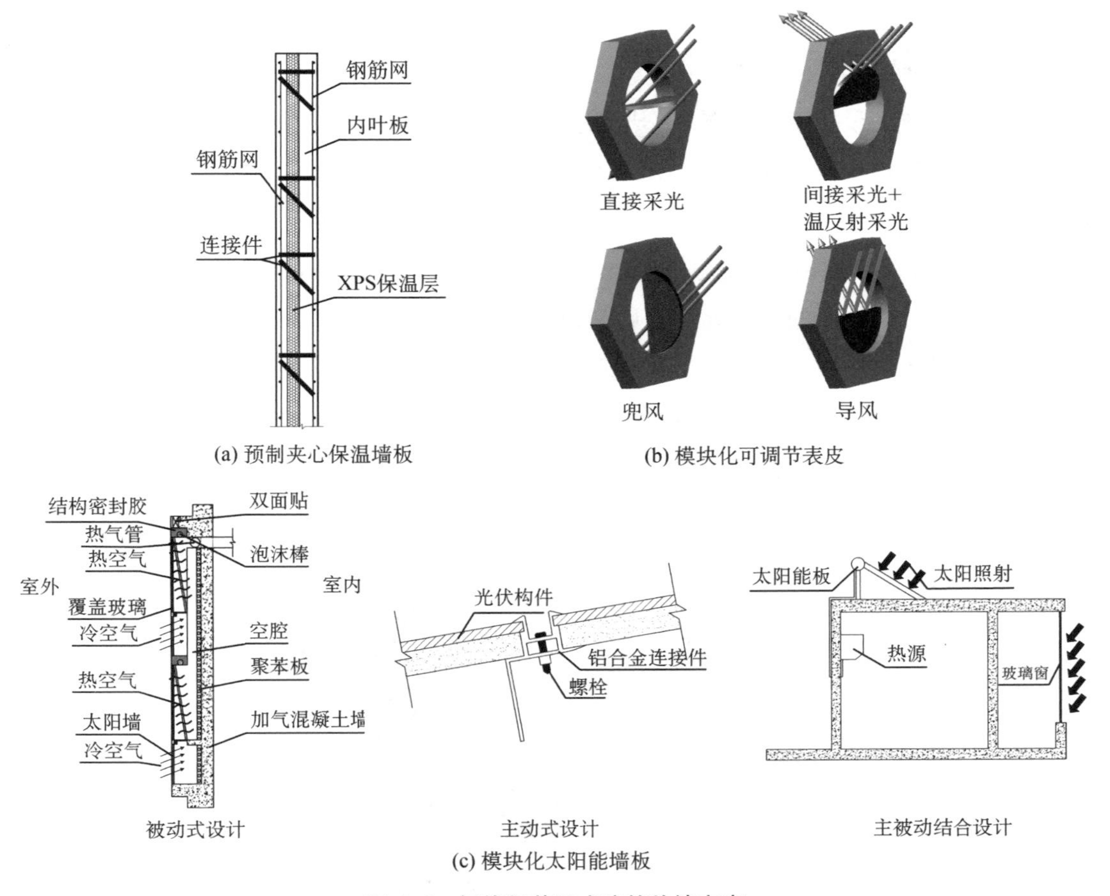

图 6-4 低能耗装配式建筑外墙方案

不同的保温材料与类型。由于夹心保温形式装配率高，因此，它是目前主流的预制保温墙板。然而，夹心墙板的拉结件处与墙体接缝处均有热桥分布，且在墙体接缝处，热桥宽度越大，热桥效应越明显，对于热桥效应明显的构造部位，须进行特殊处理，以此来削弱热桥效应，从而实现被动式建筑的设计目标。对于模块化太阳能墙板，依据对太阳能的被动式与主动式利用方式，可将其分为被动式设计、主动式设计和主被动结合设计。其中，被动式设计通常指利用太阳能来加热墙板中的空气间层，主动式设计通常是指安装在墙体表面的太阳能光伏设备，用以采光、隔热与供给可再生能源。相较于被动式设计，主被动结合设计的太阳能墙板则会根据对两种太阳能利用方式的不同组合比例与设计节能需求，实现更低的建筑能耗。另一类主被动结合设计的模块化可调节表皮，依据其使用位置的不同，可分为窗口动态调控形式和外立面轻质外挂板形式。其中，窗口动态调整形式是指在窗户洞口处，使用装置对通过此处的风与光进行调控；外立面轻质外挂板则是指布置在建筑外立面所形成的双层表皮，从建筑整体外观角度出发，对建筑内部的遮光、通风等进行调节，其调节范围较窗口动态调整形式广。

6.3.2 高性能门窗系统技术

被动式建筑的设计中，门窗系统与围护结构相同，亦隔绝了室内外环境。为了减少对建筑能耗的影响，需要在设计时用高性能门窗系统（如图 6-5 所示为高性能保温窗框）。在夏热冬冷地区的基础住宅，由外窗产生的能耗占建筑能耗的 57%～63%，其中传热和辐射占 23%～27%，渗透占 34%～36%[14]。实际的被动式建筑设计中，大部分窗扇都是固定不可以打开的，部分可开启窗扇在关闭时须满足很高的气密性要求，故对于门窗系统，其传热系数、窗墙比、有无遮阳装置以及气密性是影响建筑能耗主要性能的影响因素[15]。我国不同区域及气候区对被动式建筑窗户传热系数的设计值要求不同，见

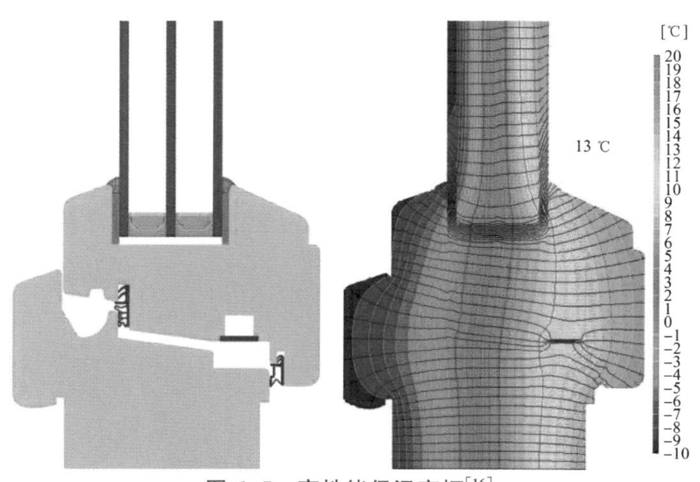

图 6-5 高性能保温窗框[16]

表6-6。严寒地区居住建筑的外窗应具有较低的绝热系数，以维持室内温度高于室外温度，规范要求其传热系数小于1.0 W/（m^2·K），并且在冬季，太阳得热系数 *SHGC* 值应大于或等于0.45。之后，按寒冷地区、温和地区、夏热冬冷地区、夏热冬暖地区的顺序，所需的外窗传热系数值逐渐增加，冬季太阳得热系数 *SHGC* 值逐渐减小。公共建筑的性能参数要求与居住建筑类似。为了满足通风需求，上海城建建设实业集团将高性能门窗系统与带有空气过滤装置的微通风系统相结合，在春秋过渡季节，利用这套系统来实现室内通风，进而减少空调使用时间，达到降低建筑能耗的目的。

表6-6 不同建筑类型外窗（包括透光幕墙）传热系数 *K* 和太阳得热系数 *SHGC* 值

建筑类型	性能参数		严寒地区	寒冷地区	夏热冬冷地区	夏热冬暖地区	温和地区
居住建筑	传热系数 K/[W·(m^2·K)$^{-1}$]		≤1.0	≤1.2	≤2.0	≤2.5	≤2.0
	太阳得热系数 *SHGC*	冬季	≥0.45	≥0.45	≥0.40	—	≥0.40
		夏季	≤0.30	≤0.30	≤0.30	≤0.15	≤0.30
公共建筑	传热系数 K/[W·(m^2·K)$^{-1}$]		≤1.2	≤1.5	≤2.2	≤2.8	≤2.2
	太阳得热系数 *SHGC*	冬季	≥0.45	≥0.45	≥0.40	—	—
		夏季	≤0.30	≤0.30	≤0.15	≤0.15	≤0.30

注：太阳得热系数 *SHGC* 为包括遮阳（不含内遮阳）的综合太阳得热系数。

6.3.3 高气密性技术

从被动式建筑理念来讲，建筑是一个力求不受室外环境干扰的独立系统，故建筑围护结构必须具有可以隔绝室内外空气渗透的功能（即高气密性），防止建筑外部环境对建筑内部温度、湿度、空气洁净度、环境等造成干扰，影响建筑室内舒适度。因此，提高建筑内部气密性有利于提高被动式建筑的宜居水平，减少建筑整体能耗，同时也要保证围护结构在建筑使用过程中不出现发霉等现象。在气密性测试中，对于严寒和寒冷气候地区的居住建筑，要求在室内外正负压差为50 Pa的工况下，建筑的单位小时换气次数低于0.6次，即 $N_{50} \leqslant 0.6$。

对于装配式被动式建筑而言，最易在各连接处出现缝隙。按有形孔洞与自然渗透的线形缝隙加以区分，可将窗洞口、门洞口、穿楼板管道洞孔、开关设备预留孔洞、脚手架搭接洞口、天窗洞口等归为有形孔洞这一类；线形缝隙包括楼板不同层材料间的缝隙、墙板结构（基础、楼板）连接缝、墙板天窗连接缝、预制墙板缝、建筑转角处预制板缝隙等[17]。对于各种需要强化气密性的节点，在对其进行处理时，需要根据该缝隙产生的原因以及所要保障的密闭性程度进行详尽分析，使用对应的密封技术进行密闭处理，以达到所需的节能设计要求。图 6-6 所示为抹灰实心墙与轻木结构屋面气密性节点的不同处理方法。

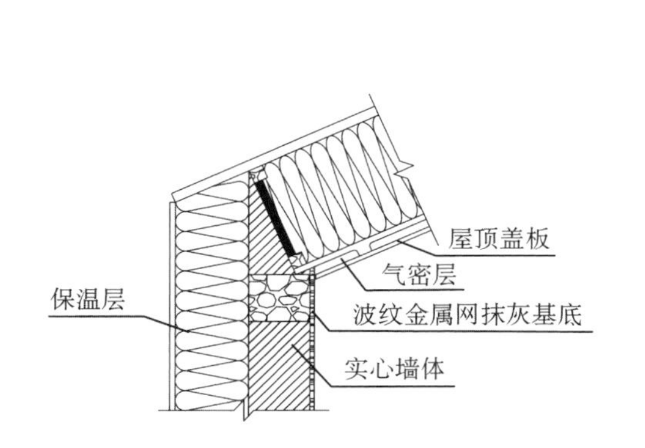

图 6-6 抹灰实心墙与轻木结构屋面气密性节点的不同处理方法

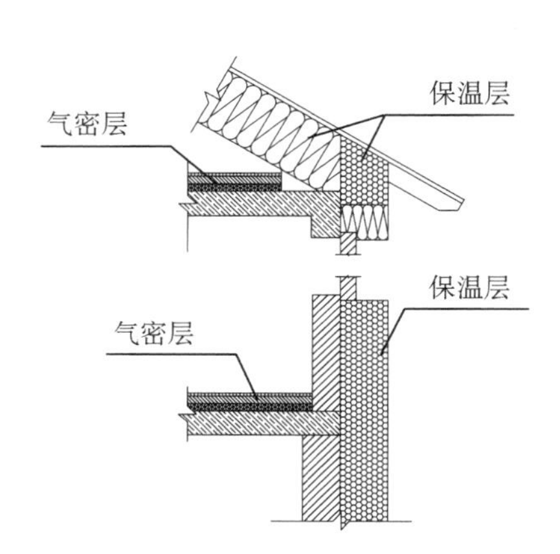

图 6-7 典型无热桥保温构造节点示例

6.3.4 无热桥处理技术

热桥是指在建筑向外传导热量时，围护结构因自身构造因素出现传热系数较大的部位。热桥使得热量从该位置向外快速传递，增大建筑内部恒温能耗。为实现被动式建筑节能目标，需采用一定措施来减弱、消除热桥效应。装配式被动式建筑围护结构的热桥主要来自构件连接缝隙处，与需要进行气密性强化的部位相同，在加强气密性时，亦可同时采取措施消除热桥效应。此外，在外露连接件等连接室内外环境的构件上也会出现热桥。可对上述出现热桥的部位采用保温措施，如用保温材料包裹管道技术，采用外门窗无热桥内嵌式安装技术，以及采用装配房柱梁楼板搭接缝隙保温垫层填充技术等[18]。图 6-7 所示为典型无热桥保温构造节点示例。

6.3.5 高效能量回收新风系统等低负荷采暖和制冷技术

当建筑气密性较好时，建筑内部会出现二氧化碳浓度增加、室内空气污浊、湿度不适宜居住、霉菌滋生等情况，此时，适当的通风换气方式对于被动式建筑尤为重要。为保持室内空气的清洁与健康，必须满足一定的新风量。在欧洲规范中，新风量的指标是室内空气每小时换气 0.4～0.9 次，我国居住建筑节能设计标准中规定的冬季换气指标为每小时换气 0.5 次。在被动式建筑中，机械通风通过风管将厨房及卫生间等房间内的污浊空气排出建筑，同时将新鲜空气由风管送入室内，进行建筑内外的空气交换，以实现被动式建筑所需达到的换气指标。

在建筑内部空气向外排出的过程中，其温度与室内温度相同，从室外送入建筑的新风温度则与建筑室外温度相同。在需要调节被动式建筑内外温度不同的场景中（如需要进行室内供暖的严寒地区），建筑新风系统会增加供暖系统的能耗，故新风系统通常配合能量回收装置使用，如图 6-8 所示。其原理是对排出建筑的空气进行热回收，目前欧洲使用热交换器的热回收效率可以达到 75%～90%，很大程度上减少了通风换气的热量损失。热量回收装置的使用能够在一定程度上调节建筑室内温度，在合理设计和安装装置的情况下（如使用地道风技术），被动式建筑内部可减少甚至不设置采暖设备；同样地，夏季可对送入室内的新风采用预冷处理，减少制冷设备的能耗。

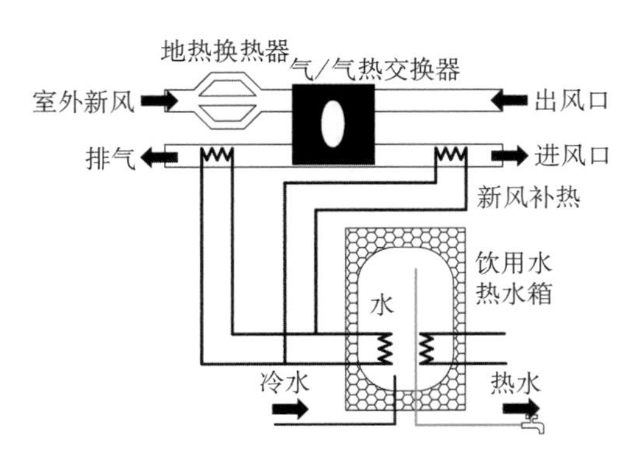

图 6-8　热回收热泵紧凑式新风机组

太阳能及使用太阳能所产生的电量，同样可用于低负荷采暖和制冷技术。此外，建筑内的电灯、家用电器和厨房设施产生的热量都能为房间供暖，人体自身产生的热量同样也可作为被动式建筑的热量获取源，用于维持建筑内部的环境温度。除此之外，地源热泵、生物质燃炉、太阳能集热器等设备也可作为被动式建筑内的节能采暖措施。

6.3.6　其他

除此之外，还有多种方式可以实现被动式建筑耗能目标，如通过合理的建筑选址，使建筑的通风和采光更为合理，也可利用环境建筑与树木遮阳，提高建筑内部的舒适度。

6.4　不同气候下的被动式建筑建造技术策略

被动式建筑的起源地德国对被动式建筑制定了统一的设计标准。而我国幅员辽阔，气候区域分成了五类，即严寒气候、寒冷气候、夏热冬冷气候、温和气候、夏热冬暖气候，即使是同种气候区域的两个城市，其不同的地形和湿度等亦会对被动式建筑的具体细部设计造成影响。总体而言，我国南方地区夏季使用空调制冷为主，北方地区冬季使用供暖装置制热为主，其余温和气候地区无须或较少使用空调。随着对绿色节能建筑需求的增加，在全国各地区制定对应本地气候的被动式建筑设计标准是实现被动式建筑在国内持续发展的必然途径。本节对不同气候下的被动式建筑的建造技术策略进行叙述。

6.4.1　严寒气候地区

我国严寒气候地区位于北部，如哈尔滨、乌鲁木齐等，城市分布分散，交通密度低，社会经济发展程度较南方沿海城市缓慢，故想要及时推广应用新技术有一定难度，需要在设计时对所使用的构件材料进行取舍。严寒气候分布区域占我国领土总面积的约35%，主要由山地、台地、平原等构成，大部分为丘陵地带，冬季寒冷，且时间长，冰冻期通常为6个月，缺乏热量，居民生活对供暖需求大，夏季短暂温暖；其降水来源为冬季下雪与夏季雨水，室外空气湿度高；同时，该地区日照资源丰富，年高辐射日照时间大于2 800 h。

除需发展生产装配式被动式建筑的工厂外，严寒气候地区可在规划、建筑外形、提升围护结构热工性能策略等方面进行优化设计。

考虑建筑区位时，应尽可能将其布置于远离冷空气气流所聚集的位置，避免室内外温差过大而导致建筑热量流失过快；建筑布局宜南北向布置，调整建筑间距至适当位置，避免南方建筑高度高于北方，使建筑整体各房间满足日照条件；建筑内的可开启窗扇应合理设置，保证夏季通风状况良好；建筑群不宜采用环绕式；为控制夏季的热岛效应，可增加建筑周遭绿化覆盖率，减少阳光射入地面反射至建筑上的辐射量，降低由建筑周围辐射导致的温度上升。

严寒地区的建筑须严格控制体形系数（即建筑物与室外大气接触的外表面积与其所包围的体积的比值），以减少围护结构热传递产生的室内热量损失，如尽量避免出现凹凸面、架空楼板等增大建筑外墙面积的结构，难以控制时，可适当对建筑围护结构的保温性能进行加强，或加强其气密性；严寒地区日照资源丰富，可增大窗户面积以获得更多辐射。

加厚围护结构或改用更加保温的材料，采用中空玻璃或隔热玻璃等高效节能的玻璃，从而减少构造冷热桥的存在，增强建筑的保温性和气密性，这些均可作为提升围护结构热工性能的策略。此外，还可以在建筑除北方外的方向设置可调节遮阳装置（如热反射窗帘、百叶窗等），冬季关闭遮阳装置用于增大室内热辐射量，夏季开启遮阳装置以遮挡阳光入射，夜间开启遮阳装置用于室内保温[19]。

6.4.2 寒冷气候地区

寒冷气候地区如北京、拉萨，与严寒气候地区气候条件类似，冬季较长且寒冷，夏季短暂且炎热，华中地区夏季最高气温可达40℃，全年全日温差大，日照资源丰富。此外，寒冷气候地区降雨较少，高太阳辐射量导致地表水蒸发快，使该气候区域整体环境干燥，须对建筑室内适当设置保湿措施。冬季温度略高于严寒气候区域，其设计技术策略可参考严寒气候区域，对于室内保温措施程度可适当放宽，此处不再赘述。夏季温度较严寒区域温度高，故该地区有夏季制冷需求，须综合实际气候情况分析考虑。

6.4.3 温和气候地区

温和气候地区如昆明等，气候温和，四季如春，春秋季节干燥少雨，夏季雨量适宜，冬季天晴少雨，在该区域内建造被动式建筑，技术措施满足基本要求即可，夏季无需主动制冷，在保持充足通风量条件下，温湿调节能耗约等于零。若有采暖需求，围护结构须加强保温设计。

6.4.4 夏热冬冷气候地区

夏热冬冷气候地区如成都、上海等，气候特征呈现全年降雨量大、夏季潮湿炎热、冬季潮湿寒冷的特点，全年日照百分比在30%～50%，日照率较低，夏季主导风向偏南，冬季偏北，全年风速偏低。夏热冬冷气候地区建筑除采取必要的保温隔热措施外，还需要采取一定的除湿措施，保持室内空气舒适，同时需采取措施防止潮湿空气破坏建筑内部构造，目前常用溶液除湿、机械设备除湿、太阳能被动除湿等方式对装配式被动式建筑进行除湿。虽然日照资源稀缺，但夏季气候炎热，因此也需要遮蔽阳光，可使用遮阳装置控制阳光入射量；冬季则关闭遮阳装置以增加阳光辐射量。该地区的被动式建筑应适当设置朝向南方的可开启门窗，在冬夏相间的季节，利用南风对建筑内部进行自然通风，无需消耗能源，实现保持室内空气洁净与调节室内温度的目的。建筑北向围护结构则须加强气密性与保温能力，减弱冬季寒冷北风导致的建筑耗能增加。

6.4.5 夏热冬暖气候地区

夏热冬暖气候地区如海南、广东、福建等，区域内沿海城市多暴雨台风，全年降雨量为五类气候区域中最高，全年太阳辐射强，高度角小，气候炎热潮湿，该区域内的装配式被动式建筑一般无需采取冬季保温措施。故夏热冬暖地区的建筑需要加强围护结构的隔热性能，重点做好防护太阳辐射工作，设置遮阳装置，采用较高效率的除湿系统。

对于体形系数，因无需进行冬季保温处理，可不进行严格限制，根据设计需求增加建筑外形的凹凸面，形成遮阳区域，有利于减少太阳辐射对室内环境的影响。建筑间距应按规范要求进行设计，保证夏季阳光入射量小，冬季有充分阳光直射；可多使用侧窗，不使用天窗或控制天窗面积小于屋顶面积的20%。

我国夏热冬暖气候地区盛行东南风，且区域处北回归线附近，须避免东西两方向的日照；考虑建筑夏季通风的需求，建筑最适宜的朝向应为南北向；同时，架空建筑底层，增加建筑通风能力，伴以周遭绿植进行导风；此外，须避免因台风等极端天气导致风速过快，对建筑可开启门窗布置、开闭能力进行充分设计。

该区域的装配式被动式建筑围护结构以隔绝室外高温为目的进行设计，其外墙建造可采用加气混凝土砌块、空心混凝土砌块等热惰性材料，同时对外墙表面使用可吸收弱太阳辐射能力的材料，降低室内制冷能耗；屋面隔热可采用种植屋面，同时降低建筑物周围环境温度，但种植屋面的使用会加大屋面荷载，对建筑结构要求较高，且须选用覆土厚度较低的植物；门窗则须选用传热系数低、遮阳系数小的玻璃，用以隔热，设计时，须避免过多热量进入室内，同时保证可开窗面积满足夏季通风需求，采光满足规范要求。

由于区域内太阳辐射强度高、雨水量充足，装配式被动式建筑可对此加以利用，因地制宜，实现节能目标。例如：将光伏材料融入建筑外表，将太阳能转化为电能，对室内电器进行供电，同时起到遮挡太阳辐射的作用；增设带雨污分流的雨水收集系统，将所收集雨水用于浇灌绿植、室内清洁，改善区域内淡水稀缺的状况。

6.5 装配式被动式建筑能耗定量分析方法

6.4 节主要介绍了被动式节能技术措施与不同气候下的装配式被动式建筑建造技术策略，各措施对于建筑节能的贡献基于主观认知，而被动式建筑节能减排效果的评价应基于定量分析方法（如简化能耗估算方法、正演模拟方法、逆向模拟方法等）进行，本节就可用于装配式被动式建筑的建筑能耗定量分析方法进行介绍。

6.5.1 简化能耗估算方法

简化能耗估算方法相对于其他模拟方法使用更快速的输入方式以及计算速度对建筑能耗进行简化估算，可用于估计建筑能耗情况。

1. 度日数法

度日数法常用于计算建筑在供暖期中总计供暖能耗，以日平均温度与规定基础温度的离差表示，用于衡量热量。假设供暖空调系统能耗与室外温度呈线性关系，建筑内平衡温度 t_{bal}、建筑总热损失系数 K_{tot}、供暖系统效率 η_h 全年不变，取全年均值，则全年总供暖能耗为

$$Q_{h,yr}=\frac{K_{tot}}{\eta_h}\int[t_{bal}-t_o(\theta)]^+\,d\theta \tag{6-1}$$

式中 $Q_{h,yr}$——全年总供暖能耗，W；

K_{tot}——建筑总热损失系数，W/K；

η_h——供暖系统效率；

t_{bal}——建筑内部平衡温度，℃；

t_o——室外温度，℃；

θ——计算时间，此处为 1 年。

式（6-1）中，+表示当括号内为正值时方进行计算。当室外温度 t_o 低于建筑内平衡温度 t_{bal} 时，为维持平衡温度，需要对建筑内进行供暖，在一定热量损失 q_{tot} 的基础上，抵消全年平均太阳辐射、室内人员、照明、运行设备发热量 q_{gain}，这就是建筑内部所需供暖热量 q_h。而全年总热能耗 $Q_{h,yr}$ 是对供暖能耗 q_h 随时间的积分。

在特定室内温度 t_i 下，满足以下公式：

$$q_h\eta_h = q_{tot} - q_{gain} \tag{6-2}$$

$$q_{tot} = K_{tot}[t_i - t_o(\theta)]^+ \tag{6-3}$$

$$q_{gain} = K_{tot}(t_i - t_{bal}) \tag{6-4}$$

$$q_h\eta_h = K_{tot}[t_{bal} - t_o(\theta)]^+ \tag{6-5}$$

$$q_h = \frac{K_{tot}}{\eta_h}[t_{bal} - t_o(\theta)]^+ \tag{6-6}$$

2. 年度日数法

普通的度日数法缺少对建筑同时存在制冷和供暖需求的能耗计算，而年度日数法引入了对含供冷和需求建筑的能耗计算，首先计算供暖度日数 HDD 和供冷度日数 CDD：

$$HDD(t_{bal}) = \sum_{i=0}^{n}(t_{bal} - t_{o,i})^+ \tag{6-7}$$

$$Q_{h,yr} = \frac{K_{tot}}{\eta_h}HDD(t_{bal}) \tag{6-8}$$

$$CDD(t_{bal}) = \sum_{i=0}^{n}(t_{o,i} - t_{bal})^+ \tag{6-9}$$

$$Q_{c,yr} = \frac{K_{tot}}{\eta_h}CDD(t_{bal}) \tag{6-10}$$

式中 n——供暖天数、供冷天数或计算天数，d；

$HDD(t_{bal})$ ——基于平衡温度 t_{bal} 的供暖度日数，℃ · d，t_{bal} 取 18.3℃；

$CDD(t_{bal})$ ——基于平衡温度 t_{bal} 的供冷度日数，℃ · d；

$Q_{c,yr}$——全年总供冷能耗，W。

对建筑供冷能耗计算采取与供暖相同的方式，是基于 K_{tot} 在计算时间段内不变的假设，是因为供暖季节建筑门窗关闭，总体热损失恒定，而在对供冷有需求的季节，除采用耗能装置供冷外，还可通过打开门窗进行通风来降低内部热量。故假设当室外温度在一定温度 t_{max} 以下，建筑采取通风降温；当室外温度高于 t_{max} 时，建筑采取耗能供

冷，则

$$q_{gain}=K_{max}(t_i-t_{max}) \tag{6-11}$$

$$t_{max}=t_i-\frac{q_{gain}}{K_{max}} \tag{6-12}$$

$$Q_{c,yr}=K_{tot}[CDD(t_{max})+(t_{max}-t_{bal})N_{max}] \tag{6-13}$$

式中 N_{max}——供冷季节室外空气温度 t_o 高于 t_{max} 的天数，d；

K_{max}——开窗时建筑总热损失系数，受外界风速影响大，此处假设风速恒定，W/K。

上述公式假定一天内建筑内部对制冷和制热的需求恒定，建筑内部平衡温度 t_{bal} 恒定，而实际上基于一天内建筑外部气候、室内人员、设备运行状况不同，围护结构传热、太阳辐射得热、室内热源得热不同，制冷、通风、采暖的需求是不同的，故建筑能耗不同。针对以上状况，可使用度时数（*CDH*，℃·h）代替度日数，考虑单日内建筑制冷、通风、采暖的不同运行状况，计算相关设备的运行时间更为合理。

在暖通学中，制冷装置改变建筑室内空气温度所消耗的能量，只占其总耗能的一部分，称为显热负荷。另一部分能量用于改变建筑室内的湿度，如水分在装置中冷凝成水所释放的热量，称为潜热负荷，潜热负荷逐月计算方法如下：

$$q_{latent}=mh_{fg}(W_o-W_i) \tag{6-14}$$

式中 q_{latent}——月潜热负荷，kW；

h_{fg}——水的蒸发热，kJ/kg；

W_o——室外空气含湿量（月平均）；

W_i——室内空气含湿量（月平均）。

综上所述，对以仅供暖为主导的区域，取用合适的平衡温度 t_{bal}，使用度日数法可对建筑年供暖耗能作出较为准确的估计。

3. 变平衡温度的年度日数法

由于平衡温度 t_{bal} 取值对建筑年耗能量的计算影响较大，并且不同居住人员对建筑内部的恒定温度值的需求不同，因此，可使用变化的平衡温度取值对建筑年耗能量进行计算，增强计算准确率。

4. 温频法/BIN 方法

温频法将围护结构负荷（太阳辐射以及建筑内外温差负荷）变换为与室外气温的线性关系，即某一气候环境出现的时间长度。温频即温度的时间频率。在不同的室外干球温度条件下完成负荷计算，以室外干球温度 t_o 为界限，并将计算结果乘以各温度段

(BIN) 出现的小时数，便可得全年的计算负荷：

$$Q_{\mathrm{bin}}=N_{\mathrm{bin}}\frac{K_{\mathrm{tot}}}{\eta_{\mathrm{h}}}[t_{\mathrm{bal}}-t_{\mathrm{o}}]^{+} \tag{6-15}$$

式中 Q_{bin}——全年能耗量，kW·h；

N_{bin}——各温度段出现的小时数。

6.5.2 正演模拟方法

正演模拟方法适用于对新建建筑的能耗进行模拟计算，对建筑设计方案进行对比选择及方案优化，以符合设计需求或规范标准。该方法针对建筑系统和部件，如建筑尺寸、围护结构传热能力、设备种类及运行时间、空气调节系统类型等进行物理描述。该方法模型由负荷模块、系统模块、设备模块、经济模块四模块组成。

1. 负荷模块

负荷模块模拟由围护结构所隔开的建筑内外环境的负荷影响，一般有热平衡法、加权系数法和热网络法三种方法。

(1) 热平衡法以热力学第一定律为原理，对由四面墙、屋顶或者吊顶、地板、蓄热表面以及每面墙包含的窗、屋顶包含的天窗所组成的 12 个表面，建立热平衡方程，包含外墙外表面的热平衡方程、墙体导热平衡方程（使用有限差分法或导热传递系数法）、外墙内表面热平衡方程以及房间空气热平衡方程，如图 6-9 所示。

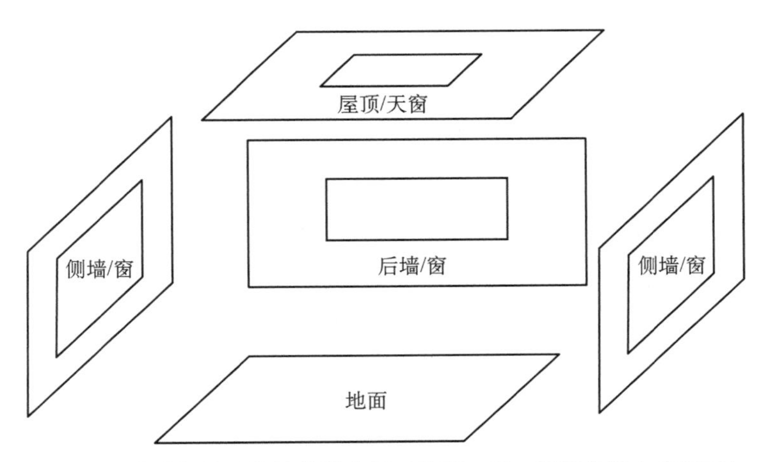

图 6-9 需进行热平衡计算的表面（前墙、窗、蓄热体图中未显示）

(2) 加权系数法通过两步计算法。假设建筑中的传热过程呈线性，影响权系数的系统参数为定值，与时间无关。第一步，计算房屋内温度为固定值时的瞬时得热量，如外墙得热、窗户得热及室内热源得热，然后计算与得热量对应的除热量以及冷负荷得热权系数关系式。第二步，通过所得热权系数，计算室内温度处于变化时的房间空气温度和除热量。

(3) 热网络法将建筑分为多个节点，在节点之间进行能量传递与平衡，较热平衡法更为复杂。因其热量传递节点更多，对光源等均进行了全面模拟，计算结果较前两种方法更精确，可以看作更复杂的热负荷模拟法，其缺点是需要使用更多的计算力进行计算。

2. 系统模块

系统模块模拟建筑内部对空气进行加热、冷却、加湿、去湿等空气调节系统的状态，具体可分为输配设备和热质交换设备。

(1) 风机、输送泵等输配设备在模拟软件中采用多项式回归方程描述风机控制的负荷曲线，建立输入功率比与所需设计工况负荷率的关系，注意在模型中需要考虑风机运行散发热量所造成的空气温度上升以及水泵运行使水温上升的影响。

(2) 热交换器、蒸发冷却器等热质交换设备会对进入冷热源设备的流体状态造成影响，其计算模型常使用 ε-NTU 模型，根据传热单元数 NTU 与热容流比率 C 计算实际传热量与理论最大传热量之比，即热交换器效率 ε。

3. 设备模块

设备模块模拟建筑内部冷热源设备的工作状态，该类设备主要通过消耗能源对建筑供应冷热。模拟模型通常分为回归模型和物理模型两类，回归模型根据设备制造厂家提供的经验公式，分析设备的运行特性及能耗；物理模型则根据热力学第一定律，根据设备实际运行状况，以更精确的方法计算设备能耗。

4. 经济模块

经济模块是根据上述设备的运行状况和设计能耗需求计算所需能源费用。

完成各模块模型建模后，须进行建筑整体能耗计算，对上述四个模块进行组装形成建筑系统，常用顺序模拟法或同时模拟法组装。顺序模拟法分层计算得出结果，先对各建筑区域负荷进行计算，然后模拟计算空气调节器的能耗量，对冷热源设备能耗量进行计算，最终计算得出能耗费用。顺序模拟法计算较为简便，但计算过程中无法体现设备间共同工作的情况。同时模拟法则通过计算机同时对建筑中所有负荷、设备等进行模拟计算，其结果准确性较高。

6.5.3 逆向模拟方法

逆向模拟方法适用于对既有建筑的能耗进行模拟计算，在计算结果的基础上对建筑采用不同节能改造方案，并对各种改造方案进行能耗、费用计算，最终选择最优改造方案。该方法的使用需要获取既有建筑与能耗相关的输入输出变量，用以建立建筑系统的数学描述。区别于正演模拟方法，逆向模拟方法的计算数据来自实际建筑能耗数据。

采集的建筑能耗数据分为设定型和非设定型两种数据类型。设定型数据指预设实验工况下的建筑能耗数据；非设定型数据指建筑正常运行状况下获得的建筑能耗数据，其对于系统性能的未来预测较正演模拟更为准确。

逆向模拟方法有经验（黑箱）法、灰箱法和校验模拟法三类。

经验（黑箱）法建立实测能耗与能影响建筑内环境相关影响因子的回归模型，模型中的系数无物理意义，可包含单变量模型、多变量模型、变点模型、傅里叶级数模型和人工神经元网络模型，是较为常用的逆向建模方法。

灰箱法需要建立建筑与空调系统间的物理模型，再通过实测数据对模型中的物理参数进行修正，其模拟准确程度与使用者对热力学模型的应用水平有关。

校验模拟法利用现有能耗计算软件，依据实际建筑运行数据对软件中的参数进行修正，以更好地符合实际建筑运行情况。[20]

6.5.4 被动式建筑能耗分析软件

目前常用的被动式建筑能耗分析软件主要有 DEST、EnergyPlus、Design Builder、DOE-2、PHPP。其中，PHPP（Passive House Planning Package，被动式建筑设计工具包）内嵌基于 ISO13790 的计算方法，使用 PHPP 计算被动式建筑能耗，可使各国被动式建筑能耗模拟结果具有统一标准。

6.6 小结

随着科学技术的发展，绿色环保日益成为人类社会发展的重要需求，建筑工程作为人类社会中自然资源消耗量较大的活动，将绿色环保的理念融入其中至关重要，因此，将被动式建筑技术与装配式技术相融合，为建筑技术低碳创新发展助力。装配式建造技术加快了房屋建造的速度，被动式建筑技术以节能减排为目标，形成了绿色建筑发展蓝图。我国在节能建筑的政策法规、规划设计、建造施工以及建筑材料的研发生产上已经具备一定的基础，被动式建筑所要求的材料和设备大多数在我国都有相同或者类似的产品，其基本理念和技术策略在我国是完全可以实现的。在运用被动式建筑基本理念的基础上，结合位于不同气候条件和社会环境中的建筑，运用多方面的策略将建筑能耗降到最低，就能够创造性地设计出符合我国国情的被动式建筑，为可持续发展增加新的亮点。

本章通过阐述装配式建造技术与被动式建筑建造相结合的技术措施，对两项技术在融合时产生的问题进行概述，使用预制构件作围护结构的被动式建筑，增加了围护结构的保温隔热性、气密性以及隔音性，也使施工过程中需要对各预制构件间或构件与建筑管线间等出现缝隙，需要根据被动式建筑节能需求对缝隙进行处理，以维持舒适的室内环境，在此基础上根据我国不同气候区域条件进行深化设计。与此同时，对不同气候下的被动式建筑建造技术策略进行总结，在实际装配式被动式建筑设计建造中，应因地制宜，选用的设计方法适宜当地气候，尽量就近采用当地建筑材料，在适当参考国内外工程案例的基础上，根据各区域热、冷、湿负荷条件，建立符合我国各区域气候条件的装配式被动式建筑设计施工方式，实现我国被动式建筑的推广普及，为我国最终实现“双碳”目标提供助力”。最后，对常用建筑能耗计算方法进行简要介绍，这些计算方法均可用于计算装配式被动式建筑能耗，需要额外考虑被动式建筑中能量回收等装置对建筑内部环境的影响，例如邓丰基于上海地区的气候与人居习惯，根据被动式建筑设计特性，使用 PKPM 对地区内高层被动式住宅进行能耗分析，探究外围护结构、保温层厚度与位置、凸窗等对建筑能耗的影响，以优化被动式建筑能耗情况，进而优化被动式建筑设计。

参考文献

[1] Parliament E. Directive 2010/31/EU of the European Parliament and of the Council of 19 May 2010 on the energy performance of buildings [J]. Official Journal of the European Union，2010：13-35.

[2] 中华人民共和国住房和城乡建设部. 民用建筑设计统一标准：GB 50352—2019 [S]. 北京：中国建筑工业出版社，2019.

[3] 国务院办公厅. 国务院办公厅关于大力发展装配式建筑的指导意见：国办发［2016］71 号 [A/OL].（2016-09-30）[2024-03-06]. https://www.gov.cn/zhengce/content/2016-09/30/content_5114118.htm.

[4] 吴良镛. 北京宪章 [J]. 时代建筑，1999（3）：88-91.

[5] 宋琪. 被动式建筑设计基础理论与方法研究 [D]. 西安：西安建筑科技大学，2015.

[6] 湖北省住房和城乡建设厅. 武汉城市圈低能耗居住建筑设计标准：DB42/T 559—2009 [S]. 2009.

[7] 湖北省住房和城乡建设厅. 低能耗居住建筑节能设计标准：DB42/T 559—2022 [S]. 2022.

[8] 河北省住房和城乡建设厅. 被动式低能耗居住建筑节能设计标准：DB13（J）/T 177—2015 [S]. 2015.

[9] 山东省住房和城乡建设厅. 被动式超低能耗居住建筑节能设计标准：DB37/T 5074—2016 [S]. 2016.

[10] 上海市住房和城乡建设管理委员会. 关于《上海市超低能耗建筑技术导则（试行）》的通知：沪建建材［2019］157 号 [A]. 2019.

[11] 中华人民共和国住房和城乡建设部. 被动式超低能耗绿色建筑技术导则（试行）（居住建筑）[A/OL].（2015-11-13）[2024-03-07]. https://www.mohurd.gov.cn/file/old/2015/20151113/w020151113040354.pdf.

[12] 中华人民共和国住房和城乡建设部. 近零能耗建筑技术标准：GB/T 51350—2019 [S]. 北京：中国建筑工业出版社，2019.

[13] 何泉，石翠莹，黄炜. 低能耗装配式建筑外墙设计研究综述 [J]. 建筑节能（中英文），2023，51（3）：30-36.

[14] 闫成文，姚健，林云. 夏热冬冷地区基础住宅围护结构能耗比例研究 [J]. 建筑技术，2006 (10)：773-774.

[15] Thalfeldt M, Pikas E, Kurnitski J, et al. Facade design principles for nearly zero energy buildings in a cold climate [J]. Energy and Buildings, 2013, 67: 309-321.

[16] Passive House Institute China [EB/OL]. https://phichina.com.

[17] 魏宏亳. 装配式低能耗建筑气密性设计研究 [D]. 济南：山东建筑大学，2017.

[18] 王进，李文亮，蒋星宇，等. 装配式住宅梁柱搭接方法及热桥被动节能技术研究 [J]. 建筑节能，2017，45 (4)：133-135.

[19] 孙国飞. 建筑被动式建筑技术在我国严寒地区的应用策略研究 [D]. 哈尔滨：哈尔滨工业大学，2014.

[20] 潘毅群等. 实用建筑能耗模拟手册 [M]. 北京：中国建筑工业出版社，2013.

[21] 沃尔夫冈·费斯特. 在中国各气候区建被动式建筑 [M]. 陈守恭，译. 北京：中国建筑工业出版社，2018.

[22] 邓丰，朱凯. 上海高层住宅被动式超低能耗设计策略研究 [J]. 住宅科技，2018，38 (2)：40-45.

7

典型应用案例

上海城建建设实业集团是国内最早系统性研发装配式先进技术和结构体系的大型建设集团，在居住建筑、公共建筑、工业厂房、地下车库等建筑领域进行了广泛的试点及应用，验证了本书所述装配式混凝土建筑创新技术的可行性和优越性。本章将详细介绍各应用案例的应用技术、特点及施工过程等内容，为书中所涉及的各种技术和结构体系的实践提供参考。

7.1 居住建筑

7.1.1 佘山装配式基地1号试点楼

1. 概况

2013年，上海城建建设实业集团联合同济大学成功研发了预应力空心楼板预制剪力墙结构体系。该体系是一种竖向结构采用预制剪力墙，竖向钢筋通过螺栓或套筒进行连接，水平结构采用预应力空心楼板，通过后浇竖向混凝土和水平叠合层连接，从而成为整体的一种新型预制混凝土结构，具有高预制率、高建筑集成度、大开间、施工便捷、环保节约和安全性高的特点。该体系相对于国内主流的装配式混凝土剪力墙结构体系，大大降低了工程成本和施工难度，并有极高的空间灵活性。为了进一步验证体系的施工可行性，2015年，集团在上海佘山装配基地实施了1号试点楼项目并获得了成功（此项目为2016年住房和城乡建设部全国装配式建筑现场会观摩工程）。

1号试点楼共6层，单层建筑面积267 m^2，总建筑面积1 602 m^2。1～6层建筑的外墙、内墙、连梁、楼板、阳台、雨篷、空调板、楼梯、电梯井、女儿墙等均为预制，每层预制构件90块，预制率达80.3%，装配率在90%以上，主体结构建造时间为60日历天。该项目验证了本书第2章中所述的大跨预应力空心板技术。

2. 建筑特点

（1）楼板采用预应力空心楼板，最大楼板跨度 9.5 m，实现无梁无柱大空间，可做住宅、办公楼、职工宿舍等形式的自由分隔，以满足不同的使用需求。

（2）楼板总厚度 220 mm（预制 150 mm＋现浇 70 mm），具有良好的降噪隔震作用，使用舒适度大幅提升。

（3）外墙为高度集成的预制夹心墙板，集外墙面砖装饰、保温、门窗、结构于一体，大大提高了门窗的安装精度并保证了气密性，有效解决了门窗、墙体渗水，外保温、外饰面砖易脱落等建筑质量通病。

（4）预制剪力墙的竖向钢筋连接使用螺栓连接，施工方便快捷、拼装精度高，构件平整度误差在 3 mm 内，螺栓连接也可作为施工过程中的临时固定，为国内首创。

（5）整幢建筑仅预制构件连接节点和每层现浇层需现浇，施工过程中不需要脚手架、升降机等设施设备，施工方便快捷。构件拼装完成后不需要内、外抹灰，湿作业很少，极大地缩短了施工工期，吊装开始施工总工期为 30 d。

（6）楼板安装过程中无须排架支撑。

（7）施工过程中基本上不产生建筑垃圾，环保效益明显。

（8）同层排水系统成功应用于装配式建筑，提升了建筑品质。

1 号试点楼成功验证了预应力空心板预制剪力墙结构体系的先进性、可靠性和可实施性，为正式的工程实践和推广奠定了坚实的基础。

3. 施工过程

佘山装配式基地 1 号试点楼的施工过程如图 7-1 所示。

(a) 预制空心板吊装

(b) 预制梁吊装

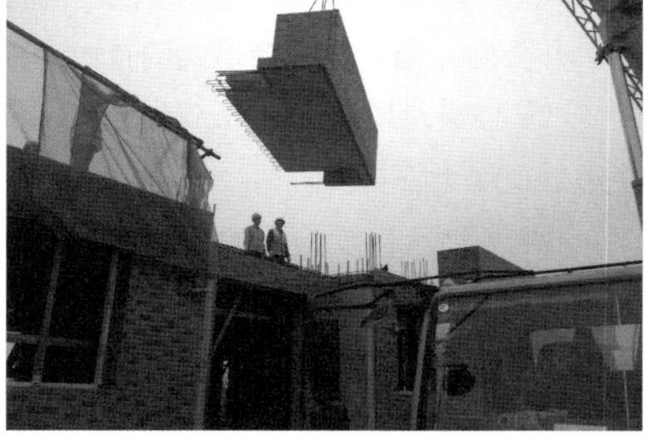

(c) 预制阳台吊装

(d) 预制剪力墙吊装

(e) 坐浆

(f) 标高垫块设置

(g) 预制剪力墙后浇段

(h) 预制剪力墙支撑搭设

图 7-1　1 号试点楼施工过程

4. 竣工实体

余山装配式基地 1 号试点楼的竣工实体如图 7-2 所示。

(a) 主视图

(b) 仰拍图

图 7-2　1 号试点楼竣工实体

7.1.2　高舒适低能耗装配式 2 号试点楼

1. 概况

2 号试验楼应用了第 2 章中所述的大跨预应力空心板技术和第 6 章中所述的被动式节能技术，由上海城建建设实业集团统一实施设计、深化、生产、建造、运维以及性能检测，位于松江区泗陈公路 3770 号上海城建建设实业集团新型建筑材料有限集团办公区域内。该试验楼总建筑面积 1 800 m^2，地上共 6 层，无地下室，单层层高 3.3 m

图 7-3　建筑效果示意

(净高 3 m)，体形系数 0.25，窗墙比南、北方向为 0.27，东、西方向为 0.06，建筑效果如图 7-3 所示。2 号试验楼采用集团拥有自主知识产权的预应力空心板-装配式混凝土剪力墙体系，预制率达 83%。室内装修采用装配式内装，总装配率达 99%以上。

2 号试验楼大量引入了被动式节能建筑的先进技术理念，在外围护设计、门窗配置、可再生能源利用、室内环境控制等方面均做了充分的考虑，达到了超低能耗的目标。设计指标主要参考了 PHI 标准和被动式超低能耗绿色建筑技术导则，各项室内环境指标、能耗水平、气密性能等均按国际最高标准进行设计。

2. 建筑特点

(1) 套型平面规整，采用统一模数协调尺寸，结构主要墙体保证规整对齐，减少预制构件转折，同时充分发挥大开间、可自由分隔的优势，不同层面实现不同功能分区。

(2) 预制结构形式采用预应力空心板预制剪力墙结构体系，预制构件种类为预制内、外墙，预制空心楼板，预制阳台，预制楼梯等，预制率达 83%以上。构件拆分充分考虑到构件的标准化，便于施工。标准层构件拆分示意如图 7-4 所示。

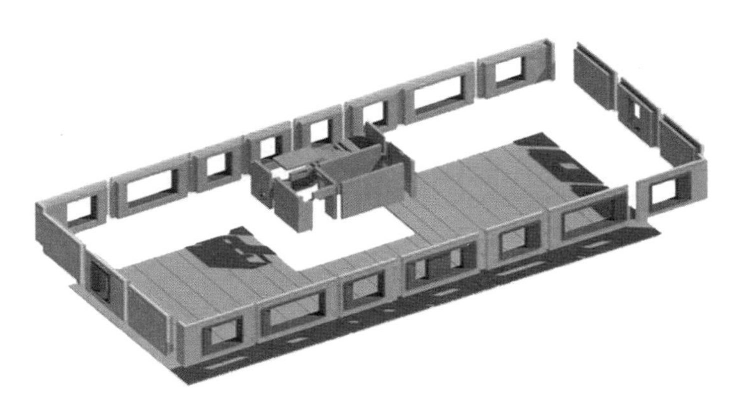

图 7-4　标准层构件拆分示意

(3) 屋面女儿墙首次采用了钢结构外挂预制女儿墙板的形式，拼装精度高，安装便捷，后期维护简单，有效保证了装配式建筑的整体外观协调，同时也为后续的类似应用提供了宝贵经验。

(4) 外墙接缝防水采用材料防水、构造防水以及结构防水相结合的做法，其所用的密封材料选用耐候性密封胶。外墙接缝防水示意如图 7-5 所示。

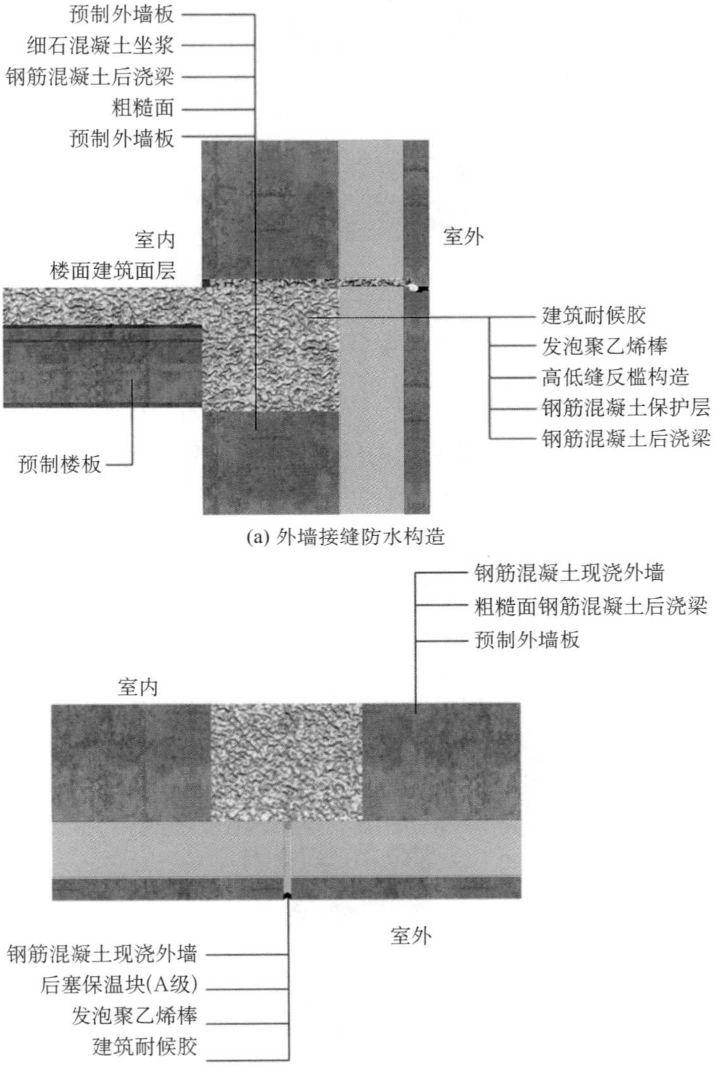

(a) 外墙接缝防水构造

(b) 外墙“材料防水、构造防水以及结构防水”体系

图 7-5　拼缝节点示意

(5) 建筑采用遮阳构造。门窗均为内嵌设置，深度超过 400 mm，在丰富建筑外立面的同时，在夏季可以有效阻挡阳光直射室内，大大降低了夏季制冷能耗。

(6) 高气密性设计处理，如图 7-6 所示。夏季，气密性差造成外部湿热空气渗入室内，增加制冷能耗，同时有结露、发霉的风险，影响房屋使用功能及寿命；冬季，室内外空气温差大，冷风渗透造成的热量损失增加了供暖能耗。因此，气密性能的好坏直接影响建筑的整体节能水平。项目所有构造节点（拼缝、穿墙管和门窗节点等）在深化设计中均做封堵设计。

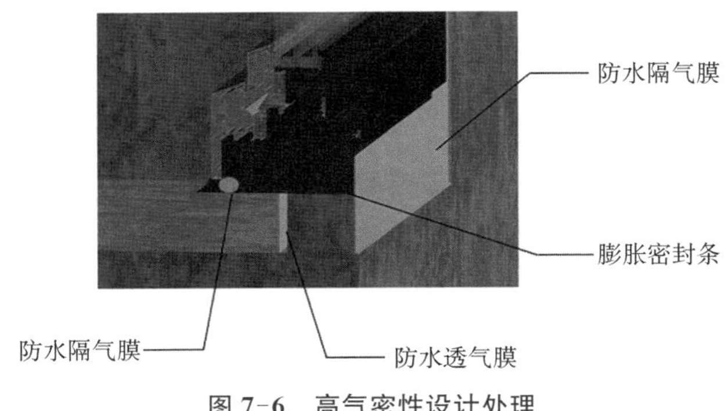

图 7-6 高气密性设计处理

（7）基于装配式结构的断桥节点处理，如图 7-7 所示。预制墙板及构件拼装节点、门窗安装节点、进出建筑物的管道及遮阳构件，这些外围护结构的保温层确保连续完整，采用无冷桥处理技术，避免室内出现结露、发霉现象。

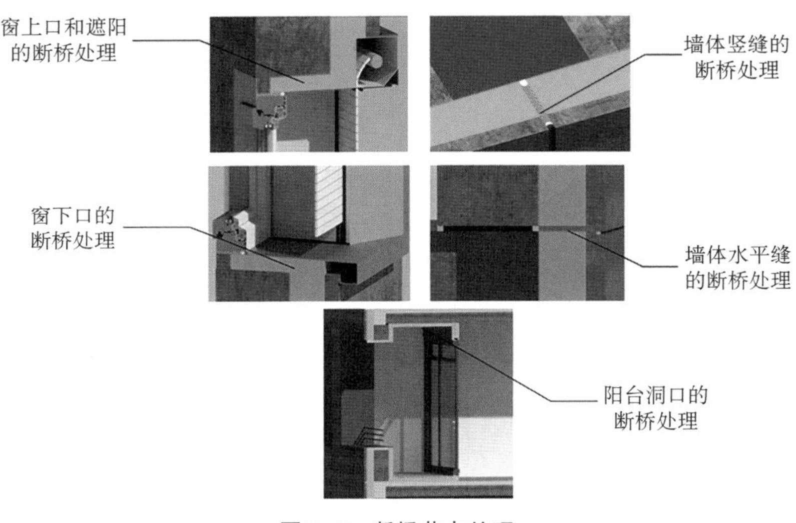

图 7-7 断桥节点处理

（8）一系列的隔音降噪措施：加厚的围护结构（外墙厚度 530 mm，楼板厚度 290 mm），降低了室内外以及上下楼层之间的声音传递；门窗系统中三玻两腔、真空玻璃的应用，多腔体型材的选用，有效阻隔了室外噪声的传递；门窗洞口、结构节点的高气密性处理，杜绝了外部声音传递的途径，做到了室内外声音的有效隔绝。同层排水：通过采用同层排水系统，大大降低了室内的生活噪声量。设备隔音：设备管道通过包裹橡塑保温材料，有效减少了设备运行带来的噪声影响。

（9）结合各层的功能划分及使用状态，采用不同的室内环境处理形式，以检测各类系统合理的使用范围，从而达到节能降耗的目的。

3. 关键技术应用

1）单排螺栓连接

标准层每层东、西山墙以及楼梯井部位预制剪力墙板应用单排螺栓技术。这部分预制墙板均无预留门窗洞口，墙体内部钢筋分布密集，若全部采用套筒灌浆连接，对接钢筋数量众多，势必增加施工难度。

为了降低施工难度，同时也为了确保预制剪力墙的连接可靠，经过综合考虑，项目中上述预制墙板的竖向连接采取了单排螺栓连接和套管灌浆连接混搭的连接方式，如图 7-8 所示。

(a) 单排螺栓连接

(b) 套管灌浆连接

图 7-8 预制墙板的竖向连接

2）大跨预应力空心板

为了进一步研究预应力空心板技术在住宅建筑中的应用方式，以及在经济合理的范围内充分发挥预应力空心板技术的大跨度优势，本项目在体系的基础上，结合预应力空心板本身的特点，通过充分论证和模拟，采用了一种与常规完全不同的结构布置形式。

（1）预应力空心板由常规的横向布置调整为统一的纵向布置，使得预应力空心板的跨度应用进一步扩大到近 11 m。

（2）全面取消了建筑的内剪力墙，由外剪力墙承受全部建筑荷载，外剪力墙核心墙体厚度增大至 320 mm。

预应力空心板横向布置大开间如图 7-9 所示。

通过调整结构布置形式，进一步释放了建筑空间，真正实现了建筑可自由分割、可重复改造的建造模式，使得不同层面实现不同功能分区成为现实，为住宅建筑国内领先和首创；同时也将预应力空心板技术的应用水平提高到了一个新的层次。

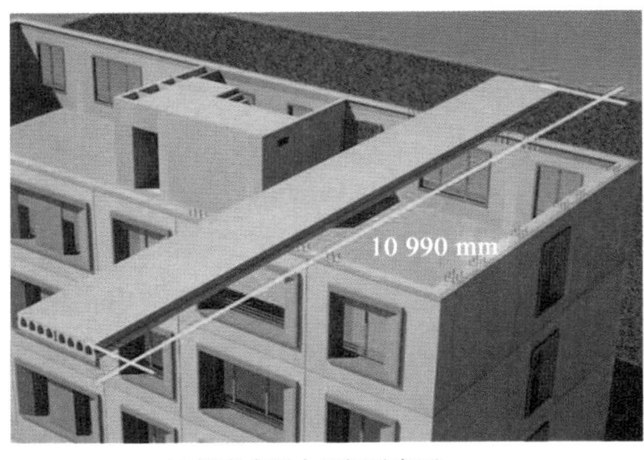

(a) 横向布置大开间示意图

(b) 横向布置大开间实体图

图 7-9　预应力空心板横向布置大开间

3）遮阳设施与预制构件集成

为了进一步提高建筑品质，满足建筑节能的需求，同时也为了符合楼层的具体使用功能，项目在 3、4、5 层住宅体验区的南、西面的预制夹心保温墙板中配置了外遮阳卷帘系统，外遮阳卷帘系统中的卷帘盒、轨道仓等在工厂预制完成，现场只进行系统剩余部分的安装。外遮阳系统集成示意如图 7-10 所示。

(a) 外遮阳系统卷帘盒

(b) 外遮阳系统集成

图 7-10　外遮阳系统集成示意

4）超厚预制夹心保温墙板采用不同连接件

项目预制夹心保温墙板为 60 mm（外叶板）＋150 mm（保温）＋320 mm（核心墙体）的构造形式，墙板总厚达 530 mm，属于超厚墙板。因此，确保外叶板、保温层、混凝土核心层之间的连接可靠，是保证建筑结构安全的关键。

项目在构件设计时对墙板连接件的选择做了特别考虑，选取了 FRP、哈芬、佩克三种均能满足超厚夹心保温墙板连接要求的连接件（图 7-11）。三种连接件应用于不同楼层（FRP 连接件用于 1 层和 2 层，哈芬连接件用于 3 层和 4 层，佩克连接件用于 5 层和 6 层）进行对比，通过安装、使用、测试等，验证不同连接件在超厚夹心保温墙板中的实际效能，为今后连接件的选择提供依据。

(a) FRP连接件

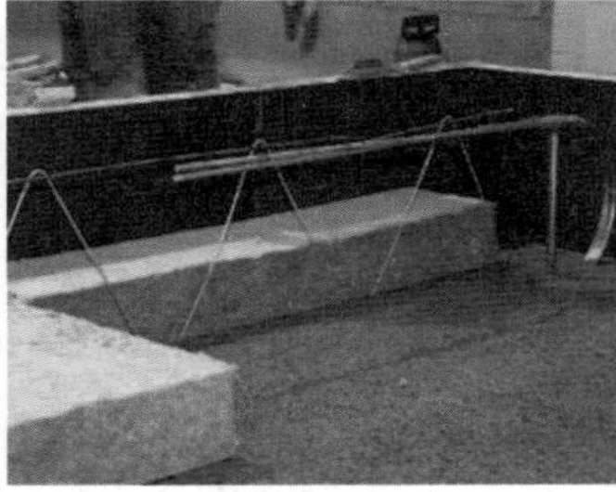

(b) 哈芬连接件

(c) 佩克连接件

图 7-11　不同连接件应用

（1）FRP 连接件。对于消除冷、热桥效应最好，最有利于墙体的整体保温性能，但对施工工艺要求较高，初期成本相对较高，实际承载力受施工质量影响较大。

（2）哈芬连接件。能适应夹心墙板内部应力释放的要求，连接最为可靠，但在实际施工过程中，连接件与钢筋容易碰撞，安装困难。

（3）佩克连接件。能满足各种厚度保温层的需求，适用范围最广，但由于连接件为不锈金属，不利于墙体的整体保温性能，而且，连接件的分布形式不利于外叶板受力，对钢筋保护层要求较高。

5）BIM 技术应用

项目通过 BIM 技术将设计、深化设计、构件生产、现场施工等有效地串联在一起，大大提升了项目的实施效率，主要应用情况如下。

（1）方案设计，如图 7-12 所示。通过 BIM 相关软件建立建筑、结构模型，优化建筑、结构总体方案，同时通过建立 BIM 模型对关键节点进行模拟，优化节点构造。

(a) 结构总体方案

(b) 关键节点模拟

图 7-12　方案设计

（2）深化设计，如图 7-13 所示。利用 BIM 相关软件建立本项目的预制构件模型库，实现各构件的管理与调用，同时通过 BIM 模型导出预制构件加工图，指导构件生产。

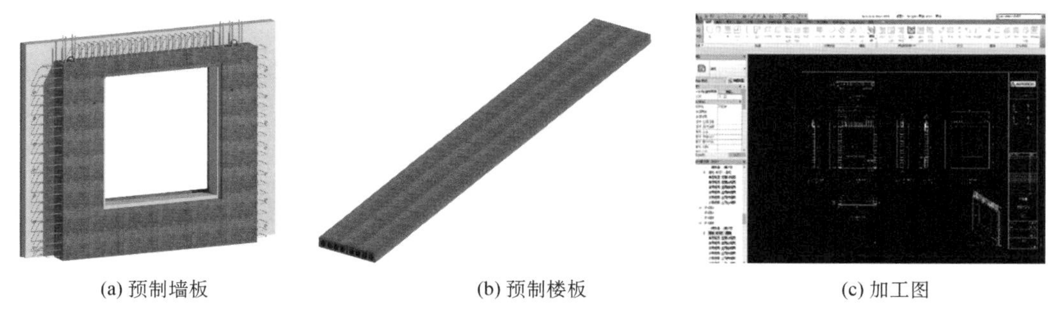

(a) 预制墙板　　(b) 预制楼板　　(c) 加工图

图 7-13　主要预制构件模型及出图

（3）拼装方案模拟，如图 7-14 所示。利用 BIM 技术充分模拟建筑物各预制构件之间的整体性，通过模拟拆分和拼装来确定最合理的拼装方案。

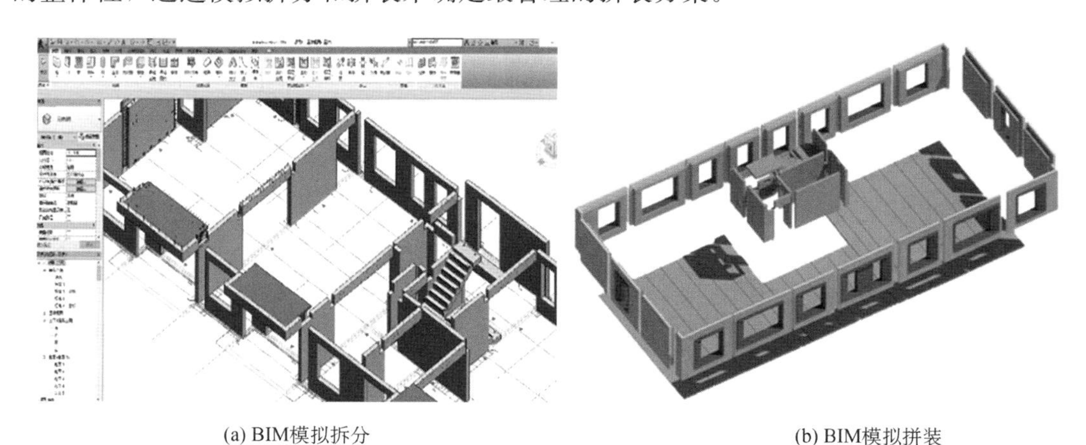

(a) BIM模拟拆分　　(b) BIM模拟拼装

图 7-14　预制构件拼装方案模拟

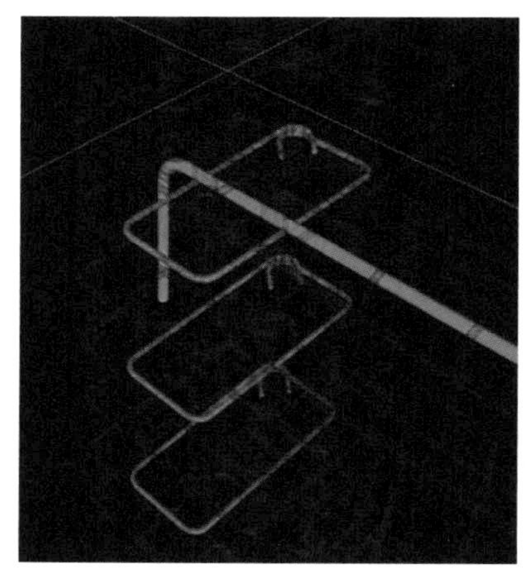

图 7-15　钢筋碰撞检查

（4）预制构件钢筋碰撞检查，如图 7-15 所示。通过 BIM 模型模拟拼装后预制构件的钢筋碰撞情况，提前发现问题，优化构件组合，包括预制构件内部的钢筋碰撞检查、相邻预制构件之间的钢筋碰撞检查以及预制构件与周边现浇部分的钢筋碰撞检查等。

（5）安装方案模拟，如图 7-16 所示。根据预制构件吊装计划，在 BIM 模型中实现预制构件与时间的关联，对安装方案进行三维动态模拟，并利用虚拟漫游来提前发现安装难点，同时，通过 BIM 模型对关键工序实现深度虚拟交底，指导现场班组施工。

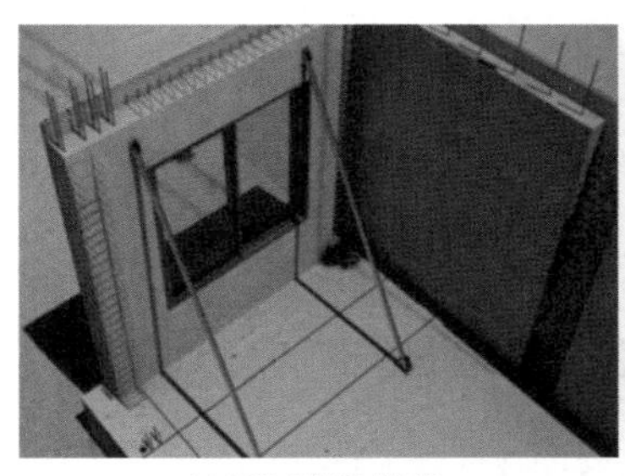

(a) BIM安装模拟

(b) BIM三维动态模拟

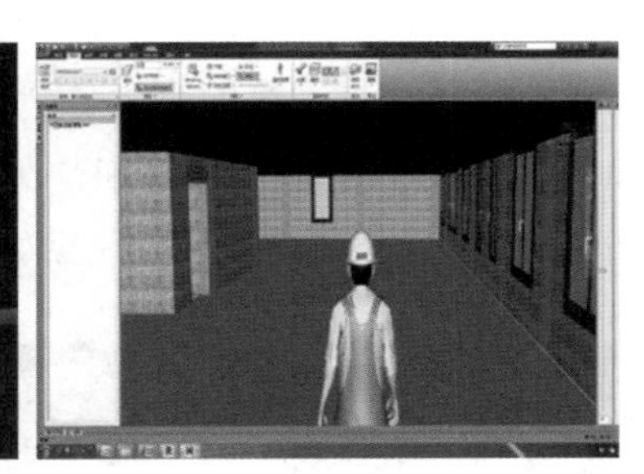

(c) BIM虚拟漫游

图 7-16　安装方案模拟及虚拟漫游

(6) 二维码信息管理，如图 7-17 所示。在预制构件的信息管理上采用了二维码技术，主要应用情况如下。

(a) 构件信息管理及产品质量控制

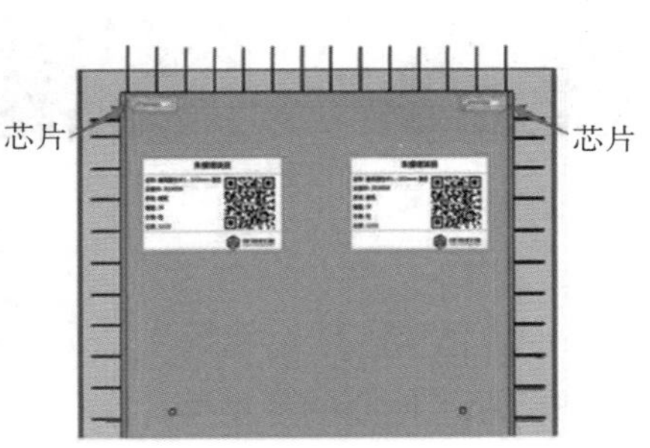

(b) 构件安装质量控制

图 7-17　二维码应用

① 构件信息管理。为每一个生产好的预制构件制作二维码，并将预制构件的信息存入二维码信息存储平台。

② 构件产品质量控制。将生成的二维码粘贴在预制构件上，出厂前，通过手机扫描二维码，即可显示出该构件的尺寸大小、生产时间、采用工艺、构件强度、生产工位等具体信息，一旦构件出现质量问题，可以通过二维码扫描出来的信息，追溯到责任人、工序和原因，从而实现质量管控。

③ 构件安装质量控制。预制构件运输到安装现场后，施工人员通过手机扫描二维码，可获得构件的安装信息，包括安装楼层、位置、标高等，使得现场的构件安装效率大大提升，确保构件安装质量。

6) 装配式内装

项目室内装修全面采用装配式内装技术，如整体式厨卫、活动式架空地板、带装饰面板的轻钢龙骨内隔墙、管线明装等，有效提高了施工速度，降低了人工成本，提升了建筑品质，具体如下。

（1）轻钢龙骨隔墙自重轻，厚度薄，拆装方便，可变性强，大大提升了建筑空间的利用率，在建筑的全生命周期里可实现户型的自由变换，满足家庭不同时期的居住需求。墙体饰面仿真性高，无色差，厨卫饰面耐磨且防水。轻钢龙骨隔墙如图 7-18 所示。

(a) 轻钢龙骨隔墙示意图

(b) 轻钢龙骨隔墙实体图

图 7-18　轻钢龙骨隔墙

（2）活动式架空地板为完全干作业施工，现场无污染、无垃圾；可调节螺栓牢固耐久并确保了地面的平整度；水电管线在架空地板内可自由布置，如图 7-19 所示，检修更换方便。

(a) 活动式架空地板

(b) 管线分离

图 7-19　活动式架空地板与管线分离

（3）整体式厨卫包含了顶板、壁板、防水底盘等外框架结构构件产品，以及内部的五金、厨具、洁具、照明以及水电系统等组件，如图 7-20 所示，其结构合理，无死角，施工便捷，材质优良，造型美观。

（4）工业化柔性整体防水底盘为整体一次性集成制作，防水密封性好；全部干法

(a) 整体式厨房

(b) 卫生间

图 7-20 整体式厨房和卫生间

作业，装配效率高；专用地漏，能满足瞬间集中排水，防水与排水相互堵疏协同，构造科学。

针对装配式内装出现的主要问题，项目做了以下几方面的全面优化。

(1) 对室内净高和空间的影响。装配式内装一般通过室内的六面架空来实现主体结构与内装管线的分离，这样，各个功能空间（即使是卫生间）就可以进行灵活的位置变动，但同时也对室内净高和空间产生了一定影响。项目在实施过程中，为了减少对室内净高和空间的影响，主要通过对水电管线路径的合理化设计来减小架空空间，地面架空空间内集中设置了给水管线和电气管线，这样，不但实现了管线与主体结构的分离，也没有占用太多的层高和空间。

(2) 室内隔墙的隔声。装配式内装对室内隔墙的主要要求是隔声、分隔空间、方便拆装和排布管线。轻质隔墙材料很多，传统的隔墙能够满足分隔空间和隔声要求，但并不方便走管线，也不便拆装。

(3) 项目采用轻钢龙骨石膏板隔墙体系，通过对龙骨构造、石膏板厚度和层数、填充的岩棉或玻璃棉的容重等参数进行优化组合，完全达到住宅分室隔墙的隔声要求。

7）采用新型节能门窗

项目为了对比验证不同节能门窗的实际使用效能，在不同楼层分别采用了三种不同的门窗材料、两种玻璃配置。其中，6 层采用了聚氨酯节能系统门窗系统（65 系列聚氨酯复合节能窗＋K1.5 三玻两腔），如图 7-21 所示。

在达到同等节能标准下，聚氨酯节能系统门窗在型材尺寸较小的情况下配合三玻两腔玻璃，即可达到所需要的节能要求，不同的窗材性能见表 7-1。

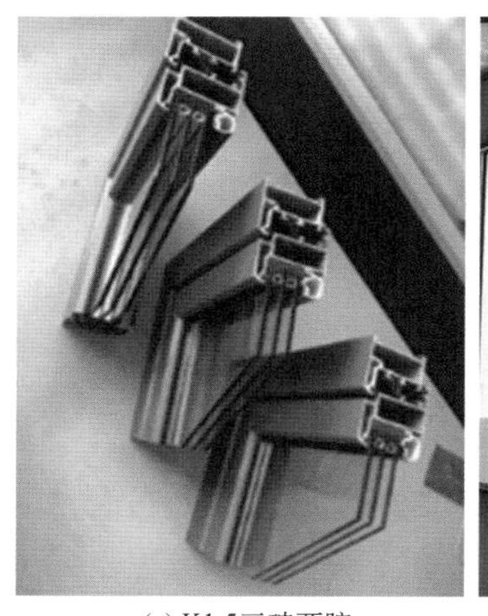
(a) K1.5三玻两腔

(b) 聚氨酯节能系统门窗

图 7-21　聚氨酯复合节能系统门窗应用

表 7-1　不同窗材性能

窗材	优点	缺点
130 系列铝包木被动窗 K0.8 真空玻璃	传热系数低，性能好。外观高端，生产技术成熟。隔声性能好，材料自身断桥	窗体较重，高层安装不便，易受损，造价高
75 系列断桥铝合金节能窗 K1.5 三玻两腔	耐久性好，加工性能好，外观高端	传热系数降低到 1.5 以下时，造价提升很大，须在窗洞口预做节能附框
65 系列聚氨酯复合节能窗 K1.5 三玻两腔	传热系数低，性能好，材料自身断桥；窗体自重轻，安装便捷	型材腔体构造相对简单

图 7-22　屋顶热水系统

8）新型串联式太阳能热水器

项目新型串联构件式太阳能热水器主要应用于 6 层的热水供应，竖放安装于屋顶，有效避免占用建筑空间。屋顶热水系统如图 7-22 所示。

项目新型串联构件式太阳能热水器由 12 个不锈钢内胆串联而成，内胆高度 1 m，理论总储水量 96 L，实际约 95 L，热效率较高，冬季升温效果理想，基本满足 6 个楼层的热水供应。

9）风系统的热回收＋变频

项目采用各种类型各个厂家的全热交换器来比较各设备的优缺点及节能效果，同时，结合各层的功能划分及使用状态，采用不同的室内环境处理形式（普通新风系统、定制新风系统和普通 VRF），系统主机均使用变频技术、全热回收技术，最大限度地节约了能耗。

1 层和 2 层采用全空气空调系统，采用一台制冷量为 39 kW 的屋顶空调机组。新风量 750 m^3/h。

6 层采用 VRF＋新风全热交换器空调系统。VRF 系统制冷量 25.2 kW。新风量 900 m^3/h。

图 7-23 所示为三层住宅体验区东单元所采用的变频、整合定制新风的空调系统。此新风系统可以承担室内所有湿负荷，使内机盘管无结露（无空调病）。由于建筑围护结构整体保温性能、气密性能极其优异，所以，此系统的负荷要求极低，整个系统冷负荷仅 1.5 匹（1 匹≈735 W，东单元建筑面积为 130 m^2），是典型的低能耗空调系统。

(a) 整合定制新风空调系统

(b) 内机盘管无结露

图 7-23　定制新风系统

图 7-24 所示为三层住宅体验区空调系统的布置和气流组织情况。该系统新风送风方

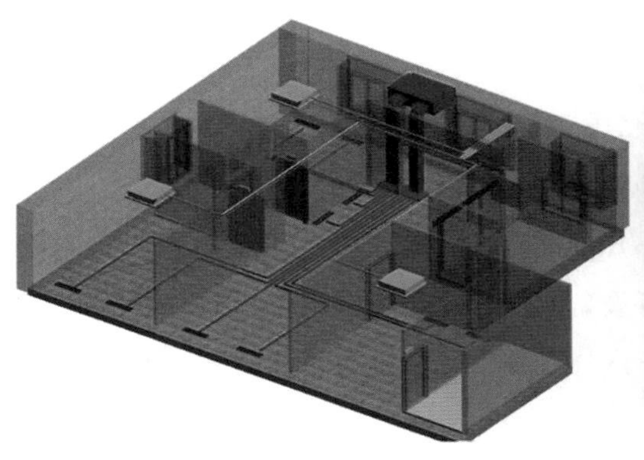

(a) 新风系统

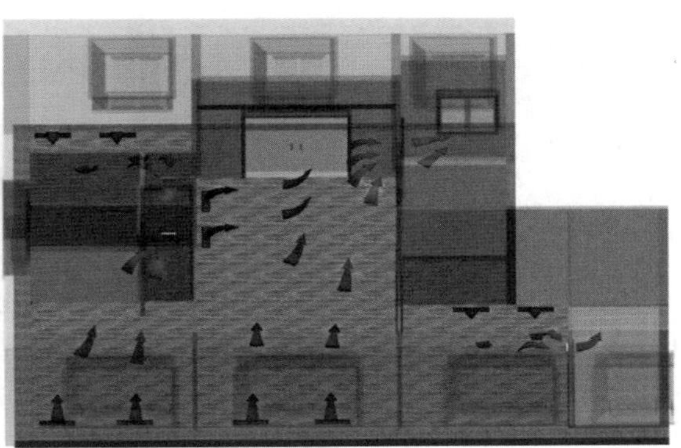

(b) 气流组织

图 7-24　新风系统及气流组织

式为定风量送风，可使得室内空气不断流动，提高室内空气品质，并可带走水汽，避免室内家具、衣物发霉，同时可清除有害气体，有效排除室内各种细菌、灰尘，利于人体健康。气流从各居室的自然通风口进风，从卫生间、厨房出风，有效避免了卫生间、厨房的异味进入居室空间。

10）室内环境实时监测与控制

项目通过室内环境监控系统，实时采集反馈空气质量信息，如图 7-25 所示，同时通过设置不同形式的室内末端，调节室内环境指标，以确保实现以下目标：

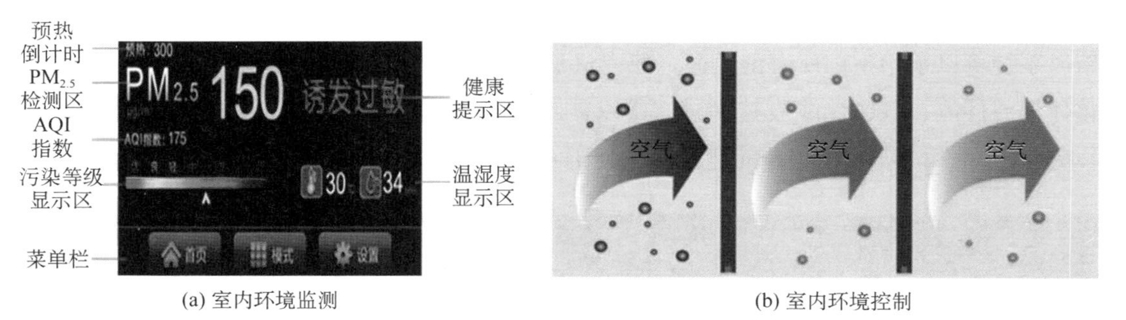

(a) 室内环境监测　(b) 室内环境控制

图 7-25　室内环境实时监测与控制

（1）新鲜空气从室外独立进入，不交叉，不混合，不回送。

（2）有效过滤 $PM_{2.5}$，24 h 置换，每 2 h 将室内空气置换一遍，排出甲醛、TVOC 等污染物，有效抑制细菌的滋生。

（3）夏季除湿。

项目室内环境监控系统有以下一些设施和功能：

（1）大容量 LED 显示屏。

（2）显示方式分动态左移、右移、上移、下移等。

（3）显示房间内的温湿度、设备开机状态、PM 值等。

（4）每个房间的独立显示屏可单独显示该房间内的温湿度。

（5）与新风机、空调机等设备通信，可直接控制各设备主机开停，也可设置自动空调开停。

室内环境监控系统运行情况如图 7-26 所示。

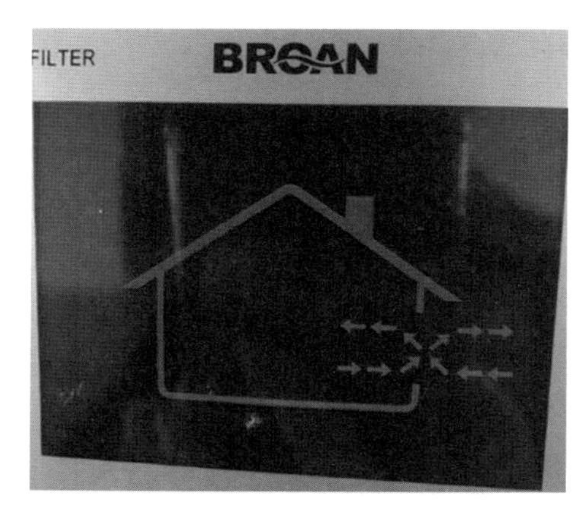

图 7-26　室内环境监控系统运行

4. 项目施工

项目施工有以下几方面的优点。

（1）以装配作业为主，将应有湿作业降至最低。施工现场以规范化、程序化的装配作业为主，应有的湿作业仅限于少量的构件连接暗柱以及楼面叠合层。

（2）施工效率高。80%以上的超高预制率、标准化的预制构件、高度机械化的构件安装、无支撑体系以及大量新技术的使用，使得施工效率得到了质的提升。

（3）构件安装定位快、精度高，安装质量更易把控。预制剪力墙竖向连接单排螺栓技术的使用，大跨预应力空心板技术的运用，提升了构件的安装速度、安装精度和安装质量。在工厂预制外墙时，同时预制凸台（或副框），洞口尺寸能精确控制。

（4）施工工期短。构件的加工、运输与现场安装紧密结合，同时，构件的安装受环境因素影响小，装配完成即可达到毛坯验收标准。门窗洞口提前预埋固定埋件，减少安装时穿凿破坏，缩短了安装工期，减少了工序。

（5）安全可靠。无脚手架，无模板支撑体系，交叉施工少，施工过程中的不安全因素大大减少。外防护均为工具式的防护设施，安全生产有保证。

（6）环保，节约。构件均为工厂化生产，大量的现场湿作业移入工厂，减少了建筑垃圾，减少了对水泥、钢材、木材等建筑材料的损耗。构件安装机械化，现场作业人员少，大幅降低了人力成本。

高舒适低能耗装配式 2 号试点楼的具体施工过程及特点如图 7-27 所示。

(a) 施工过程无脚手架，场地整洁

(b) 基础施工

(c) 预制剪力墙吊装

(d) 预应力空心板吊装

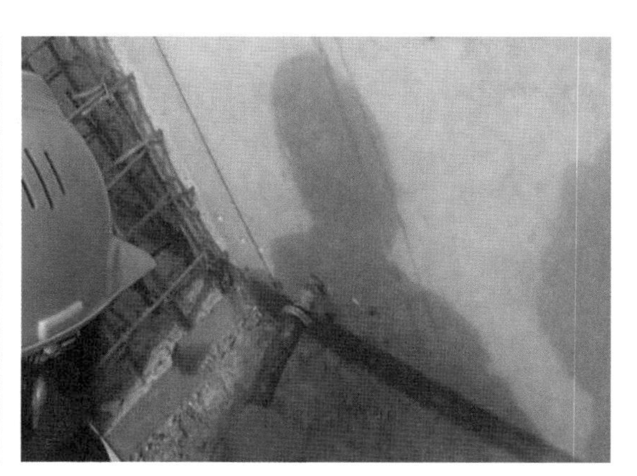

(e) 灌浆

(f) 节能窗透气膜安装

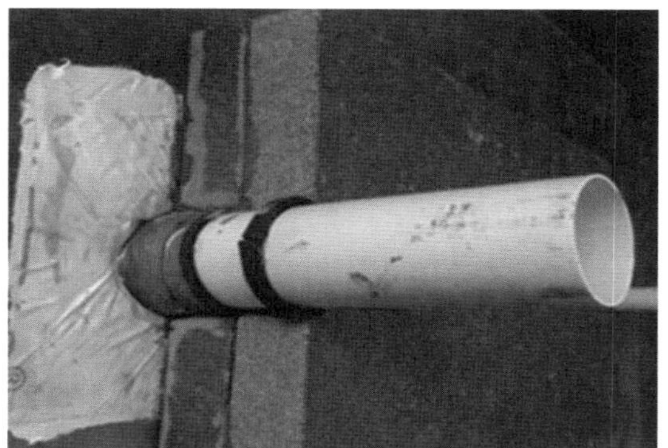

(g) 管道保温密封

图 7-27 高舒适低能耗装配式 2 号试点楼施工过程

5. 竣工实体

高舒适低能耗装配式 2 号试点楼竣工实体如图 7-28 所示。

(a) 项目全貌

(b) 项目内部

图 7-28 高舒适低能耗装配式 2 号试点楼竣工实体

7.1.3 佘山装配式基地 3 号试点楼

1. 概况

预应力空心墙板装配式结构体系研发成功后，上海城建建设实业集团在佘山装配基地进行了 3 号试点楼的建造。项目总建筑面积 770 m^2，地上 3 层，装配式实施面积 100%，预制率 83.2%，装配率达 100%。建筑及结构设计、构件深化设计、构件生产、建造、运维以及性能检测均由集团各下属公司完成。建筑风格采用江南水乡民居风格，如图 7-29 所示。

图 7-29 江南水乡民居风格

2. 特点

佘山装配式基地 3 号试点楼的结构示意如图 7-30 所示，具有如下特点。

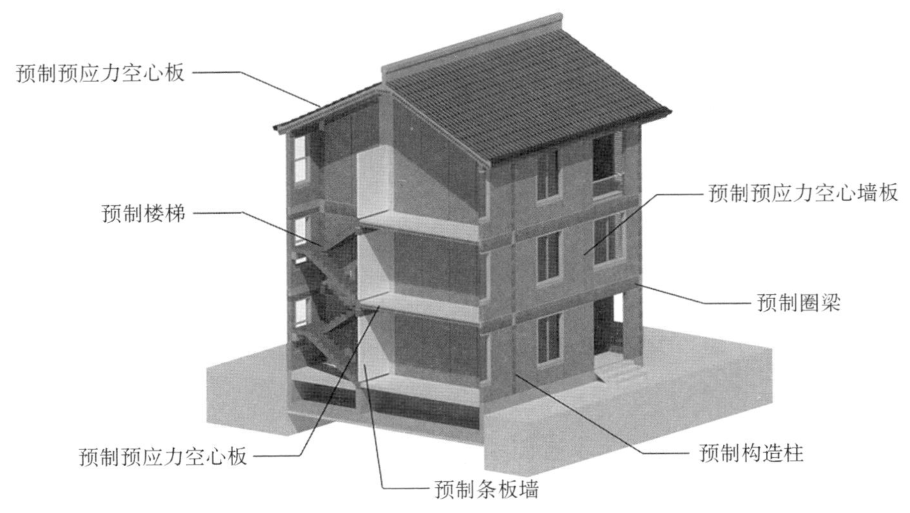

图 7-30　3 号试点楼结构示意

（1）建筑轴线均根据预应力空心墙板体系的特有模数进行设计。承重的预应力空心墙板（CJ 墙）仅布置在外墙及分户墙位置，无梁、无柱，户型可自由分隔，住户可根据各家的使用习惯自由分隔。

（2）仅采用 5 种宽度规格的预应力空心墙板（500，600，700，900，1 200 mm），其中 500 mm 与 700 mm 的墙板为由同一标准板块切割而成，并进行了详细使用位置的规划，最大限度地减少了材料浪费。各层楼板及屋面板全部采用了预应力空心板，获得了大跨空间的效果。

（3）水平构件采用预应力空心板楼盖，在楼面及屋面施工中做到了免模板、免支撑。竖向受力构件采用了预制构造柱、预制圈梁、预制承重预应力空心墙板，免去了外模板及外脚手架，极大幅度地减少了现场作业量，提高了整体建造效率，大大缩短了施工工期。建筑质量、结构性能、使用效果均优于传统的农村住宅建筑。

（4）针对预应力空心墙板间的拼缝为通高直缝，选用 CGM 水泥基灌浆料作为灌缝材料，受力性能好，施工便捷，可靠性高，不容易出现裂缝。

（5）针对预应力空心墙板开孔特点，通过芯柱通高灌孔及局部构造灌孔，确保墙体抗剪能力满足要求。

3. 施工过程

3 号试点楼的施工过程如图 7-31 所示。

(a) CJ墙支撑搭设

(b) CJ墙灌浆孔洞

(c) CJ墙吊装

(d) CJ墙安装完成

(e) CJ墙窗台处理

(f) 标高垫块设置

图 7-31　3 号试点楼施工过程

4. 竣工实体

3 号试点楼的竣工实体如图 7-32 所示。

(a) 内部空间

(b) 顶层山墙

(c) 正立面

(d) 侧立面

(e) 预制楼梯

(f) 楼梯间

(g) 项目全貌

图 7-32　3 号试点楼的竣工实体

7.1.4 海盐装配式基地倒班房项目

1. 概况

韧性装配式混凝土结构体系试点选择了上海城建建设实业集团在浙江省嘉兴市海盐县装配式基地的 3 栋工人宿舍楼（图 7-33）。这 3 栋宿舍楼原结构均为装配式剪力墙结构，总高 34 m，地上建筑共 11 层，地下室 1 层。地上结构 1～10 层层高均为 3 m，第 11 层为电梯机房。建筑总平面尺寸为长边 35.1 m、短边 13.5 m。通过科学、合理的方法，对上述 3 栋楼进行了防震设计，在结构的短轴方向分别布置自复位墙、重力框架和可更换黏弹性连梁剪力墙，使得结构主体具备低损伤、震后残余位移小等特点，显著提升了建筑的抗震韧性和震后可恢复性。本节应用了本书第 5 章所述的装配式韧性结构体系。

地下结构采用预制框架结构体系，柱、梁、楼板及地下室外墙均为预制。

上部结构采用预制剪力墙结构体系，装配式建筑应用比例为：竖向构件 100%，水平构件 89.3%，非砌筑内隔墙 100%，整体装配率 85%以上。

该项目是与同济大学合作完成的，被列为“2021 年上海韧性城市与智能防灾工程技术中心的产业化示范基地”。

图 7-33　海盐装配式基地倒班房项目全貌

2. 结构特点

1 号宿舍楼结构平面布置图如图 7-34 所示，选定试点方案为框架-自复位墙结构体系。保留原建筑结构的使用功能，结构横向自复位墙体作为抗侧力构件承担水平荷载（分别在1轴和12轴布置两片长度为4.8 m的自复位剪力墙），框架部分主要承担重力作用（纵轴与横轴线交汇处设置重力柱），在墙梁连接处采用钢舌（Steel Tongue）连接件，梁柱节点采用开槽梁（Slotted Beam）形式。

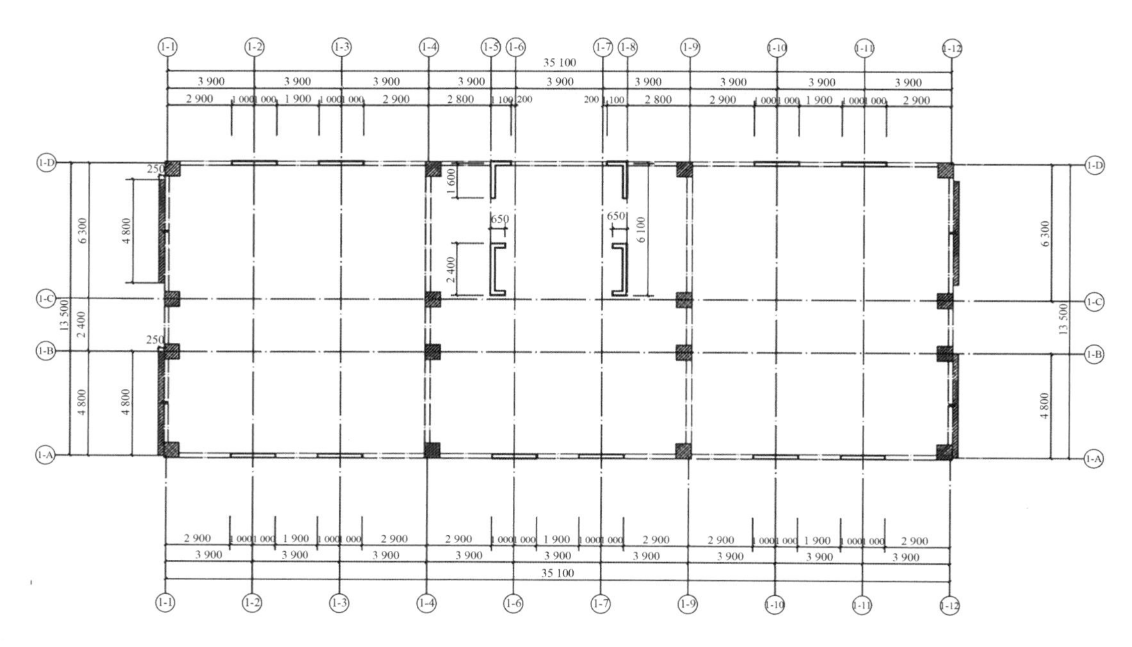

图7-34　1号宿舍楼结构平面布置图（单位：mm）

2号宿舍楼结构平面布置图如图7-35所示，选定试点方案为自复位墙结构体系。保留原建筑结构的使用功能，结构横向自复位墙体作为抗侧力构件承担水平荷载（分别在1轴、4轴、7轴、10轴对称布置两片长度为4.2 m的自复位墙），纵向普通剪力墙为主要承重构件，承受自身的自重以及楼板传递的竖向荷载。自复位墙与自复位墙之间的连接采用开缝梁连接。

3号宿舍楼结构平面布置图如图7-36所示，选定试点方案为可更换黏弹性连梁剪力墙结构体系。保留原建筑结构的使用功能，横向连梁（1轴、4轴、7轴、10轴）改为可更换连梁，在连梁中间布置由钢板和黏弹性阻尼器组成的可更换段，可更换段与连梁混凝土段采用螺栓连接，纵向连梁不作更改。可更换段为由黏弹性阻尼器与钢阻尼器组成的剪切型阻尼器，设置剪切型阻尼器后，连梁的剪切变形将集中于阻尼器处。

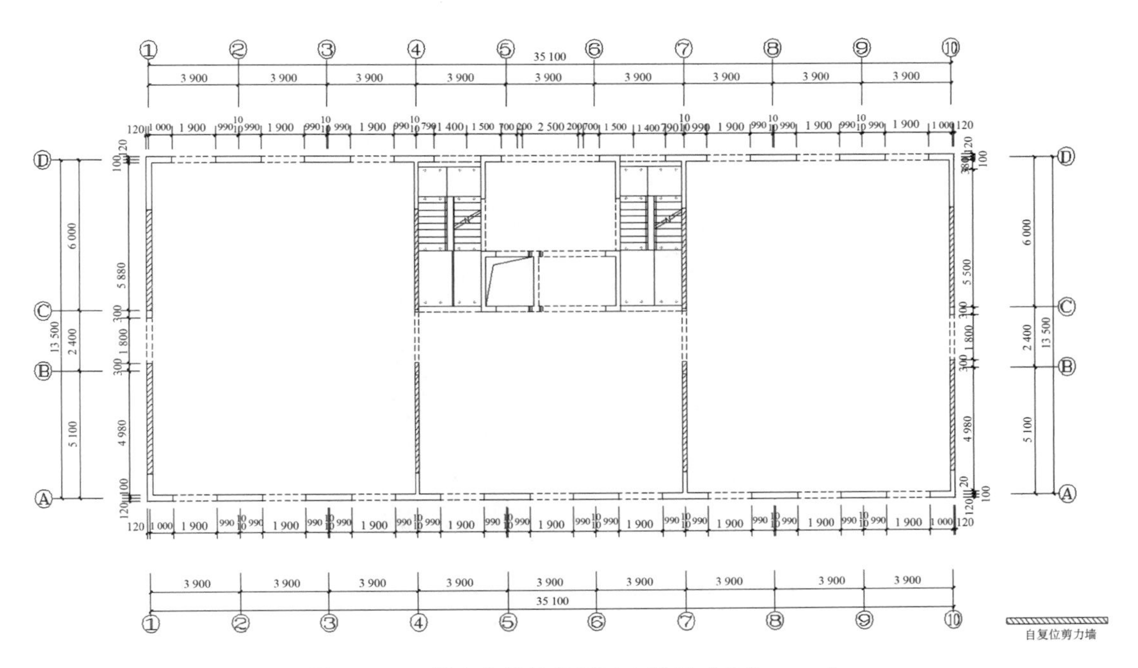

图 7-35　2 号宿舍楼结构平面布置图（单位：mm）

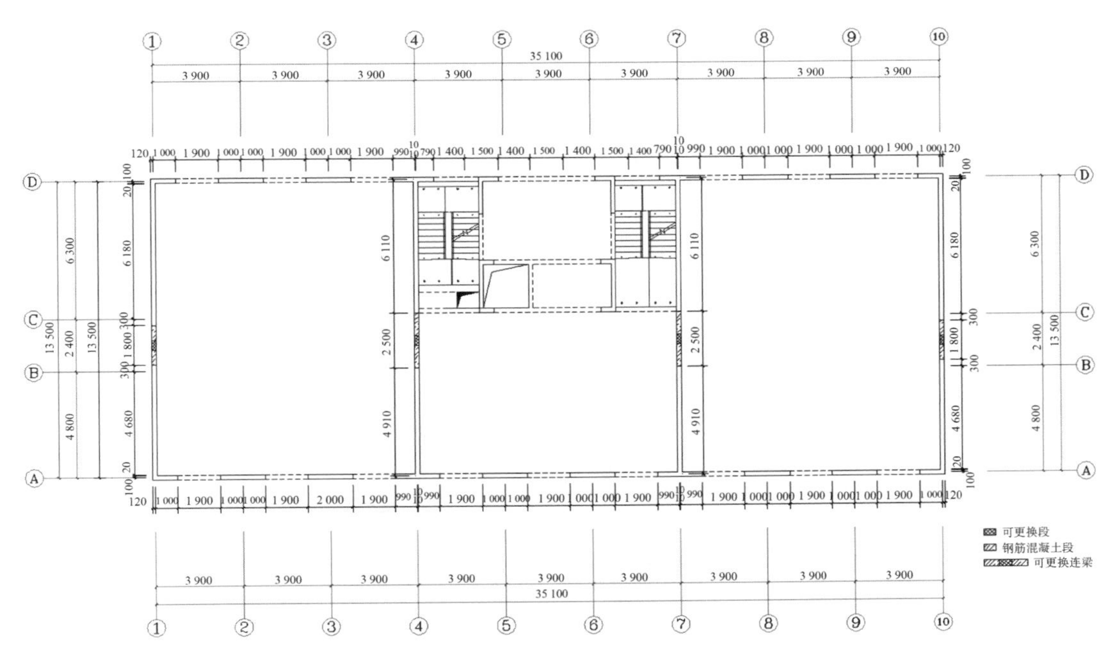

图 7-36　3 号宿舍楼结构平面布置图（单位：mm）

3. 韧性技术应用

1）框架-自复位墙结构体系（1号宿舍楼）

框架-自复位墙结构体系BIM模型示意如图7-37所示，该结构体系具有如下特点：

（1）自复位墙底部与基础间开缝，采用预应力筋将墙片锚固在基础上。

图7-37　框架-自复位墙结构体系BIM模型示意

图7-38　自复位墙锚固节点示意

（2）上层自复位墙底部设置锚固装置，增加墙体平面约束性，自复位墙锚固节点示意如图7-38所示。

（3）自复位墙与楼板连接采用隔离式节点，如图7-39所示，通过“钢舌”将地震作用传递到自复位墙上；重力柱和开槽梁的设计仅承受竖向荷载，节点梁端处开槽形成铰接点，减小梁的伸长效应。

图7-39　隔离式节点示意

(4) 自复位墙竖向通过预制连接技术及预应力束保持整体性，在自复位墙底部布置耗能钢筋以增加耗能，耗能钢筋可更换。预应力束及耗能钢筋示意如图 7-40 所示。

(5) 整体结构可实现“小震、中震不坏，大震可修复，巨震不倒”的四水准设防目标。

2) 自复位墙结构体系（2 号宿舍楼）

自复位墙结构体系 BIM 模型示意如图 7-41 所示，该结构体系具有如下特点：

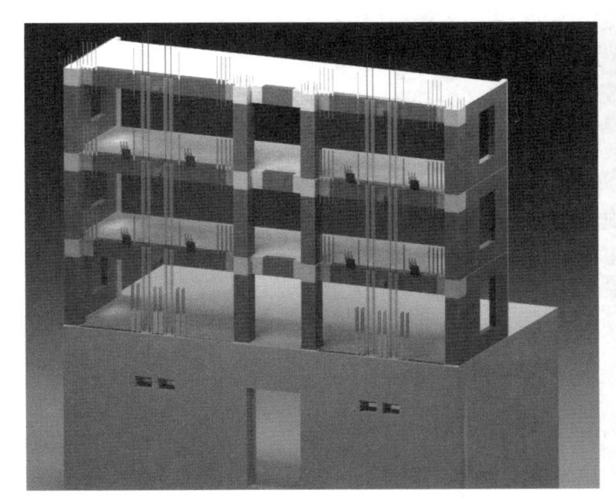

图 7-40 预应力束及耗能钢筋示意

图 7-41 自复位墙结构体系 BIM 模型示意

(1) 自复位墙与墙之间的连接采用开槽梁连接，以适应自复位墙的变形协调要求。开槽梁及自复位剪力墙示意如图 7-42 所示。

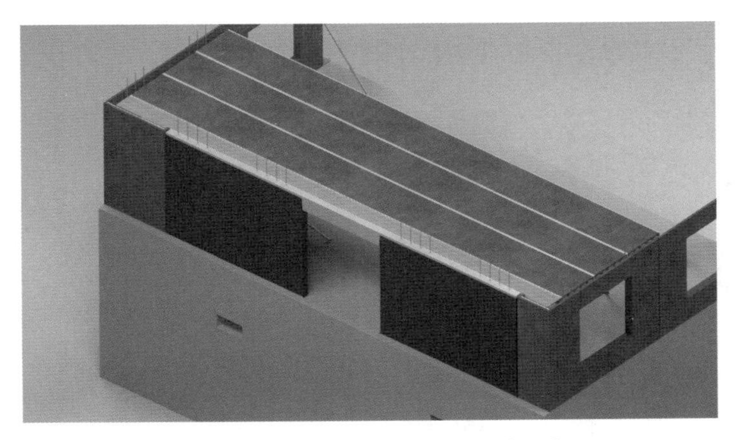

图 7-42 开槽梁及自复位剪力墙示意

(2) 自复位墙底部与基础间开缝，采用预应力筋将墙片锚固在基础上，墙底外置位移型阻尼器 24 件，设置于自复位墙底开缝位置处，在地震作用时实现耗能，减小结构的动力响应，保护其他结构构件和非结构构件，外阻尼器及底部锚固示意如图 7-43 所示。

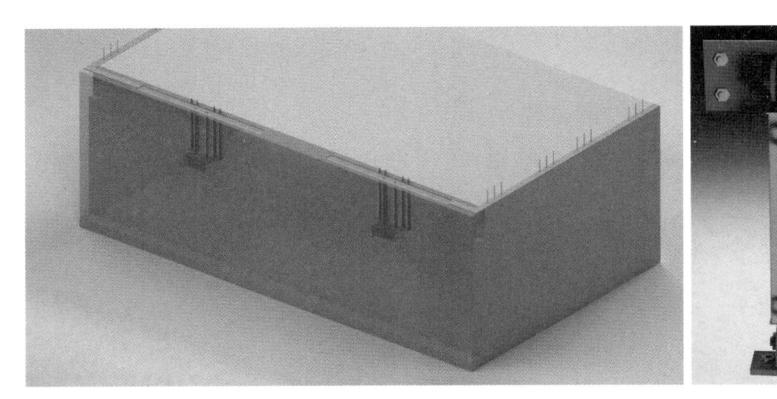

图 7-43 外阻尼器及底部锚固示意

(3) 自复位墙底部两端采用约束混凝土，提高局部混凝土的抗压承载力，同时设置型钢构件保护装置，提高墙片绕底部的转动性能。

(4) 自复位墙竖向通过预制连接技术及预应力束保持整体性。

3) 可更换黏弹性连梁剪力墙结构体系（3 号宿舍楼）

可更换黏弹性连梁剪力墙结构体系 BIM 模型示意如图 7-44 所示，该结构体系具有如下特点：

(1) 可更换连梁中部设置黏弹性阻尼器，将连梁的变形集中在阻尼器处，从而减小了连梁及主体结构的损伤，可更换段连接点示意如图 7-45 所示。

(2) 黏弹性阻尼器在风振和小震等小变形情况下即可耗能，均可发生变形，耗散输入结构中的能量。总共布置了 40 件黏弹性阻尼器。

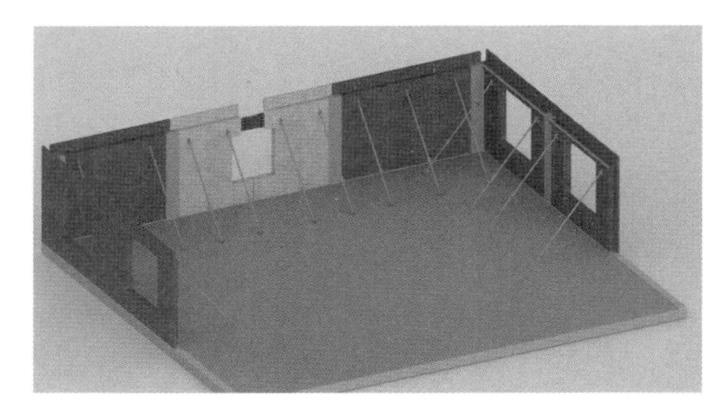

图 7-44 可更换黏弹性连梁剪力墙结构体系 BIM 模型示意

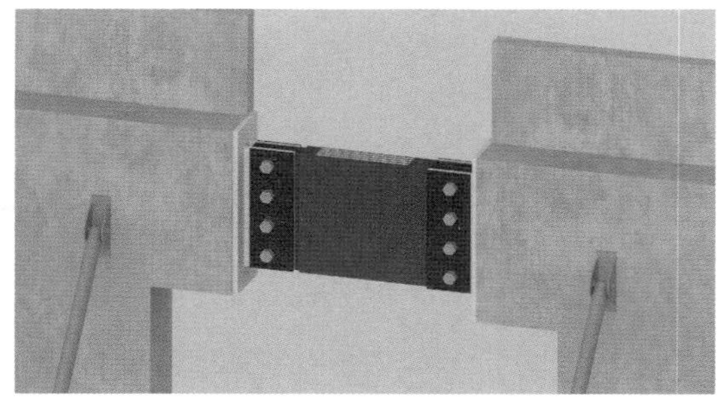

图 7-45 可更换段连接点示意

4. 项目施工

海盐装配式基地倒班房项目施工过程如图 7-46 所示。

(a) 施工现场1

(b) 自复位剪力墙吊装

(c) 可更换连梁节点

(d) 施工现场2

(e) 施工现场3

(f) 预制剪力墙吊装

图 7-46 海盐装配式基地倒班房项目施工过程

5. 竣工实体

(1) 框架-自复位墙结构体系（1 号宿舍楼）的竣工实体如图 7-47 所示。

(a) 体系概况

(b) 隔离式连接钢舌

(c) 开槽梁

(d) 锚固装置及预应力束检查口

(e) 外立面

图 7-47　海盐装配式基地倒班房项目 1 号宿舍楼竣工实体

（2）自复位墙结构体系（2 号宿舍楼）的竣工实体如图 7-48 所示。

（3）可更换黏弹性连梁剪力墙结构体系（3 号宿舍楼）中的可更换消能构件如图 7-49 所示。

(a) 体系概况

(b) 预应力束底部锚固端

(c) 外阻尼器

(d) 预应力束张拉端

图 7-48　海盐装配式基地倒班房项目 2 号宿舍楼竣工实体

图 7-49　可更换消能构件

7.1.5 佘北家园 39A 地块 1 号楼和 2 号楼

1. 概况

佘北家园 39A 地块 1 号楼和 2 号楼位于上海市松江区佘山镇，北邻勋业路，为佘山 21 丘安置房项目 39A-02A 地块工程中的两栋住宅楼（2016 年住房和城乡建设部装配式建筑示范项目，2016 年住房和城乡建设部全国装配式建筑现场会的观摩工程）。该项目采用预制装配整体式钢筋混凝土剪力墙结构体系建造完成，应用了本书第 2 章中所述的大跨预应力空心板技术，其中：

1 号楼：地上 11 层，地下 2 层，地上部分建筑面积 6 001.7 m^2，预制装配率 64.68%。

2 号楼：地上 11 层，地下 2 层，地上部分建筑面积 6 727.8 m^2，预制装配率 65.49%。

1 号楼和 2 号楼的侧面示意如图 7-50 所示。

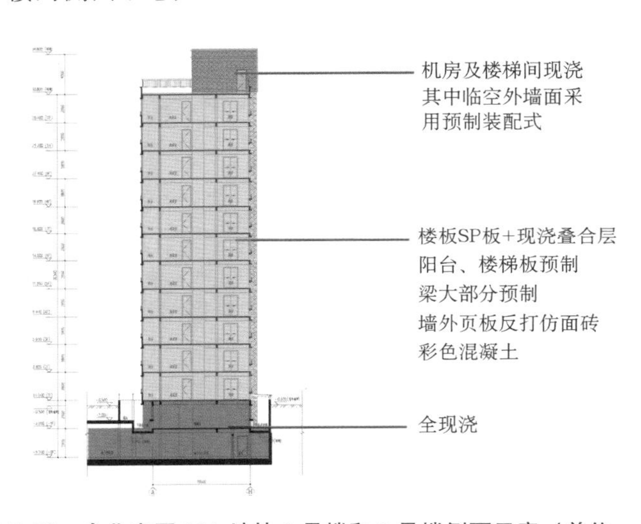

图 7-50 佘北家园 39A 地块 1 号楼和 2 号楼侧面示意（单位：mm）

图 7-51 佘北家园 39A 地块 1 号楼和 2 号楼

2. 特点

（1）楼板采用预应力空心楼板，最大楼板跨度 9 m，实现无梁无柱大空间，可自由分隔，满足不同的居住需求。

（2）外墙为高度集成的预制夹心墙板，集外墙面砖装饰、保温、门窗、结构于一体，有效解决了门窗、墙体渗水以及外保温、外饰面砖易脱离等建筑质量通病，如图 7-51 所示。

(3) 预制剪力墙的竖向钢筋连接使用螺栓连接，方便快捷，拼装精度高，构件平整度误差在 3 mm 内。

(4) 仅预制构件连接节点和每层叠合层为现浇，施工过程中不需要脚手架、升降机等设施设备，施工方便快捷。

(5) 构件拼装完成后，不需要内、外抹灰，湿作业很少，极大地缩短了施工工期。

(6) 施工过程中基本上不产生建筑垃圾，环保效益明显。

3. 施工过程

佘北家园 39A 地块 1 号楼和 2 号楼的施工过程如图 7-52 所示。

(a) 墙板安装

(b) 支撑安装

(c) 梁安装

(d) 坐浆注浆

(e) 预应力空心板安装

(f) 阳台安装

图 7-52　佘北家园 39A 地块 1 号楼和 2 号楼的施工过程

4. 竣工实体

佘北家园 39A 地块 1 号楼和 2 号楼的竣工实体如图 7-53 所示。

(a) 1号楼和2号楼全貌

(b) 外窗局部细节

(c) 外立面局部细节

(d) 进户门
(e) 阳台
(f) 楼梯
(g) 内廊

图 7-53 佘北家园 39A 地块 1 号楼和 2 号楼的竣工实体

7.1.6 松江曹家浜新农村试点项目

1. 概况

曹家浜村村委样板房项目位于上海市松江区。该项目由两栋三层联排别墅组成，总建筑面积 1 000.7 m^2（其中联排别墅 A、B 栋建筑面积 385.72 m^2，联排别墅 C、D 栋建筑面积 614.98 m^2），项目效果如图 7-54 所示。

图 7-54 项目效果图

该项目在预应力空心墙板的基础上，进一步优化提升，采用预制混凝土墙板及全预制混凝土楼板，形成预应力空心墙板装配式结构体系，装配式实施面积 100%，预制率为 83.2%，项目结构形式如图 7-55 所示。

图 7-55　结构形式（A、B 户型）

2. 特点

（1）实现全构件预制。预制构件包括预制基础梁、预制构造柱、预制剪力墙、标准化预应力空心墙板、预制混凝土墙板、预制圈梁、预制楼梯、全预制混凝土板、预制叠合楼板等。

（2）横墙方向采用标准化预应力空心墙板与预制构造柱、预制圈梁相连接，纵墙方向由预制混凝土墙板与预制构造柱相连接，结构整体性及抗震性能良好。

（3）水平构件结合使用全预制混凝土板，楼面及屋面的建造真正实现了免模板与免支撑施工。

（4）预制混凝土墙板与预制构造柱、预制圈梁的连接采用干连接方式（焊接）。

（5）管线线路实现构件内的全预埋，构件间管线实现高精度连接。

3. 施工过程

松江曹家浜新农村试点项目的施工过程如图 7-56 所示。

4. 竣工实体

松江曹家浜新农村试点项目竣工实体的内部细节如图 7-57 所示。

(a) 预制圈梁安装

(b) 预制构造柱安装

(c) 预制混凝土墙安装

(d) 全预制楼板安装

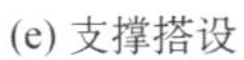

(e) 支撑搭设

(f) 焊接连接

图 7-56　松江曹家浜新农村试点项目的施工过程

图 7-57 松江曹家浜新农村试点项目竣工实体的内部细节

7.1.7 徐虹北路 X8 高端服务式公寓

1. 概况

该项目地处上海徐汇区徐虹北路、柿子湾路路口、徐家汇街道 153 街坊，位于徐虹北路以南、柿子湾路以西。总建筑面积约 19 998.98 m²，其中地上建筑面积 12 813.31 m²，地下建筑面积 7 185.67 m²。地下部分设两层地下车库，地面建有 4 栋楼，其中，1 号住宅楼 23 层，总高 75 m；2 号住宅楼 3 层，总高 14.2 m；3 号住宅楼 3 层，总高 14.2 m；4 号商业用房，总高 7.0 m。

该项目是集团第一个投入使用的大型示范型超低能耗建筑，应用了本书第 6 章中所述的被动式节能技术，通过高效节能门窗、优异的气密性能、定制的室内能源系统以及实时的室内环境监测系统，为其量身打造了具有建筑独立个性的节能体系，完美实现了超低能耗状态下“恒温恒湿恒氧”的理想目标。

2. 特点

(1) 高效的建筑外围护系统，如图 7-58 所示。该系统全方位地实现了保温、隔热和隔音等效果。

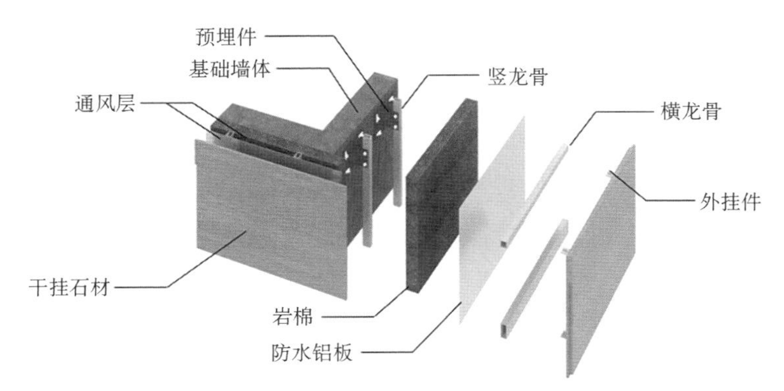

图 7-58 徐虹北路 X8 高端服务式公寓外围护系统

(2) 首创的全热交换新风恒温调湿空气系统，如图 7-59 所示。该系统打造了恒温、恒湿、恒氧的三恒体系。

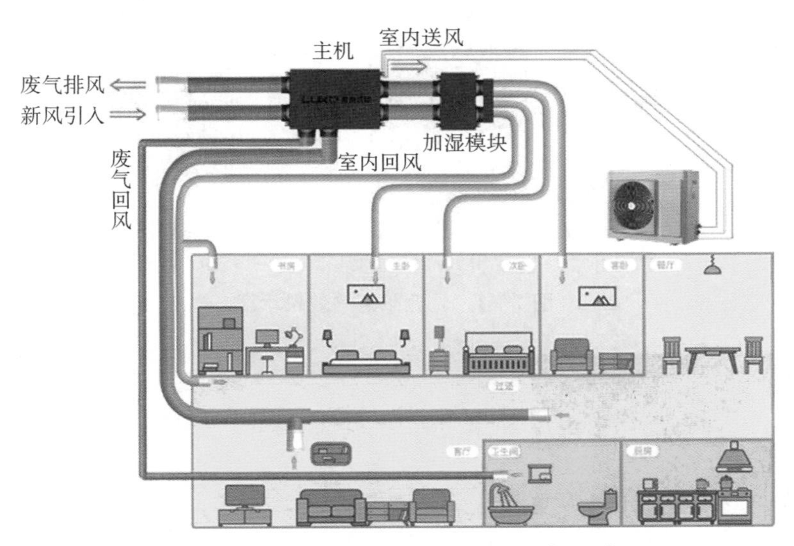

图 7-59 全热交换新风恒温调湿空气系统

(3) 优异的房屋气密性。气密性测试结果为 0.31～0.44 次/h（室内外正负压差 50 Pa 工况下），低于被动式建筑 0.6 次/h 的标准。房屋气密性效果示意如图 7-60 所示。

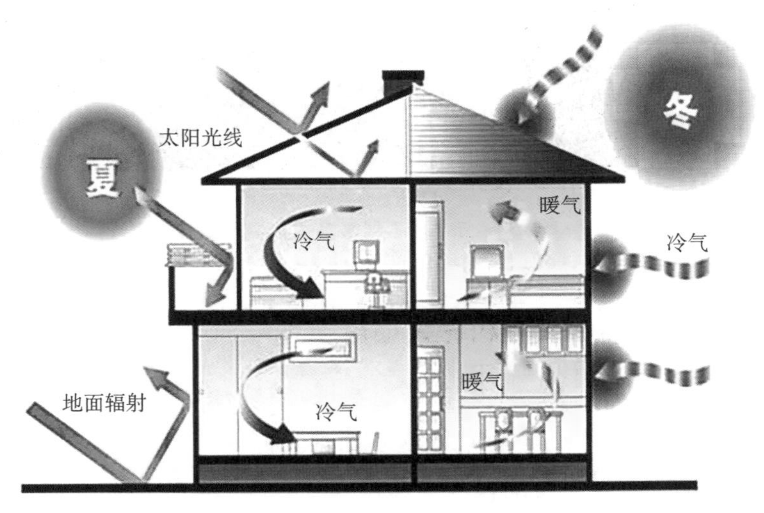

图 7-60 房屋气密性效果示意

(4) 采用外遮阳（卷帘），有效地减少了夏季制冷负荷，实现了隔热降温的目的，减少了空调的使用，达到节能的效果，同时，对室内进行光线调节，如图 7-61 所示。

3. 竣工实体

徐虹北路 X8 高端服务式公寓竣工的实体如图 7-62 所示。

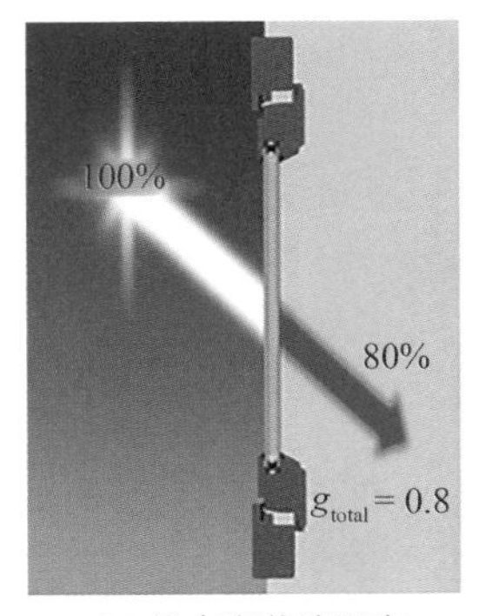

(a) 没有安装遮阳帘

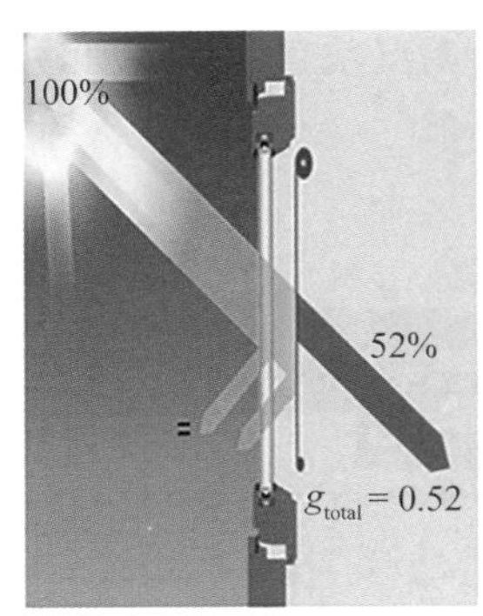

(b) 安装户内遮阳帘

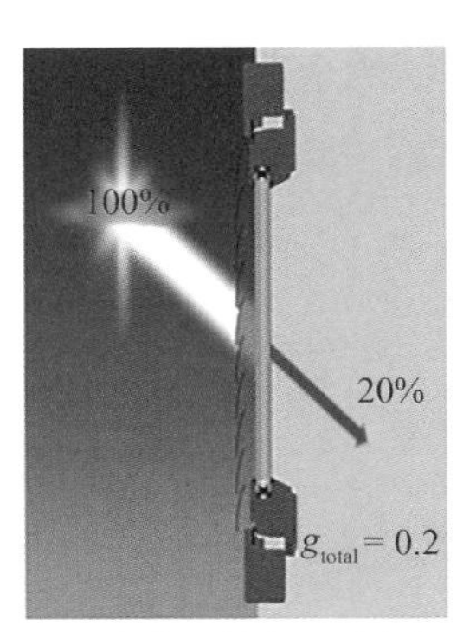

(c) 安装户外遮阳百叶帘

图 7-61　外遮阳帘的效果示意

(a) 室外

(b) 室内

图 7-62　徐虹北路 X8 高端服务式公寓的竣工实体

7.1.8　松江泖港黄桥村乡村振兴项目

1. 概况

该项目位于上海松江泖港镇黄桥村。黄桥村地处同三高速西侧，南靠叶新公路，北枕黄浦江上游横潦泾，西至黄桥港，区域面积 3.2 km²。因在园泄泾、斜塘江和横潦泾（黄浦江上游）的交界处，即黄浦江的源头，素来享有浦江第一村的美誉。

项目总用地面积 12 330 m²，总建筑面积 8 004.68 m²，包括公共区域及住宅区域的 9 栋建筑。

（1）公共区域：村务综合楼，地上 3 层，建筑面积 2 369.4 m²；农机站，地上 2 层，建筑面积 1 244.32 m²；展厅，地上 2 层，建筑面积 743.36 m²；村民大食堂，地上 2 层，建筑面积 1 781.12 m^2；幸福老人村，地上 2 层，建筑面积 1 866.48 m^2。

(2) 住宅区域：老年公寓（两栋），地上 4 层，A 栋建筑面积 2 546.28 m^2，B 栋建筑面积 2 586.08 m^2；联排别墅 C 栋（A、B 户型）地上 3 层，建筑面积 377.58 m^2，联排别墅 D 栋（C、D 户型），地上 3 层，建筑面积 826.76 m^2。

2. 特点

(1) 根据单体特点，采用 3 种不同的预制结构体系，应用了本书第 2 章中所述的大跨预应力空心板技术和第 4 章中所述的预应力空心墙板技术，全装配打造；公共区域各单体采用预应力空心板预制框架结构体系；老年公寓采用预应力空心板预制剪力墙结构体系，如图 7-63 所示；联排别墅采用和本章 7.1.3 节中所述的预应力空心墙板装配式结构体系。

(2) 外立面美观，江南特色浓郁。

(3) 大开间，可自由分隔，室内使用功能丰富。

(4) 建筑安全性高，耐久性好。

(5) 易于生产、易于施工且绿色环保，适合大规模建造推广。

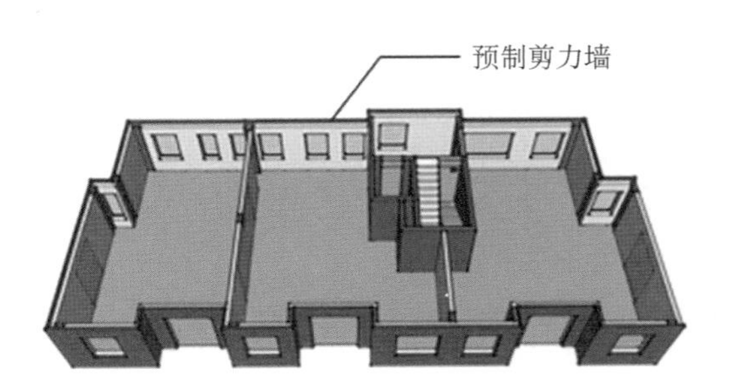

(a) 预制剪力墙

(b) 预应力空心板

图 7-63 预应力空心板预制剪力墙结构体系（老年公寓）

3. 施工过程

松江泖港黄桥村乡村振兴项目的施工过程如图 7-64 所示。

(a) 基础施工

(b) 预制剪力墙吊装

(c) 钟楼施工

(d) 屋面叠合层施工

图 7-64　松江泖港黄桥村乡村振兴项目的施工过程

4. 竣工实体

松江泖港黄桥村乡村振兴项目的竣工实体如图 7-65 所示。

(a) 黄桥村示范项目全貌

(b) 黄桥村示范项目内部

图 7-65 松江泖港黄桥村乡村振兴项目的竣工实体

7.2 公共建筑——丽水石牛路孵化器项目

1. 概况

丽水经济技术开发区产业创新综合体项目（图 7-66）位于浙江丽水市经济技术开发区石牛路与吴垵路交会点东北侧，总建筑面积约 4.2 万 m^2，地上 14 层，地下 2 层。该项目是首个装配式 EPC 公共建筑项目，涵盖全过程自主设计、采购、生产及施工一体化流程，是当地最具代表性的装配式被动式节能型建筑之一。其应用了本书第 3 章中所述的大跨预应力双 T 板技术和第 6 章中所述的被动式节能技术。参照浙江省标准《装配式建筑评价标准》(DB33/T 1165—2019)，该项目的装配率达 76%。

图 7-66 丽水石牛路孵化器项目效果图

2. 特点

(1) 在园林景观、智能化、绿色建筑等多方面进行精心设计，打造生态节能且高舒适性的建筑使用环境。建筑整体的立面造型简约且大气，展现出独特的风格与气质。

(2) 整个建筑融入被动式节能建筑的先进理念，进一步优化建筑的结构设计，探索构件及节能节电工艺，并通过运用信息节能门窗技术、装配式内装技术、全过程信息化管理技术等先进技术手段，进一步提升装配式建筑的整体品质。

(3) 主楼采用装配整体式剪力墙结构体系，42 m×42 m 标准化装配式建筑模块，并采用了梁、墙组合的创新结构体系。整体空间无梁无柱，可对室内空间进行任意功能模式的自由组合。

(4) 空中连梁突破性地采用预制先张法预应力双 T 板及预制部分预应力框架梁。图 7-67 所示为大跨预应力双 T 板吊装过程，其跨度均为 20 m，是大跨预应力双 T 板在公共建筑中的首次应用。

图 7-67　大跨预应力双 T 板吊装

(5) 围护墙及内隔墙分别采用了非承重围护墙非砌筑（造型一体化预制墙板）及内隔墙非砌筑（ALC 墙板），应用比例均超过 80%。

(6) 在外围护设计、新型门窗、装配式内装等方面采用被动节能技术，绿色建筑性能总得分为 70.5 分，达到绿色建筑标准。

(7) 创新性地将混凝土外墙板与铝合金固定窗框、微通风窗开启扇、开启扇遮挡板和通风通道整体浇筑、一体成型，形成微通风窗墙一体化装配式结构体系（专利）。相比传统幕墙，该体系造价大幅降低，拥有装配式建筑的施工便捷、大尺寸无格挡窗带来良好的视野和透光等优点，既满足建筑及暖通设计中的自然通风需求，也使建筑立面简洁完整，在实现降低碳排放目的的同时，也提高了室内舒适性，享有“会呼吸的幕墙”之美誉。

3. 施工过程

该项目施工过程如图 7-68 所示，特点如下：

(a) 一体化预制外墙吊装

(b) 大跨度预应力空心楼板吊装

(c) 预制楼梯安装

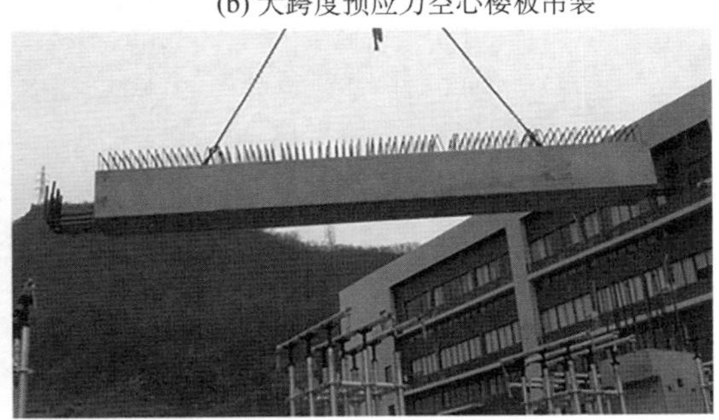
(d) 预制大跨度框架梁吊装

图 7-68　丽水石牛路孵化器项目的施工过程

(1) 高度机械化，有效提升施工效率，大幅降低人力成本，降低工人劳动强度，标准层平均 6 d 完成一层。

(2) 施工现场规范化、程序化，无内、外粉刷，湿作业极少，基本不产生建筑垃圾，节能环保优势尤为突出。

(3) 无外脚手架施工。通过外墙整体预制并巧妙设计的后浇段做法省去了外墙外模板，仅采用随预制构件逐层爬升的安全防护架。

(4) 楼板无底模施工。通过应用密拼预应力空心板及密拼钢筋桁架叠合楼楼板，楼板不再设置后浇段，节省了底模施工作业。

(5) 无内支撑架施工。通过在内、外预制墙体上设置牛腿，预应力空心楼板在设计时，考虑施工阶段无支撑验算，实现室内无架施工。

(6) 竖向构件少撑施工。对于内剪力墙中部及框架柱角部设置钢筋螺栓连接构造，吊装就位后，进行螺栓固定施工，使墙柱增加固定支点，减少支撑作业量。

（7）双 T 板退台吊装技术。空中连廊区域空间狭小，构件尺寸及自重大，吊车作业面小。采用从北向南逐步后退分别吊装 3 层及屋面双 T 板的方法，仅用 2 个吊车站位完成整个双 T 板的吊装作业。

（8）空中连廊无支撑施工。空中连廊由双 T 板及预制部分预应力框架梁两种构件组成，其中，双 T 板为全预制构件，与两侧主梁牛腿搁置焊接连接。预制部分预应力框架梁为叠合受力构件，其在两侧框架柱吊装时，分别与预留的 H 型钢连接件通过高强螺栓连接，预制段中的预应力钢筋满足施工荷载工作要求，并保证其在施工阶段不产生下挠。通过以上构造，达到无支撑施工的要求，节省下部近 20 m 高的满堂脚手架的设置。

4. 竣工实体

丽水石牛路孵化器项目的竣工实体如图 7-69 所示。

(a) 项目内部

(b) 项目全貌

图 7-69　丽水石牛路孵化器项目的竣工实体

7.3　工业厂房

7.3.1　安费诺电子厂房项目

该项目位于浙江海盐西塘桥经济开发区，总建筑面积 4.5 万 m^2，为 4 层厂房。

装配体系为装配整体式框架结构体系，其应用了本书第 2 章中所述的大跨预应力空心板技术，单体预制率 81%。

预制构件主要由预制柱、预制梁、预制楼梯及大跨预应力空心板组成，项目的内部实体如图 7-70 所示。

项目梁、板构件免支撑，主体工程不到 3 个月便竣工，具有施工速度快、装修施工进场早等特点。

(a) 项目施工

(b) 项目竣工实体

图 7-70 安费诺电子厂房项目内部实体

7.3.2 佩艾德军健（上海）企业发展有限公司化妆品分类包装及销售产业化项目

该项目位于上海市闵行区莘庄工业园颛兴路紫泉路交叉口处，用地面积 90 024.4 m^2，总建筑面积 126 590.32 m^2，包括厂房 A 栋（3 层）、厂房 B 栋（3 层）、平台 C 栋（2 层）、办公楼（9 层）和仓库等，是一座大型的现代化物流产业园。

装配体系为装配整体式框架结构体系，其应用了第 2 章中所述的大跨预应力空心板技术，单体预制率 43%。

预制构件主要由预应力梁（其中平台预制梁长度 24 m）、预应力叠合板、大跨预应力空心板、预制楼梯、预制柱、普通叠合梁和预制墙板组成。项目的内部实体如图 7-71 所示。

该项目中梁、板构件均为预应力构件，现场施工免支撑，免除了传统建造的满堂架，主体工程不到 12 个月便竣工，具有施工速度快、装修施工进场早等特点。项目的施工现场如图 7-72 所示。

图 7-71 佩艾德军健（上海）企业发展有限公司化妆品分类包装及销售产业化项目的内部实体

图 7-72 佩艾德军健（上海）企业发展有限公司化妆品分类包装及销售产业化项目的施工现场

7.3.3 海盐厂房

该项目位于浙江省海盐县西塘桥街道海湾大道北端、六平申线南侧，紧邻沈海高速，如图 7-73 所示。其中一期厂房建筑面积约 59 000 m^2，二期厂房建筑面积约 35 000 m^2。

(a) 厂房示意

(b) 厂房实体

图 7-73　海盐厂房示意

一期、二期厂房均为装配整体式混凝土框架结构，预制率达 80%（地下室墙体、地梁、立柱、吊车梁、屋面纵梁、屋面板、外墙挂板等均为预制），构件连接主要采用干式连接。厂房内部如图 7-74 所示，其中的单跨 30 m 跨预制双 T 板（屋盖）为国内领先，其应用了本书第 3 章中所述的大跨预应力双 T 板技术。

图 7-74　海盐厂房的内部实体

7.3.4 丽水小微园

丽水经济技术开发区滚动功能部件产业小微园项目位于丽水开发区桥亭路与惠民街交叉口，如图 7-75 所示。项目规划总用地面积 89 744 m²，总建筑面积约 161 590.4 m²，其中，地上建筑面积约 143 590.39 m²，地下建筑面积约 18 000 m²，地上建筑主要包括新建厂房和办公楼等。

(a) 项目顶部

(b) 项目全貌

图 7-75　丽水小微园示意

新建厂房采用装配整体式框架结构体系，框架柱采用预制柱墙结构形式，梁、楼板采用叠合构件形式。主要的 PC 构件有预制柱、预制叠合梁、预应力空心楼板、预制楼梯、预制外围护墙和预应力双 T 板等，其应用了本书第 3 章中所述的大跨预应力双 T 板技术。

7.4 地下车库——佘北家园 39A 地块地下车库

1. 概况

该项目位于上海市松江区佘山镇，北邻勋业路，为佘山 21 丘安置房项目 39A-02A 地块工程地下车库（上海市第一个全预制装配地下停车库）中的部分。该地下车库采用上海城建建设实业集团自有的预应力空心楼板预制预应力框架结构体系建造，其应用了本书第 2 章中所述的大跨预应力空心板技术。该地下车库位于地下一层，面积约 12 000 m²，预制率达 82.3%。

2. 特点

佘北家园 39A 地块地下车库结构体系示意如图 7-76 所示，具有如下特点：

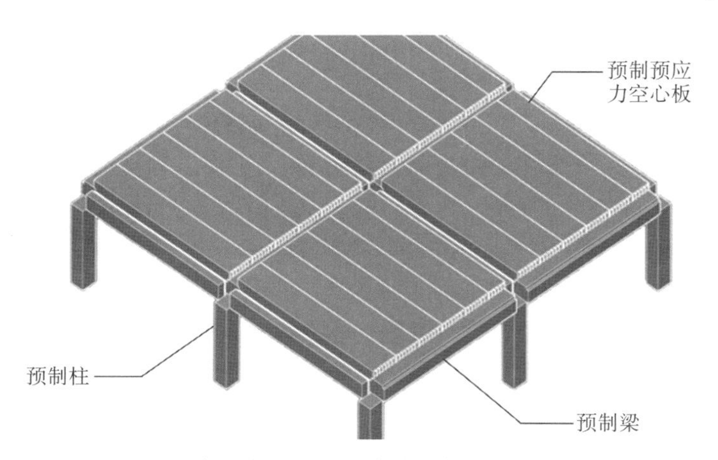

图 7-76　佘北家园 39A 地块地下车库结构体系示意

(1) 采用大跨预应力空心板，无次梁结构设计，解决了预制主次梁连接的技术难点。

(2) 预制框架梁为先张法预应力叠合梁，梁下出筋少，便于梁柱节点主筋的排布。

(3) 高强度钢筋，减少了钢筋的数量，优化了梁柱的连接节点。

(4) 施工方便快捷，无竖向支撑，减少了侧向支撑。

(5) 采用板端 U 形构造筋+压力灌浆的新型连接节点。

3. 现场施工

佘北家园 39A 地块地下车库施工现场如图 7-77 所示。

图 7-77　佘北家园 39A 地块地下车库施工现场

4. 竣工实体

佘北家园 39A 地块地下车库竣工实体如图 7-78 所示。

(a) 项目竣工实体

(b) 项目使用情况

图 7-78　佘北家园 39A 地块地下车库竣工实体